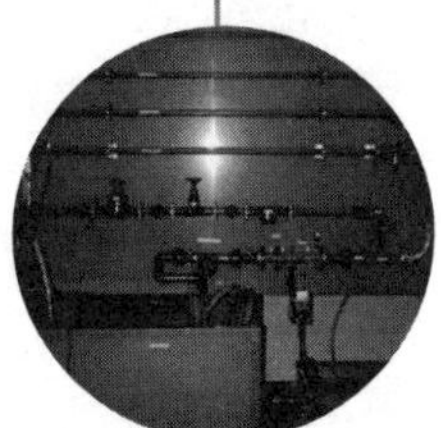

기초기계공학실험

부경대학교 기계자동차공학과

기계공학도로서 향후 산업현장의 실험실습 능력을 갖춘 창의적 기술자의 양성을 위해, 본 학과의 전공 교과목과 산업계의 기술동향을 고려해서 본 기초기계공학실험 교과서의 주제를 선정하였다. 먼저 제1장에서는 실험준비 및 실험 보고서 작성법에 대하여 기술하여, 모든 학생들이 이장을 필독하여 실험에 적극적으로 참여할 수 있는 자세를 가지도록 하였다. 제2장에서는 기계공학도에게 가장 기본이 되는 기초계측기 사용법에 대하여 다루었다. 그리고 제3장부터는 기계자동차공학과의 학문 영역별로 분류하여 실험 주제를 선정하여 집필하였다.

도서출판 GS인터비전

머리말

기계공학계의 학생들에게 있어서 실험(혹은 실습) 교과목은 강의실에서 배운 이론적 학문 지식을 구체적으로 체험하고 보다 깊이 있는 이해를 하는 것은 대단히 중요하다.

최근 공업기술의 현저한 발전과 더불어, 이를 종합적으로 판단하고 응용하는 능력을 필요로 하는 오늘날의 산업사회는 기계공학도로 하여금 이론적인 학문지식과 함께 이를 현장에서 적용할 수 있는 충분한 실험적 지식과 체험을 요구하고 있다. 그러나 현재의 대학 교육은 대부분 이론 교육에만 집중하고 실험실습 교육은 소홀히 하는 경향이 있어, 장차 산업현장에서 부딪치게 될 여러 문제점들에 대해 능동적으로 대처할 수 있는 충분한 능력을 배양시켜주지 못하고 있는 것이 현실이다.

이것은 실험실습 교육의 중요성에 대한 인식의 부족, 실험실습기자재의 부족 등에도 그 원인이 있겠지만, 실험실습 교육의 지침서가 될 제대로 된 교과서가 없다는 것도 그 원인 중의 하나라 생각된다.

이와 같은 관점에서 본 학과에서는 기계공학도로서 향후 산업현장의 실험실습 능력을 갖춘 창의적 기술자의 양성을 위해, 본 학과의 전공 교과목과 산업계의 기술동향을 고려해서 본 기초기계공학실험 교과서의 주제를 선정하였다. 먼저 제1장에서는 실험준비 및 실험 보고서 작성법에 대하여 기술하여, 모든 학생들이 이장을 필독하여 실험에 적극적으로 참여할 수 있는 자세를 가지도록 하였다. 제2장에서는 기계공학도에게 가장 기본이 되는 기초 계측기 사용법에 대하여 다루었다. 그리고 제3장부터는 기계자동차공학과의 학문 영역별로 분류하여 실험 주제를 선정하여 집필하였다.

본 교재를 집필함에 있어서 국내외적으로 많은 문헌을 참조하였으며, 집필을 서두르다 보니 미비한 점이 있을 것으로 사료되며, 향후 수정 보완해 나갈 생각이다.

끝으로 본 교재를 집필 할 수 있도록 기회를 주신 부경대학교 대학교육역량강화사업 관계자와 교정과 출판에 많은 도움을 주신 GS인터비전 사장님, 그리고 김현호조교에게 감사드린다.

2010년 8월 용당캠퍼스에서

부경대학교 기계자동차공학과 교수 일동

차 례

머리말

차 례

1
Chapter

실험준비 및 실험 보고서 작성법

1.1 실험준비

일반적으로 공학적인 실험에는 단순한 이론의 증명을 위한 간단한 실험에서부터 기술적으로 복잡한 실험장치를 이용하는 원리의 응용에 관한 실험에 이르기 까지 그 형태가 매우 다양하다. 어떤 경우의 실험이라도 시행오차를 줄이기 위해서는 실험 전에 충분한 준비와 함께 실험도중에도 이를 위한 세심한 주의가 필요하다.

실험실에서 실시하는 실험에서 가장 중요한 일은 실험에 임하는 실험자의 실험당일에 대한 준비 일 것이다. 실험당일의 실험실의 위치와 시간, 자기의 실험조, 실험내용, 실험방법 및 실험 준비물 등을 미리 숙지하여 실험에 적극적으로 참여할 수 있는 자세를 가지는 것이다.

1.1.1 기초공학실험의 목적

기계공학은 자연에 존재하는 사물이나 현상 등을 이용하여 사람이 보다 낳은 삶을 이룩할 수 있도록 하는데 그 목적이 있다. 이를 위하여 우리는 자연의 현상이나 사물에 대한 지식과 이의 응용을 위한 능력을 이론과 실험에 의한 학습으로 습득하여야 한다.

기초공학실험에서는 강의시간에서 배운 기본원리와 법칙들을 실험을 통해서 체득하고 확인하며, 실험에서 사용한 각종 계측 장비들의 성능에 대한 이해와 그 조작능력을 키우게 하고 실험 결과의 자료분석을 통한 상대적 평가에 대한 감각을 갖게 하며 이를 바탕으로 실험결과를 논리적으로 간결하고 정확하게 표현할 수 있는 능력을 키워 기계공학에 대한 계속적인 탐구 의욕을 가지게 하는 기회를 제공한다.

1.1.2 유의사항

다음은 기초공학실험에 앞서 실험자가 가장 기본적으로 유의해야할 사항이다.

① 실험과 시험 : 학생들이 흔히 혼돈하는 내용이다. 시험보고서는 시험결과의 측정치를 보고하는 것이라면 실험보고서는 실험의 경과에 대하여 합리적으로

설명하고 주장할 수 있어야 하기 때문에 상당한 전문 지식이 요구된다. 기초공학실험은 후자의 것으로 기계 및 자동차 공학을 하는 학생들에게 체계적이고 과학적인 사고방식을 갖게 하여 창조성을 키울 수 있도록 하는데 의의를 가진다.

② 기초공학시험은 기계자동차공학과의 여러 실험실에서 실시하게 되며 실험실에서는 실험에 앞서 실험장비의 사용법 등을 자세히 설명하게 된다. 그러나 학생들 중에는 다른 장비의 구경 등 때문에 설명의 경청을 소홀히 하는 경우가 자주 있어 어려움 있으니 주의해야 한다.

③ 실험 보고서제출 : 실험 보고서는 이번 주에 수행한 실험 결과를 일주일에 걸쳐 분석하여 다음 주 실험 시간에 제출하도록 한다. 같은 실험조의 학생들이라도 실험자료는 공유를 하되 실험보고서 작성과정의 내용은 각자 독자적으로 작성하여야 하며, 실험결과에 대한 고찰의 내용이 학생들의 실험 점수에 가장 큰 영향을 미치게 된다.

1.1.3 실험실 안전수칙

실험실에 들어오면 실험결과를 기록하기 위한 필기도구와 실험지침서 등을 제외한 가방, 우산, 기타 등의 휴대품은 모두 지정된 자리에 두어 실험에 장애가 되거나 실험기구에 대한 파손위험이 없도록 한다. 실험실내에서는 흡연은 물론 음식이나 물의 섭취 혹은 껌을 씹는 등의 행동을 하여서는 안 된다. 이는 매우 상식적인 일이며 간혹은 실험물질이 체내에 흡입되어 위험할 수 있는 가능성을 사전에 방지하고자 하는데도 이유가 있다. 일반적으로 실험실내에서는 이러한 행동을 제한하는 것이 상식이다. 실험 수업이 진행되고 있는 동안은 실험실 외부 출입은 원칙적으로 허용되지 않으며 이러한 규칙을 지켜서 안전한 실험이 될 수 있도록 노력해야 한다. 실험이 끝나면 반드시 조교나 교수의 점검을 받고서 사용한 장비 등을 정리한 후 실험실을 떠나야 한다.

다음은 기계자동차공학과 각 실험실에 비치되어 있는 안전수칙이니 사전에 필독을 권유한다.

① 각 실험실에서 이루어지는 실험은 반드시 관리책임자의 승인을 받을 것

② 실험실은 항상 청결을 유지하고 정리정돈을 할 것

③ 실험실 내에서는 뛰어다니지 말 것
④ 실험기의 가동 시에는 자리를 비우지 말 것
⑤ 실험기기의 가동 중에는 정비 및 청소를 하지 말 것
⑥ 실험기기용 장비의 밸브는 서서히 열고 서서히 닫도록 할 것
⑦ 가연물질은 진행중인 실험에 최소량만을 보관할 것
⑧ 모든 실험장치 및 기계는 담당자 이외에는 손대지 말 것
⑨ 실험기기 사용의 제한사항을 반드시 준수할 것
⑩ 폭발물이나 스파크 등이 발생하는 위험한 실험 시에는 실책임자의 입회하에 실험하도록 할 것
⑪ 인화성물질을 사용하는 실험실에는 화기 엄금토록 하며 구급 및 소화장비 유지에 철저를 기할 것(소화기, 화재경보장치, 구급약품)
⑫ 인화성 물질(유류 및 가스)은 공기유통이 잘되고 사람의 접근이 많지 않은 곳에 격리시켜 보관하고 "통제구역, 관리자외 출입금지" 표시판을 부착하여 관리 할 것
⑬ 통제구역을 허가 없이 출입하지 말 것이며 출입 필요시에는 통제구역 시설관리 책임자의 승인을 반드시 득할 것

1.2 실험결과의 자료정리 방법

1.2.1 측정값을 나타내는 방법

1) 정밀도(precision)와 정확도(accuracy)

정밀도는 일정한 측정에 대해 반복측정과 분석을 했을 때 나타나는 자료나 분석치의 변동 크기가 얼마나 작은가를 말하는 것으로 반복하여 얻은 측정값들 사이의 일치 여부를 나타낸다. 이에 반해 정확도는 측정치가 참 값에 얼마나 접근 하였는가하는 수치상의 표현 즉, 측정값과 참값이 일치하는 정도를 말한다. 모든 측정에는 오차를 포함하

고 있어 동일한 측정 방법, 동일 측정기로 측정하여도 사람마다 동일한 결과를 얻기 어려운 것은 정확도는 상대적인 변수에 영향을 받아서 정확한 값(참값)을 얻기란 어렵다. 때문에 통계적인 방법을 사용하여 정밀도는 표준편차, 변동계수 등으로 나타낼 수 있으며, 정확도는 상대오차와 절대오차 등으로 표현할 수 있다.

2) 오차의 정의

어떤 물리양의 측정에는 항상 한계가 있으므로, 측정치에 오차가 따라다니는 것은 자연스러운 일이며 측정값과 참값과의 차이를 오차라 하며 측정오차를 다음과 같이 정의한다.

$$\text{측정오차} = \text{측정값} - \text{참값} \qquad (1.1)$$

이때 측정오차의 절대값을 오차의 크기라고 정의하며, 오차의 크기가 작을수록 측정이 정밀하다고 한다.

3) 오차의 종류

오차는 크게 세 가지로 계통오차, 과실오차, 우연오차로 분류할 수 있으며 오차의 종류와 원인을 규명함으로써 오차를 줄일 수 있다.

(1) 계통오차(systematic error)

이런 오차는 어떤 일정한 방향으로 계통적으로 나타나는 오차를 말한다. 정밀도(precision)가 우수하다는 전제하에 설명될 수 있는 종류로서 대략 세 가지로 분류되며 오차의 크기와 부호를 추정할 수 있고 보정할 수 있는 오차이다.

① 계기오차 : 측정계기의 불완정성 때문에 생기는 오차
  예) 자, 온도계, 계기판 등의 눈금이 정확하지 않거나 영점 보정이 안된 경우.

② 환경오차 : 측정할 때 온도, 습도, 압력 등 외부환경의 영향으로 생기는 오차
  예) 측정기구의 온도변화에 의한 눈금의 변화, 질량측정시 공기의 부력에 의한 영향 등

③ 개인오차 : 개인이 가지고 있는 습관이나 선입관이 작용하여 생기는 오차.
예) 어떤 현상이 일어나는 시간을 인식하는 정도가 사람마다 다른 경우

(2) 과실오차(erratic error)

계기의 취급부주의로 생기는 오차를 말한다. 예를 들면 눈금의 숫자를 잘못 읽거나 계산을 틀리게 하여 생기는 오차이며 실험자가 주의하면 제거할 수 있는 오차이다.

(3) 우연오차(random error)

측정자가 주의해도 피할 수 없는 불규칙적이고 우발적인 원인에 의해 발생하는 오차로서 평균값을 사용함으로써 이와 같은 우연오차를 작게 할 수는 있으나 보정할 수는 없는 오차이기 때문에 허용오차 범위 내에 포함되어야 한다.
예) 측정 시 갑자기 주위환경이 불규칙하게 변하여 계기에 영향을 주는 경우

4) 측정값과 유효숫자

측정값에서 자리만을 나타내기 위하여 사용하고 있는 0을 자리수라 하며, 자리수가 아닌 모든 숫자를 유효숫자라 한다. 예를 들면 어떤 측정값이 0.0097이면 9앞에 있는 0들은 자리수이고 9와 7이 유효숫자이다. 또 측정값이 3000 이라면 3뒤에 있는 0들은 자리수 인지 유효숫자인지 알 수가 없다. 그래서 유효숫자를 정확하게 나타내기 위해서 과학적인 표시법을 쓰는데 0.0097은 9.7×10^{-3}으로, 3000에서 유효숫자가 3이라면 3×10^{3}으로 표시하면 유효숫자를 정확하게 나타낼 수 있다.

(1) 근사값의 덧셈과 뺄셈

근사값의 덧셈과 뺄셈에서는 반올림하여 유효숫자의 끝자리들 중에서 가장 높은 자리에 자리수를 맞춘 다음 계산한다.
예) $514.0 + 3.75 \simeq 514.0 + 3.8 = 517.8$

(2) 근사값의 곱셈과 나눗셈

근사값의 곱셈과 나눗셈에서는 유효숫자의 개수가 적은 쪽에 맞추어 계산하고, 그

결과도 반올림하여 유효숫자의 개수가 적은 쪽에 맞춘다.

예) 5.2016 × 7.14 ≃ 5.20 × 7.14 = 37.1 28 ≃ 37.1

5) 오차의 분포와 신뢰구간

오차로 인해 측정값들은 측정할 때마다 다른 값들을 가지며 이들은 어떤 분포를 가진다. 이러한 측정값들이 어떤 분포를 가질 때 분포특성을 대표하는 값을 정할 필요가 있게 된다. 분포특성을 대표하는 값들 중에는 평균값(mean), 중앙값(median) 등이 흔히 사용되며, 측정값의 분석을 위하 여는 통계학적인 수법이 필요하다.

1.2.2 측정값의 통계의 기본처리

1) 통계용어

① 대표값 : 자료전체를 대표하는 중심적 경향을 하나의 수로 나타낼 수 있는 값
② 평균값 : 측정값의 총합을 도수의 합으로 나눈 값
③ 중앙값 : 측정값을 크기의 순으로 나열했을 때 가장 중앙에 오는 값
④ 최빈값 : 도수가 가장 많은 계급의 계급값
⑤ 산포도 : 측정치의 값이 흩어져(scattering) 있는 정도를 나타낸 값
⑥ 범 위 : 제일 큰 측정치의 제일 작은 측정치에 대한 차를 나타낸 값
⑦ 편 차 : 데이터의 각 측정치에서 평균값을 뺀 값
⑧ 분 산 : 편차의 제곱의 평균
⑨ 표준편차 : 분산의 제곱근
⑩ 평균편차 : 편차의 절대값에 대한 평균값
⑪ 독립변수 : 상관을 갖는 둘 이상의 변수들 중에서 다른 변수에게 영향을 주는 변수
⑫ 종속변수 : 독립변수에 의하여 영향을 받는 변수
⑬ 회귀분석 : 독립변수와 종속변수들 간의 관련성을 수학적 모형을 이용하여 측정된 변수들의 자료로부터 추정하고 분석하는 통계적 방법

⑭ 상관분석 : 변수들이 서로 얼마나 밀접하게 관련되어 있는가 하는 정도를 분석하는 방법

2) 대표값

오차로 인해 측정값들은 매번 측정할 때마다 다른 값들을 가지며 이들은 어떤 분포를 가진다. 이러한 측정값들이 어떤 분포를 가질 때 분포특성을 대표하는 값을 정할 필요가 있게 된다. 대표값이란 실험결과를 대표하는 측정값 전체의 성질을 하나의 값으로 표시한 것을 말하는데 중심 경향을 나타내는 방법으로는 산술평균(mean), 중앙값(median), 기하평균(geometric mean) 등이 있다. 이들의 중심경향 표현에는 각각 장단점이 있기 때문에 실험의 성격이나 목적에 따라서 적절한 방법을 선택하는 것이 좋다.

(1) 평균값(mean) : $\overline{x}$

산술평균(arithmetic mean) 이나 평균(average)의 동의어로서 대표값들 가운데 가장 보편적으로 쓰인다. 주어진 자료가 모집단일 경우의 평균을 모평균, 표본일 경우에는 표본평균이라 한다. 표본평균은 모평균을 예측하기 위한 좋은 성질을 가지는 경우 통계자료 분석에 자주 사용된다. 그리고 평균의 변형적인 형태로 각 측정값에 일정한 가중치를 곱하여 평균을 구하는 가중평균이 있다.
산술평균은 실험결과의 각 측정값의 총합을 측정 총 실험 회수로 나누어 얻는다.

$$\overline{x}=\frac{x_1+x_2+\cdots+x_n}{n}=\frac{1}{n}\sum_{i=1}^{n}x_i \tag{1.2}$$

또한 돗수 분포표 상에서의 측정값 $x_1,x_2,\cdots,x_n$에 대응하는 도수가 $f_1,f_2,\cdots f_n$일 때, 산술평균이다.
따라서 산술평균에 대한 편차(실험치 - 산술평균)의 합은 $\sum_{i=1}^{n}(x_i-\overline{x})=0$이 되어 편차의 합을 최소로 하는 특징을 갖기 때문에 극단값의 영향을 크게 받는 단점이 있지만 일반적으로 대표값으로 많이 사용된다.

(2) 기하평균(geometrical mean) : M_G

측정치를 서로 곱하고 그 측정회수로 근을 취한 값으로서, 이는 주로 지수와 값이 상대적 수치를 계산하는 데 많이 이용된다.

$$M_G = \sqrt[N]{x_1 \cdot x_2 \cdot x_3 \cdots x_n}$$

$$\log M_G = \frac{1}{N}\sum_{i=1}^{n}(\log x_i) \tag{1.3}$$

(3) 중앙값(median) : Me

측정값 전체의 크기의 차례로 나열했을 때 중앙에 있는 수치를 중앙값이라고 하며, 보통 Me 로 표시하며 측정회수의 결과가 홀수이면 중앙값을 $Me = \frac{N+1}{2}$ 로서 직접 얻을 수 있으나 짝수인 경우에는 Me는 $\frac{N}{2}$와 $\frac{N+1}{2}$의 산술평균을 취해야 한다. 이는 산술평균과는 달리 극단값의 영향을 크게 받지 않으며 위치를 표시하는 평균값의 성격을 띤다. 즉 중앙값은 순서가 변하지 않는 한 다른 값이 변하여도 영향을 받지 않는다.
도수가 있는 경우에는

$$Me = Lc + (f_m - f_b)/f_c \times c \tag{1.4}$$

Lc : 계급의~하한, $f_m = \frac{f}{2}$, f_b 중앙값보다 작은 도수의 합, f_c 중앙값의 도수 c 계급이다.

(4) 최빈값(mode) : Mo

측정한 자료들 중에서; 도수가 가장 많이 나타나는 측정값을 말하며, 보통 Mo로 표시한다. 실제 실험값에 있어서는 최빈값이 없거나 여러 개로 나타날 수도 있으며 중앙값과 마찬가지로 극단값의 영향을 크게 받지 않는 장점이 있으나, 자료수가 적어서 도수분포의 모양이 불분명하거나 너무 복잡하면 구할 수가 없는 경우도 있다.
예를 들어, 20 PPM의 구리를 포함하고 있는 수용액에 대하여 구리의 양을 6번 측

표 1.1 직경의 측정결과

직경	10	11	12	13	14	15	16	17	18	19	계
도수	4	6	9	12	14	11	8	9	7	2	82

정한 결과 각각 19.4, 19.5, 19.6, 19.8, 20.1, 20.3 PPM을 얻었다면, 이 경우

① 평균 = $\frac{19.4+19.5+19.6+19.8+20.1+20.3}{6} = 19.78$ PPM 이고

② 중앙값 = $\frac{19.6+19.8}{2} = 19.7$PPM 이 된다.

그러나 어떤 측정 자료가 표 1.1과 같이 도수가 함께 주어진다면 통계적 계산은

① 산술평균 ; $\overline{x} = \frac{1}{N}\sum_{i=1}^{n} x_i f_i = \frac{1176}{82} = 14.3$

② 기하평균 ; $\log M_G = \frac{1}{N}\sum_{i=1}^{n}(\log x_i) = \frac{943616}{82} = 11508$

③ $M_G = 14.1$

④ 중앙값 ; 13.5 + (41-31)/14×1 = 14.2

⑤ 최빈값 ; *Mo*는 빈도가 가장 높은 14가 된다.

3) 산포도

어느 집단에 있어서 대표값이 같다하더라고 변이(變異)의 정도 즉 분포상태가 동일하지 않을 수 있다. 중심값, 특히 산술평균은 실험결과의 대푯값으로 특성 파악에 가장 잘 이용되기는 하지만 양적 구조 파악에는 불합리한 점이 많다. 따라서 실험값 들이 평균값을 중심으로 얼마나 밀집되어 흩어져 있는가를 알기 위하여 산포도를 측정하여 실험값 들의 변화의 대소, 즉 변량 간 차이의 대소로서 흩어져 있는 정도를 정량적으로 표시한다. 이들 산포도 측정방법에는 실험값들 상호간의 차이에 의하여 측정하는 방법과 실험값의 평균값에 대한 편차에 의한 측정방법이 있는데 전자의 예로는 범위, 4

분위 편차, 평균차등이 있고 후자에는 평균편차(mean deviation), 분산(variance), 표준편차(standard deviation), 변이계수(coefficient of variation) 등이 있다. 이들 중 통계 분야에서 가장 많이 사용되는 것이 분산과 표준편차이다.

(1) 범위

자료들의 분산정도를 나타내기 위해 돗수 분포표에서 최상 계급의 상한 값과 최하 계급간의 하한 값을 뺀 차이를 범위로 사용한다.

$$범위 = 최대값 - 최소값 \tag{1.5}$$

범위는 계산하기가 감편하나 극단점이 있을 경우 올바른 산포의 측도가 되지 못하나 크지 않은 자료들에 많이 사용된다.

(2) 편차(deviation : D)와 평균편차(mean deviation : Md)

편차란 평균값으로부터의 차이를 뜻하기 때문에 같은 실험에서 각 실험 치들이 보이는 편차의 합은 0이 되어 편차의 합으로는 산포를 알 수 없다. 따라서 절대값으로 계산하면 편차의 합은 0보다 크게 되어, 그 크기로서 산포의 정도를 측정할 수 있게 된다. 평균편차는 이들 편차들의 평균을 말하며 값이 작을수록 평균에 가깝게 분포되어 있다. 평균편차 Md는

$$M_d = \frac{\sum_{i=1}^{n} |(x_i - \overline{x}) f_i|}{N} \tag{1.6}$$

이다. 산포정도란 선(1차 함수)으로 표현되기보다는 면적(2차 함수)으로 표현되는 것이기 때문에 평균편차는 산포정도를 표시하는 표현력이 작다는 단점을 지니고 있으며, 절대값으로 표시되기 때문에 계산상 불편한 점도 있다.

(3) 분산(평균제곱합, σ^2 또는 S^2)

각 편차의 합은 0이 되어 별 의미가 없기 때문에 편차를 제곱하여 제곱합(SS,sum of squares)을 만들어 보다 이상적으로 실험치의 산포정도를 표한한다. 적 제곱이 됨으로써 그 값은 0이거나 0보다 크며 상대적으로 표현력의 차이를 민감하게 나

타내게 된다. 제곱합은 모든 측정값의 크기가 동일한 경우에는 0이 되고 서로 비슷한 크기이면 작아지며 크기가 달라질수록 커짐으로써 표현에 신축성이 큰 만큼 그 이용도가 크다. 그러나 어느 한 집단의 중심경향을 보이는 평균의 개념과는 무관하기 때문에 이를 보완하기 위하여 제곱합의 평균을 구하여 이를 평균제곱합 또는 분산(variance)이라고 한다. 분산은 어느 집단의 산포정도를 표현하는데 가장 보편적으로 이용되는 척도이다. 분산의 크기를 구하는 방법은 제곱합의 평균값을 계산하거나, 표준편차를 제곱하여 구한다.

실험값이 평균을 중심으로 많이 흩어져 있으면 분산이 커지고, 몰려 있으면 분산이 작아진다. 모집단의 분산을 모분산이라 하며 σ^2으로 표시하고 표본의 분산을 표본분산(S^2)으로 표시한다. 분산을 구하는 식은 아래와 같다.

$$\text{모분산 : } \sigma^2 = \frac{1}{N}\sum_{i=1}^{N}(x_i - \mu)^2$$

$$\text{표본분산 : } S^2 = \frac{1}{N}\sum_{i=1}^{N}(x_i - \overline{x})^2 f_i \qquad (1.7)$$

(4) 표준편차 (σ 와 S)

분산은 주어진 단위의 제곱이 되므로 이를 주어진 단위와 같게 하기 위하여 양의 제곱근을 취하는 데 이를 표준편차(standard deviation)라 한다. 표준편차는 일반적으로 가장 정확하게 합리적으로 산포도를 나타내기 때문에 산포도 중에서 가장 널리 쓰이고 있다. 표준편차를 구하는 계산법은 모집단과 표본에 대한 2가지 가 쓰이며, 표준편차의 값이 적을수록 평균치에 가깝게 분포되어 있음을 판단할 수 있다.

우리들이 실험에서 허용하는 표본 표준편차 S는 다음과 같이 된다.

$$\text{모표준편차 : } \sigma = \sqrt{\frac{1}{N}\sum_{i=1}^{N}(x_i - \mu)^2 f_i}$$

$$\text{본표준편차 : } S = \sqrt{\frac{1}{N-1}\sum_{i=1}^{N}(x_i - \overline{x})^2 f_i} \qquad (1.8)$$

여기서 μ는 모평균이며, N과 N-1은 자유도의 차이로서 30이상이면 같게 사용한다.

(5) 변이계수(coefficient of variation : C_v)

변이계수란 표준편차를 평균값으로 나눈 값을 백분율로 나타낸 수치로서 다음과 같이 정의한다.

$$변이계수(C_v) = \frac{표준편차(S)}{산술평균(\overline{x})} X100\% \qquad (1.9)$$

따라서 변이계수는 %로 표현되며 통계집단의 특성 값들에 대한 균일성, 정밀성 정도를 표현하는 방법으로서 변이계수는 작을수록 분포가 고르다는 뜻이다. 그러나 식으로부터 평균값의 크기가 0에 가까울수록 변이계수의 의미는 작아지는 단점이 있으나 측정단위와 무관하게 독립적으로 산출되므로 단위가 서로 다른 특성 값의 산포도를 비교하는데 이용될 수 있다. 예를 들면 수확량에 대한 지역 간 변이계수가 벼는 6%, 보리는 12%, 콩은 20%라고 한다면 작물간의 특성 또는 재배환경의 불균형정도가 벼보다는 보리, 보리보다는 콩에서 크다는 것을 나타낸다.

(6) 평균치에 대한 표준오차

어떤 모집단에서 표본을 추출하여 평균값을 계산하면 그 값은 모집단의 평균치와 반드시 동일하지는 않다. 그러나 모집단 평균치와 표본 평균치의 편파는 표본에 있어서 개개의 변량의 편차보다 훨씬 작다고 생각할 수 있다. 모집단에서 n개의 표본을 여러 번 취한다고 가정하면 그 평균치들의 모평균에 대한 표준편차를 포준오차(standard error)라 하며 Se로 표시한다. 표준오차는 일반적으로 측정의 정도를 나타낼 때 사용하며, 작을수록 정도가 높다. 다음식과 같이 표준편차 S를 측정수 n의 제곱근으로 나누어 구한다.

$$Se = \frac{S}{\sqrt{n}} \qquad (1.10)$$

(7) 신뢰한계

통계에 있어서 신뢰성이란 실험값의 오차 정도를 나타내는 것이다. 즉 신뢰도를 구한다는 것은 어느 정도의 유의성이 있느냐, 없느냐를 산출하는 것으로써 흔히 95%나99% 수준에서의 유의성, 또는 5%나 1% 수준에서의 불확실성 정도로 그 결과를 받아들이거나 받아들이지 않게 된다. 표본의 수 즉 측정개체수가 n인 표본의 평균을 $\bar{x}$, 모평균을 μ라고 할 때, 이들 두 평균값 사이의 편차의 정도를 나타내기 위하여 다음의 t값을 이용한다.

$$t = \frac{(\bar{x} - \mu)}{Se} = \frac{(\bar{x} - \mu)}{S/\sqrt{n}} \tag{1.11}$$

는 자유도가 (n-1)인 t분포를 한다. 즉, t 의 값은 대소에 따라 편차의 정도를 나타내는데, 이것을 스튜우던트(student)의 t라고 하며 일반적으로 μ와의 관계는 $\mu = \bar{x} \pm t \cdot (S/\sqrt{n})$ 즉, $\bar{x} - t \cdot (S/\sqrt{n}) \le \mu \le \bar{x} + t \cdot (S/\sqrt{n})$이며, 이것은 t값에 따라 5%나 1% 유의수준에 있어서 μ가 취할 수 있는 값의 범위 즉 신뢰구간을 나타내며, 부등식 양측의 값을 신뢰한계라고 한다. 표본의 크기가 30 보다 크고 표본통계량이 대체로 정규분포를 나타낸다고 하면 정규 분포곡선에서 1 표준편차구간, 2 표준편차구간, 그리고 3 표준편차구간 내에 포함되는 확률은 각각 62.26%, 95.44%. 99.74%이며 이들 구간이 의미하는 것은 곧 신뢰도와 같은 것이다. 즉 모집단의 분초가 정규분포 $F(\mu, \sigma^2)$을 따를 때, 모평균 μ은 다음의 범위에 있다.

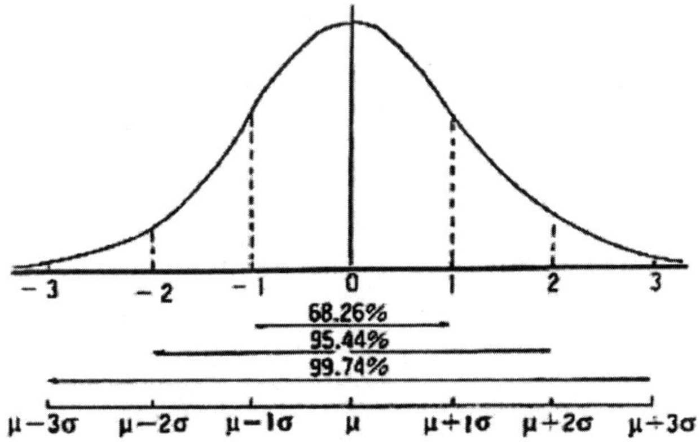

그림 1.1 정규분포와 신뢰구간

표 1.2 정규분포에 대한 신뢰수준과 신뢰계수

신뢰수준(%)	50	60	80	90	95	96	99	99.7	99.9
신뢰계수 (n>100)	0.67	1.00	1.29	1.64	1.96	2.00	2.58	3.00	3.29

① 90%의 신뢰도 : $\overline{x}-1.65 \cdot \dfrac{\sigma}{\sqrt{n}} \le \mu \le \overline{x}+1.65 \cdot \dfrac{\sigma}{\sqrt{n}}$

② 95%의 신뢰도 : $\overline{x}-1.96 \cdot \dfrac{\sigma}{\sqrt{n}} \le \mu \le \overline{x}+1.96 \cdot \dfrac{\sigma}{\sqrt{n}}$

③ 99%의 신뢰도 : $\overline{x}-2.58 \cdot \dfrac{\sigma}{\sqrt{n}} \le \mu \le \overline{x}+2.58 \cdot \dfrac{\sigma}{\sqrt{n}}$

위의 식에서부터 95% 수준의 한계는 ±1.96S 확률 99% 수준의 한계는 ±2.58S 라는 것을 얻을 수 있기 때문에 어떤 새로운 발견이나 계산값의 신뢰한계를 95% 나99% 수준에서 파악하고자 한다면 각각 통계량을 중심으로 1.96S와 2.58S의 표준편차 범위를 정하여 그 안에 해당되는지 혹은 그 한계를 벗어나는지 판단하여야 한다. 이때 95%나 99%를 유의수준이라고 하고 1.96 , 2.58 등의 수치를 신뢰계수라고 한다. 일반적으로 유의할 확률이 95%이상이면 그 가설을 인정하며 99%이상이면 고도의 신뢰성을 지니는 것으로 인정한다. 측정회수가 작은 경우에는 정규분포보다는 t분포로부터 신뢰계수를 구해야 한다. (표 1.2 참조)

예로서 표 1.1의 실험치에 대한 통계적인 산포도 및 신뢰도 분석은

① 범위 R = 19-10 = 9

② 평균편차 : $M_d = \dfrac{\sum_{i=1}^{n} |(x_i - \overline{x}) f_i|}{N} = \dfrac{160.0}{82} = 1.95$

③ 표준편차 : $S = \sqrt{\dfrac{1}{N-1} \sum_{i=1}^{n} (x_i - \overline{x})^2 f_i} = \sqrt{\dfrac{442.439}{(82-1)}} = 2.34$

④ 변이계수(Cv) = $\dfrac{\text{표준편차}(S)}{\text{산술평균}(\overline{x})}\times 100\% = (2.34/14.34)\times 100 = 16.3\%$

표준편차는 2.34이고 측정수 n은 82이므로 표준오차는 다음과 같다.

$$\text{표준오차}Se = \frac{S}{\sqrt{n}} = \frac{2.34}{\sqrt{82}} = 0.26$$

위의 계산결과 표준오차가 0.26, 평균치가 14.34, 5% 유의수준(95% 신뢰도)일 때 t값은 자유도 $n-1=81$에 대한 t분포표에서 1.98이므로 신뢰한계는 $\mu = \overline{x} \pm t(s/\sqrt{n}) = 14.34 \pm (1.98 \times 0.26) = 14.34 \pm 0.51$이다. 따라서 신뢰구간은 $13.83 \le \mu \le 14.85$가 된다.

1.2.3 회귀분석

독립변수와 종속변수들간의 관련성을 수학적 모형을 이용하여 측정된 변수들의 자료로부터 추정하고 분석하는 통계적 방법으로서 그림과 같은 어떤 측정치 집단에 대하여 예로서 단순 모형식

$$y_i = \beta_0 + \beta_1 x_i + \epsilon_i \tag{1.12}$$

을 택하면 이는 하나의 독립변수를 가지며, 모집단 회귀계수는 선형이며, EH한 독립변수 x의 차수가 1차이므로 독깁변수로 볼 때에도 선형이 되어 단순회귀모형이라 부른다. 회귀모형의 식으로부터 모든 표본점(xi,yi)에서의 오차

$$\text{오차}\ \ \epsilon_i = y_i - (\beta_0 + \beta_1 x_i)$$

$$\text{오차 제곱합}\ \ Q = \sum_{i=1}^{n} \epsilon^{2_i} = \sum_{i=1}^{n} [y_i - (\beta_0 + \beta_1 x_i)]^2 \tag{1.13}$$

를 최소로 하는 β_0와 β_1의 값을 구하여 두 변수 사이의 실험식을 구하는 방법을 보통 최소자승법에 의한 회귀 분석법이라 한다.

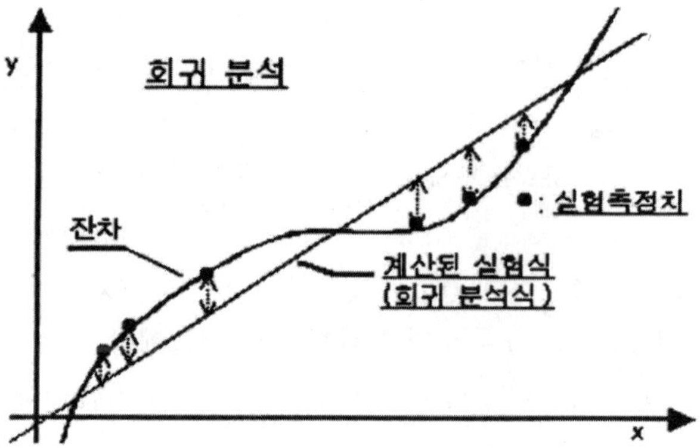

그림 1.2 회귀분석과 실험식

1.2.4 상관분석

2개의 변량 x와 y사이에 한 쪽의 변화가 다른 쪽의 변화에 어떤 영향을 주는 경향이 있을 때 x와 y 사이에는 상관관계가 있는 두 변수들이 서로 얼마나 밀접하게 관련되어 있는가 하는 정도를 분석하는 방법을 상관분석법이라고 한다.

- 함수관계 : y가 x에 의해 일정하게 결정된다. y = f(x)
- 상관관계 : y가 x에 의해 평균적으로 어떤 폭을 가지고 결정된다.

$$\overline{y} = f(x)$$

두 변량 사이의 상관관계를 알아보기 위해서는 산포도(scatter diagram)를 그려본다. 측정값들이 어떤 직선 주위에 밀접해 있고, 이 직선의 방향계수가 양일 때 양의 상관이 있다고 하고, 임일 때 음의 상관이 있다고 한다.

1) 상관계수

두 변량 x와 y 사이의 직선적인 상관관계의 정도를 표본으로부터 수량적으로 표현한 값을 표본 상관계수(sample coefficient of correlation)라고 하며 다음과 같이 구한다.

$$r_{xy} = \frac{\sum_{i=1}^{n}(x_i - \overline{x})(y_i - \overline{y})}{\sqrt{(\sum_{i=1}^{n}(x_i - \overline{x})^2 \sum_{i=1}^{n}(y_i - \overline{y})^2}}$$

$$= \frac{\frac{1}{n}\sum_{i=1}^{n}(x_i - \overline{x})(y_i - \overline{y})}{\sqrt{\frac{1}{n}\sum_{i=1}^{n}(x_i - \overline{x})^2 \frac{1}{n}\sum_{i=1}^{n}(y_i - \overline{y})^2}}$$

$$= \frac{S_{xy}}{S_x S_y} \tag{1.14}$$

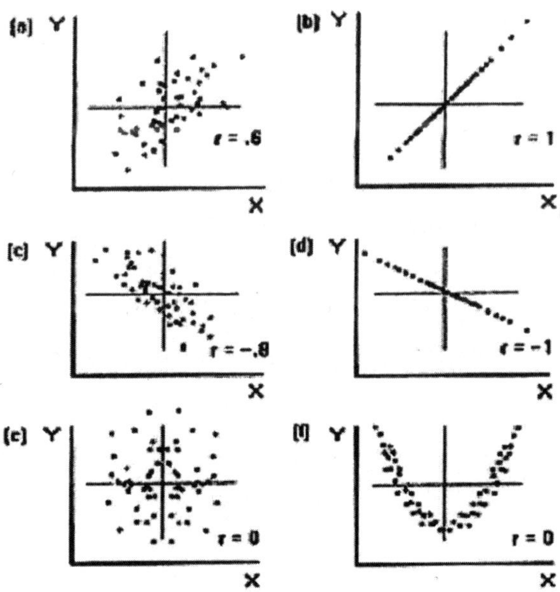

그림 1.3 산포와 상관계수

상관계수는 다음과 같은 성질을 갖는다.

- r_{xy}의 범위는 $-1 \le r_{xy} \le 1$
- $r_{xy} = 0$이면 x와 y는 서로 상관이 없다.
- $0 \le r_{xy} \le 1$이면 양의 상관관계
- $-1 \le r_{xy} \le 0$이면 음의 상관관계
- 상관계수는 측정치들 사이의 선형관계 정도를 나타낸다.

1.3 실험보고서 작성법

실험 결과의 보고서는 이것을 읽어보는 사람이 그 내용을 명확하게 이해 할 수 있도록 논리적이고 간결하게 쓰는 것이 꼭 필요하기 때문에 일반적으로 통용되는 방법을 이해하고 이와 함께 숙달이 요구된다.

1.3.1 실험보고서의 형식

실험보고서는 일종의 소논문이며 회사에서 말하는 개인 사업 프로젝트에 해당된다. 따라서 실험보고서를 잘 작성하는 것은 전공을 열심히 익히는 데에도 도움이 되며 각종 자격시험이나 취직에서 매우 유리하다. 보고서의 형식은 실제로 어디에 적용할 것인가에 따라 약간씩 달라질 수 있으나, 보통 기초공학실험에서 요구되는 보고서의 경우 대략 다음의 순서로 쓰는 것이 표준적인 방법이라고 할 수 있다.

1) 표지
2) 요약문
3) 서론
4) 본론
5) 이론

6) 실험 장치 및 실험방법
7) 실험 결과와 고찰
8) 결론
9) 참고문헌

1.3.2 실험보고서의 내용

1) 표지

보고서의 첫 장에는 "실험제목명", "실험일자", "실험조", "공동실험자"와 "학번 이름"등을 표시한다. (첨부자료 1 참조)

2) 요약문

이는 이 실험보고서가 '무엇에 대한'것으로, '무엇을 위하여', '어떤 방법'으로 '어떻게' 실험하여 '어떤 경과'를 얻어지는지, 그리고 그 결과가 '어떠한지'에 대해 대표적인 내용을 간결하게 압축하여 표현하는 것이다. 전문적인 학술 논문의 경우에 초록(abstract)이라고 불리는 것으로 보고서를 읽는 사람이 가장 먼저 읽고 보고서 전체의 내용을 가늠하는 것이기 때문에 매우 중요한 부분이라 할 수 있다.

3) 서론

수행하고자 하는 실험제목과 관련한 문제점을 제시하여 실험의 필요성을 강조하고 이에 대한 과거의 실험등과 같은 역사적 배경과 현재의 추세 등을 비교적 상세히 기술한 후 "무엇을 위하여 무엇을 하겠다"는 실험목적을 기술한다. 이는 기계공학실험과 같은 교육용 실험의 경우에는 새로운 이론적인 내용이 없기 때문에 관련된 내용이 발전되어 온 과정과 최근의 추세를 논하고 실험목적을 적도록 한다.

4) 본론

실험보고서에는 대개 본론이라는게 없다. 여기서는 서론, 본론, 결론의 의미로서 사용하였다.

(1) 이론

실험이 근거를 두고 있는 이론을 서술한다. 학술적인 실험논문에서는 특별한 경우를 제외하고는 서술하지 않는다. 그러나 기초공학실험의 경우 교육용 실험이기 때문에 실험의 이론적 배경을 요약해서 쓸 것을 권유한다.

(2) 실험방법 및 실험장치

실험에 사용한 실험장치를 그림이나 도면 또는 기타의 방법으로 설명하고 이용한 시험재료나 시약의 화학적, 물리적 성질과 함께 적용한 실험방법에 대해서도 상세히 설명하여 실험방법에 의한 실험자료의 신빙성을 검토 받아야 한다. 이 때문 실험에 있어서는 되도록 이면 공인된 표준시험법을 택하는 것이 바람직하며 그렇지 못할 경우에는 그 방법을 상세히 표시하여 토론할 수 있어야 한다. 또한 다른 문헌에 있는 경우의 것이라면 인용한 문헌을 참고 문헌란에 적는다. 기초공학실험에서는 실험에 사용된 장치의 얼개와 시험편의 도면을 간단히 그리도록 권유한다.

(3) 실험결과 및 고찰

이 부분은 대개 실험결과와 고찰을 각각 논하는 경우와 실험결과와 고찰을 동시에 나타내는 두 가지 방법이 있다. 보고서 전체에서 가장 중요한 부분이며 전문적인 지식이 요구된다.

실험에서 얻은 측정치 등은 통계적인 이론에 근거를 두고 정리하여 실험식, 도표, 그래프 등으로 상세히 나타내어야 한다. 이들 내용으로부터 얻어진 결과에 대하여 이미 알려져 있는 값이나 내용 또는 이론식을 이용하여 구한 기대치와 비교하고 토론을 한다. 이때 되도록 많은 문헌을 인용하면서 독창성 있는 고찰을 해야 한다. 이 독창적인 고찰이야 말로 가장 중요한 일이며 결론의 내용이 여기서 얻어진다. 또 같은 결과일 지라도 표시하는 방법에 따라 실험보고서의 질이 구별될 수 있으므로, 주장할려는 중요 내용을 효과적으로 전달 할 수 있도록 도표나 그래프의 작성 방식에도 신중해야 한다. 측정 결과를 본문이나 그래프에 나타낼 때는 평균값과 함께 오차 범위를 표시하고 어떤 양을 나타낼 때는 유효 숫자에 유의한다. 그림과 표의 설명(caption)을 나타내는 방법에도 대개는 표준적인 방법이 있어 표는 Table에 번호를 붙여 표의 위쪽에 나타내며, 그림은 Fig. 또는 Photo.에 번호를 붙여 그림의 아래쪽에 반드시 영문으로 표시하도록 한다.

(4) 결론

대부분의 경우 "무엇 때문에 무엇을 하기 위하여 어떻게 하여 다음과 같은 결론을 얻었다."라고 시작한다, 그런 다음 자기 주장을 결론으로 서술한다. 결론에서 주장하고자하는 내용은 꼭 실험 결과 및 고찰 부분에서 토론을 거친 내용을 압축하여 나타내여야 한다. 그리고 결론에서는 참고문헌을 인용하지 않는다. 따라서 보고서에서 가장 핵심이 되는 중요 점을 부각시키는 것이 상례이다. 보고서의 요약과결론 부분만으로도 전체내용을 모두 알 수 있도록 문구마다 세심한 주의가 필요하다.

(5) 참고문헌

실험보고서를 포함하여 학술 보고서에서는 참고문헌의 표시가 반드시 필요하다. 참고문헌은 보고서를 작성하면서 인용한 문헌들을 인용순으로 중복없이 번호를 붙여적는다. 참고문헌이 없는 실험 보고서나 학술적인 논문이 있을 수 없기 때문에 문헌표시가 반드시 필요하다. 참고문헌은 교과서와 같은 책자의 어느 페이지나 chapter일 수도 있고, 학술잡지에 실린 다른 사람들의 논문이거나 학위논문, 또는 과거의 보고서일 수도 있다. 이들 참고문헌을 인용하고 나열하는 방법은 어느 정도 정해져있으며, 책의 경우; 저자이름, 책이름, 출판사, 인용 페이지, 출판년도, 순으로 하고 간행물의 경우는 저자명, 논제명, 잡지명, 권수, 인용부분의 쪽수와 발행년도가 명시되어야 한다. 아래의 예시를 참조하도록 한다.

예)

① Chelune. G. J., & Baer, R. A.: Developmental norms for the Wisconsin Card Sorting Test. Journal of Clinical and Experimental Neuropsychology, Vol. 8, No. 3, pp.219-228, (1986).

② Elementary Science Study: Attribute Games and problems: Teacher's

Guide. McGraw-Hill, New York, pp.110-135, (1974).
③ 홍길동: 과학 학습 부진아의 학습양식과 효율적인 전략에 관한 연구, 초중등 과학교육, Vol. 114, No. 2, pp.113-134, (1995).]

(6) 부록

경우에 따라서는 본문에 싣기가 적절하지 않지만 읽는 사람들에게 도움이 되는 관련 사항으로 그림이나 표 또는 수식 등을 부록에 따로 싣기도 한다.

1.4 실험보고서의 평가기준

제출된 실험보고서는 각 실험실의 실험특성에 맞는 기준에 따라 평가될 것이나 좋은 보고서를 쓰기 위하여 다음의 평가기준을 보고서 작성에 참고하도록 한다.

① 실험보고서는 실험목적을 잘 이해하고 쓰여졌는가
② 실험방법이나 실험과정 및 실험장치에 대한 설명이 잘못된 것은 없는가
③ 실험 데이터는 정확성을 잃고 임의로 고치거나 꾸며 넣은 것은 없는가
④ 실험 데이터의 정리에 올바른 통계적 수법이 사용되었는가
　✵ 측정치의 평균값 및 표준편차 등의 계산은 명료하게 되어 있는가
　✵ 오차와 계기오차등은 옳게 다루고 있는가
　✵ 숫자의 자리표시와 유효숫자 및 단위표시에 잘못은 없는가
⑤ 실험 데이터를 정리한 표나 그래프는 분명하고 정확하게 얻어졌는가
⑥ 실험결과에 대한 설명을 창의력을 발휘하여 잘 설명하고 있는가
⑦ 실험보고서는 겉보기에 산뜻하고 읽어서 이해하기가 쉽도록 작성되어 있는가
⑧ 인용한 각종 수값과 문헌의 출처를 분명히 하고 있는가
⑨ 실험보고서의 제출 일시를 잘 지키고 있는가

첨부자료 1 : 기초공학실험 보고서 표지 양식

기초공학실험 보고서

기초공학실험명	
실험실명	

Department of

Mechanical & Automotive

Engineering

<table>
<tr><td>성명</td><td colspan="5"></td></tr>
<tr><td>학년</td><td></td><td>학번</td><td colspan="3"></td></tr>
<tr><td rowspan="3">실험조명</td><td rowspan="3"></td><td rowspan="3">공동실험자</td><td></td><td></td><td></td></tr>
<tr><td></td><td></td><td></td></tr>
<tr><td></td><td></td><td></td></tr>
<tr><td>제출일</td><td colspan="2"></td><td>조교확인</td><td colspan="2"></td></tr>
</table>

2

Chapter

기초 계측기 사용법

2.1 실험 목적

2.2 기본 이론

2.3 실습내용

2.4 실습기자재 및 재료

2.5 실습방법 및 순서

2.6 실습과제

2.1 실험목적

제품의 공작 정도, 기계 부품의 마모 및 기계 설비의 설치 상태 등을 측정하는데 자주 사용되는 버니어 캘리퍼스, 마이크로미터, 다이얼 게이지의 구조 및 원리를 이해하고, 측정 일감의 길이, 바깥 치수, 안치수, 깊이 등의 측정을 통하여 기초 계측기의 올바른 사용법을 익힌다.

2.2 기본이론

2.2.1 버니어 캘리퍼스

버니어 캘리퍼스는 직선자(어미자)와 버니어(아들자)를 하나로 한 것과 같은 것으로, 마이크로미터와 같이 미세한 측정은 할 수 없으나 길이, 바깥 치수, 안치수, 깊이 등을 하나의 기구로 측정할 수 있고, 또 그 측정 범위도 상당히 넓어 대단히 편리한 측정 기구이다. 그림 2.1은 버니어 캘리퍼스 각부의 이름과 기능을 나타내고 있다. a부로는 바깥 치수를, b부로는 깊이를 측정한다. 버니어 캘리퍼스에는 밀리용, 인치용 또는 밀

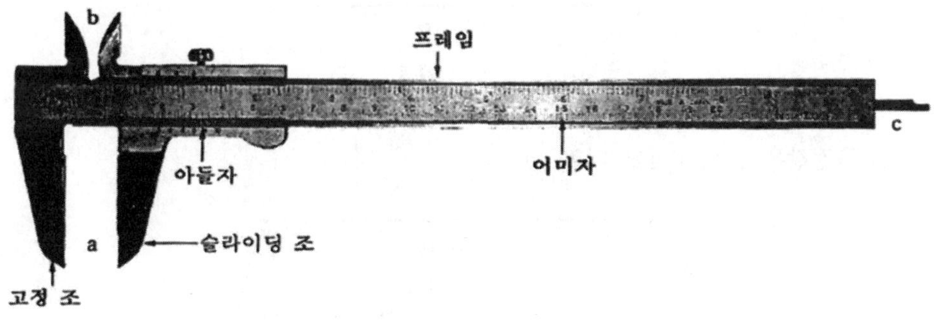

그림 2.1 버니어 캘리퍼스

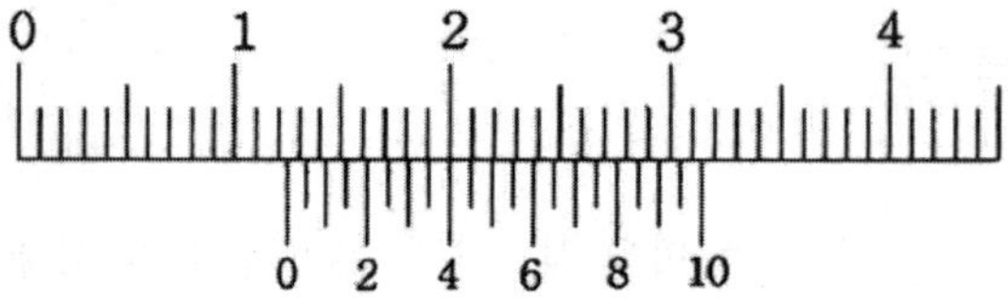

그림 2.2 눈금 읽기(1)

리용과 인치용의 눈금이 상하의 단으로 나누어 새겨져 있는 것이 있으며 밀리용에서는 1 / 10 mm, 1 / 20 mm 및 1 / 50 mm까지, 인치용에서는 1 / 128 in. 1 / 1000 in까지 측정할 수 있다.

1) 작동 원리와 눈금 읽기

밀리식 버니어 캘리퍼스의 눈금 읽기는 다음과 같다. 그림 2.2는 아들자의 최소 눈금이 1 / 20 mm의 것을 확대한 것이며, 이것에 따라 눈금의 읽기를 알아보기로 한다.

① 아들자 0눈금의 왼쪽의 어미자 눈금을 정수(整數)로 읽는다. 이 경우 12이다.

12

② 어미자의 눈금과 아들자의 눈금이 일치되는 곳을 찾는다. 이 경우 4이다. 따라서 실제의 값은 0.4가 된다.

12
0.4

③ 측정값은 12와 0.4를 더한 것이다.

12
+ 0.4
12.4 〔mm〕

버니어 캘리퍼스에서 위와 같이 측정값을 읽을 수 있는 것은 다음의 관계에서 알수 있다. 즉, 그림 2.3에서와 같이 아들자의 눈금은 어미자의 19눈금(19 mm)을 20등분한 것이다. 따라서 아들자의 1눈금은 19/20 mm이고, 어미자의 1눈금과 아들자의 1눈금의 차는

$$1-\frac{19}{20}=\frac{20}{20}-\frac{19}{20}=\frac{1}{20}\,[mm]$$

즉, 1/20 mm가 최소 읽기의 길이가 된다.

또 어미자와 아들자의 0의 눈금이 일치한 위치에서 아들자를 움직여 아들자의 눈금과 어미자의 1눈금이 일치하였을 때, 아들자의 0눈금의 움직인 양은 1/20 mm가 되고, 어미자의 눈금과 아들자의 2눈금이 일치하였을 때에는 아들자의 0눈금의 움직인 양은 2/20 mm가 된다. (그림 2.4)

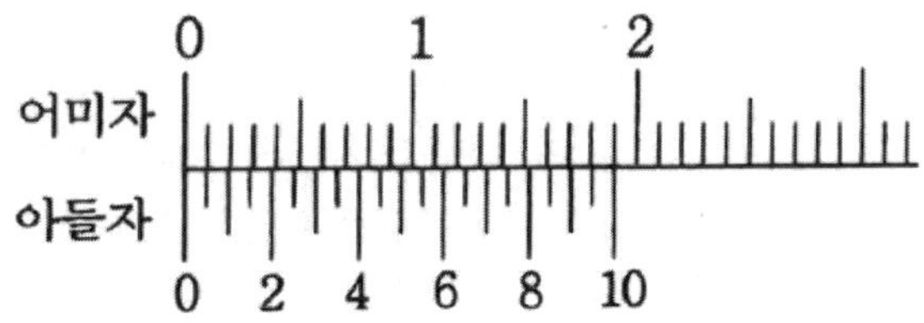

그림 2.3 눈금 읽기(2)

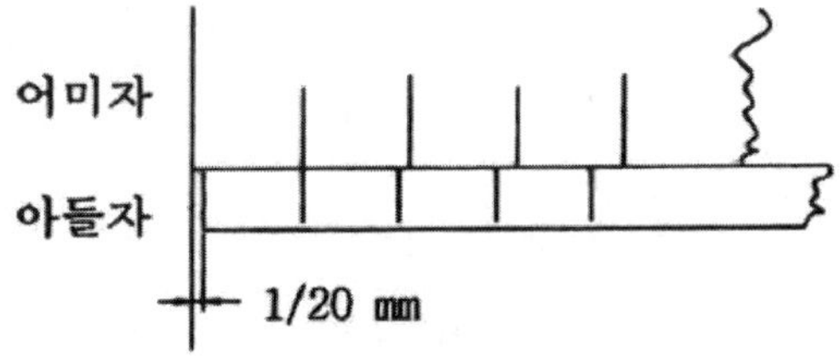

그림 2.4 눈금 읽기(3)

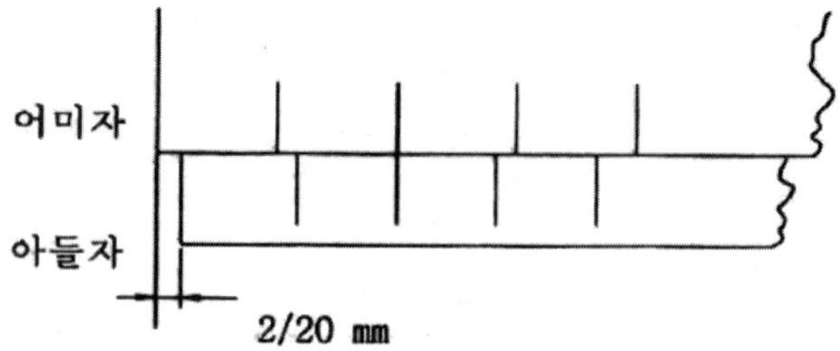

그림 2.5 눈금 읽기(4)

위와 같이 하여 어미자의 눈금에 아들자의 눈금 3,4,……20을 일치시키면 아들자의 움직인 양은 3 / 20 mm. 4 / 20 mm……20 / 20 mm가 되어 아들자의 맨 나중의 20눈금이 어미자의 눈금이 어미자의 눈금과 일치하였을 때에는 아들자의 0눈금이 어미자의 1눈금(1 mm) 움직인 것이 된다. (그림 2.5)
최소 읽기 눈금이 1 / 50 mm인 CM형 버니어 캘리퍼스에서도 그 읽기는 1 / 20 mm인 경우과 같다. CB형 버니어 캘리퍼스에서는 어미자의 눈금이 0.5mm로 되어 있고, 아들자는 25눈금으로 되어 있으므로 읽기에 주의하여야 한다. 즉, 0.5 mm간극의 나머지 부분을 아들자에서 읽게 된다. 나머지가 0.5 mm까지의 것을 읽을 때에는 마찬가지고 아들자의 0눈금의 왼쪽의 값을 더하면 되나, 0.5 mm 이상일 때에는 반드시 아들자의 값에 0.5 mm를 더하는 것을 잊지 않도록 한다.

2) 사용하기 전에 주의할 점

① 측정 면, 조(jaw)의 슬라이더 면, 눈금 면 등의 먼지와 기름을 깨끗이 닦아내고 확인한다.
② 측정하려는 물체도 닦아둔다.
③ 기점이 합치되었는가를 확인한다.
④ 어미자의 슬라이더 조의 바깥 치수 측정 면을 가볍게 합치시켜 광선에 비춰 보아 틈이 보이지 않아야 한다.(광선이 보이면 3~5 μm의 틈이 있는 것이다.)

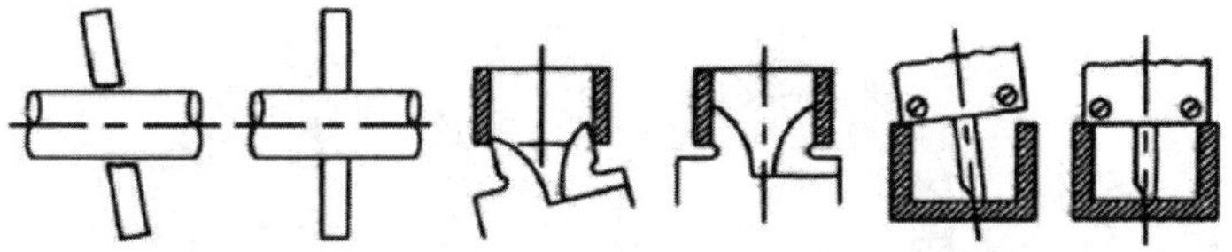

그림 2.6 측정면의 접촉 상태

⑤ 측정 명에 먼지가 끼게 되면 2~4 μm의 오차가 발생한다.
⑥ 버니어 캘리퍼스로 금긋기를 하거나 망치로 사용해서는 안 된다.

3) 사용 중 주의할 점

① 측정 일감에 버니어 캘리퍼스를 접촉시킬 때는 상대되는 것이 모두 직각ㄷ이나 평행이 유지되어야 한다. 그렇지 않으면 치수 측정에 오차가 생긴다.
② 눈금을 읽을 때 눈의 위치는 버니어 캘리퍼스의 직각 방향에서 읽어야 한다. 그렇지 않으면 읽는 과정에서 오차가 생긴다.
③ 가능한 한 조의 안쪽(어미자의 가까운 쪽)을 택해서 측정하도록 한다.
④ 내측 및 외측 조, 깊이 바의 측정 면은 일감에 정확히 접촉하도록 한다.(그림 2.6)
⑤ 내경 측정에는 최대 읽음치, 홈의 간격 측정에는 최소 읽음치를 택해야 한다.(그림 2.7)
⑥ 필요 이상 무리한 측정력을 주지 않도록 한다.
⑦ 회전하고 있는 물체의 측정을 해서는 안 된다.

4) 사용 후의 주의 사항

① 깨끗이 닦아서 칩 등이 슬라이더 사이에 끼지 않도록 주의한다.
② 습기나 먼지가 적고 온도 변화가 작은 곳에 보관한다.
③ 대형의 버니어 캘리퍼스는 어미자가 휘어지거나 측정 명에 상처가 나지 않도록 잘 보관해야 한다.
④ 각 부분을 점검해서 불량한 곳이 있으면 곧 보수해야 한다.

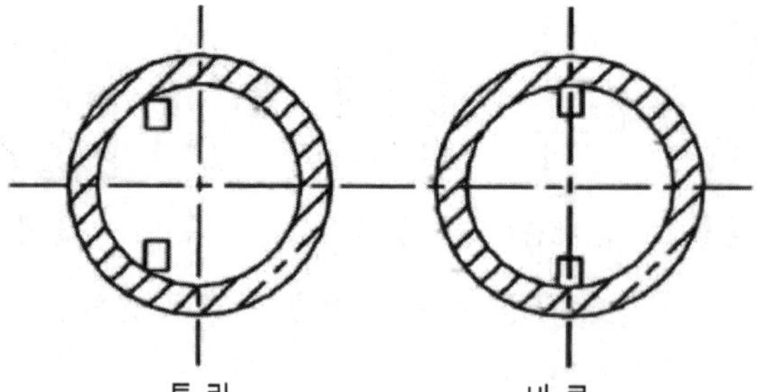

그림 2.7 내경 측정

2.2.2 마이크로미터

마이크로미터는 정확한 피치의 나사(pitch, 산과 산의 거리를 뜻하고, 나사가 1회전 하면 나사는 1피치 나아간다.)를 이용한 측정 기구이며, 측정 일감의 바깥 치구, 안치수, 깊이를 측정할 수 있다. 기계 공업 및 기타의 분야에서 길이 측정용으로 널리 사용되고 있는 버니어 캘리퍼스보다 정밀도가 높아, 0.01 mm, 0.001 mm 또는 0.001 in, 0.0001 in까지 측정할 수 있다. 마이크로미터는 사용 목적에 따라 바깥치수, 안치수깊이 측정용으로 대별된다. 각각의 마이크로미터는 모양은 다르나 나사를 이용한 구조

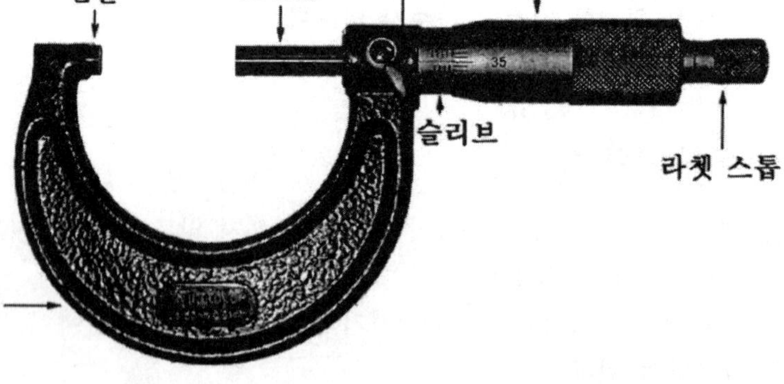

그림 2.8 외측 마이크로미터

에는 변함이 없다. 다만 그 측정 면의 형성에 따라 구별된다.

그림 2.8은 일반적인 외측 마이크로미터(outside micrometer)를 보인 것이며, 각부의 하는 일은 다음과 같다.

- 앤빌(anvil)과 스핀들(spindle) 사이에 측정 일감을 넣고 측정한다.
- 클램프(clamp)는 마이크로미터를 보관할 때 또는 0점을 조정할 때에 사용한다.
- 라쳇 스톱(rachet stop)은 일정의 측정력 이상의 힘이 걸리면, 공전하게 되어 있다.
- 마이크로미터의 측정 범위는 보통 나사의 공작 정도(工作 精度)의 관계로 25mm 또는 1 in로 되어있다. 즉,

mm용	0~25 mm	in용	0~1in
	25~50 mm		1~2in
	50~75 mm		2~3in
	75~100 mm		3~4in
	100~125 mm		4~5in

- 조정용 렌치는 마이크로미터의 0점 조정에 사용한다.

1) 작동 원리와 눈금 읽기

(1) 작동 원리

밀리식 마이크로미터에서 1/100 mm까지 읽을 수 있는 것의 원리는 다음과 같다. (그림 2.9참조)

- 딤블(thimble)이 1회전하면 딤블은 1피치만큼 전진한다. 따라서 1피치가 0.5 mm이면 0.5 mm 전진한다.
- 딤블의 원둘레를 50등분하였으므로 0.5 mm를 50으로 나누면
- $\frac{0.5}{50} = \frac{5}{500} = \frac{1}{100} = 0.01[mm]$
- 따라서 딤블이 1눈금 움직이면 스핀들은 0.01 mm움직인다.

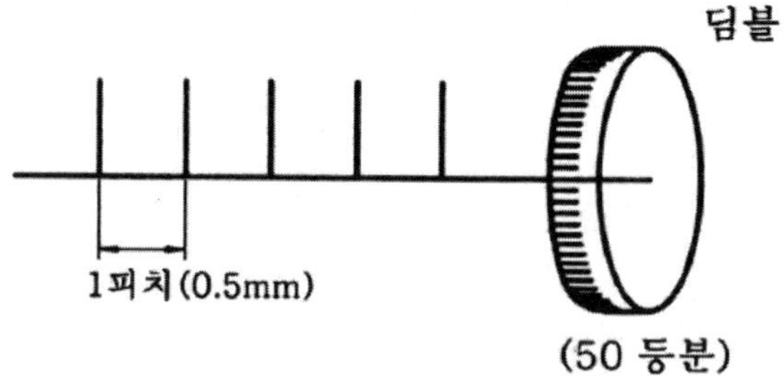

그림 2.9 마이크로미터의 원리

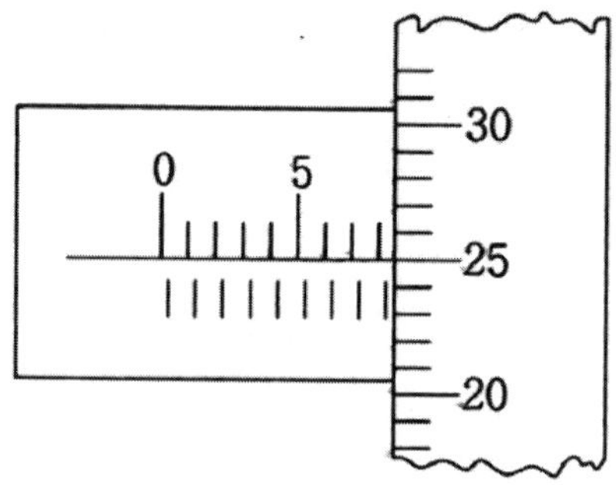

그림 2.10 눈금 읽기(1)

(2) 눈금 읽기

그림 2.10은 딤블의 최소 눈금이 1/100 mm의 것을 확대한 것이며 이것을 읽어 보기로 한다.

- 슬리브(sleeve)의 0 기선상(基線上)의 1 mm 단위의 눈금을 읽는다. 이 경우에는 8이다.

8

- 슬리브의 0 기선하의 0.5 mm 단위의 눈금을 읽는다. 이 경우는 0.5이다.

8
0.5

※ 슬리브의 0 기선상에 있는 딤블의 눈금을 읽는다. 이 경우는 25미다. 따라서 실제의 값은 0.25 mm이다.

8
0.5
0.25

※ 측정값은 8, 0.5, 0.25를 합한 것이 된다.

```
     8
     0.5
+)   0.25
     8.75
```

2) 사용하기

(1) 측정 일감이 작을 때

그림 2.11은 측정 일감이 작은 것일 때, 마이크로미터를 잡는 요령을 보인 것이다. 한 손으로 측정 일감을 잡고, 다른 한 손으로 그림과 같이 잡는다. 그리고 측정 일감을 앤빌에 대고 엄지 손가락과 인지 손가락으로 딤블 또는 라쳇 스톱을 돌려 측정한다.

(2) 측정 일감이 클 때

측정 일감이 한 손으로 잡기에 너무 클 때에는 그림 2.12에서와 같이 측정 일감을 고정하고 측정한다. 한 손으로 마이크로미터의 프레임을 잡고, 또 한 손으로 딤블 또는 라쳇 스톱을 돌린다. 측정 일감이 편평한 것일 때에는 여러 곳에서 측정하여 그 차이를 구하여야 한다.

(3) 축의 측정

축의 지름을 측정할 때에는 그림 2.13에서와 같이 한 손으로 마이크로미터의 프레임을 잡고, 또 한 손으로 딤블 또는 라쳇 스톱을 돌려 측정한다. 축과 같은 원통형의 측정에서는 스핀들을 조금씩 움직여 보아, 지름이 측정되는가를 느껴 볼 필요가 있고, 또 측정 각도를 달리 하여 여러 곳을 측정하여야 편심 정도를 정확히 알 수 있다.

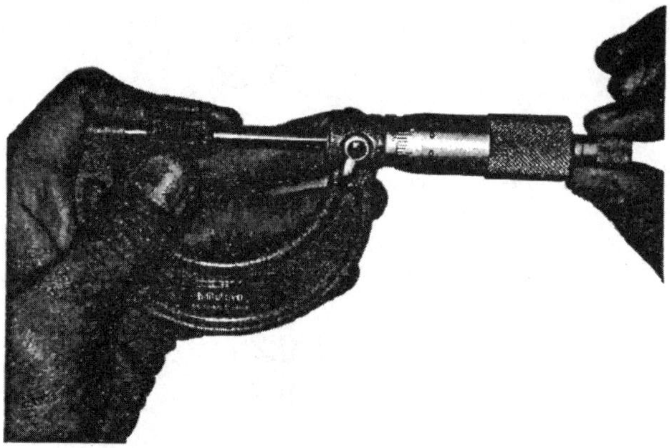

그림 2.11 외측 마이크로미터 사용하기(1)

그림 2.12 외측 마이크로미터 사용하기(2)

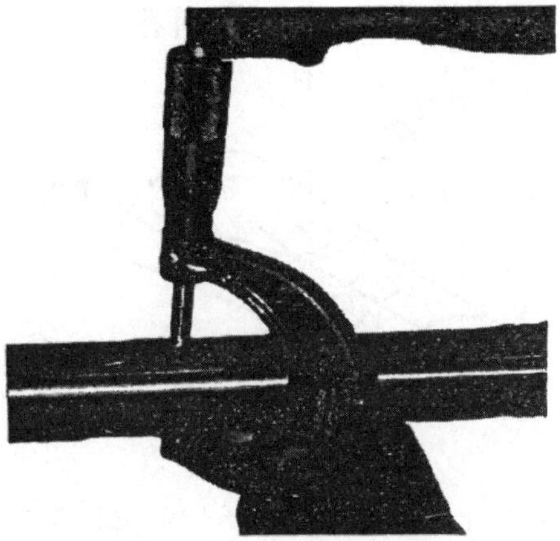

그림 2.13 외측 마이크로미터 사용하기(3)

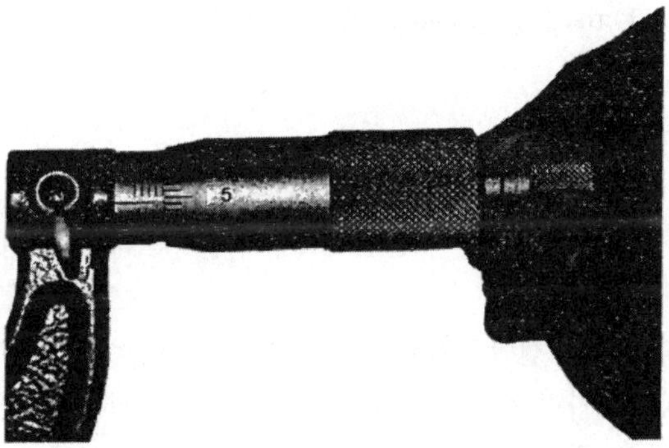

그림 2.14 측정력

3) 안전 및 유의 사항

- 스핀들을 회전시킬 때 무리한 힘을 가하면 내부의 나사가 파손된다.
- 무리한 힘을 가하여 돌리면 나사 부분이 파손되므로 주의해야 한다. 측정 일감 면은 측정 면에 밀착되고 평행이 되어야 한다.

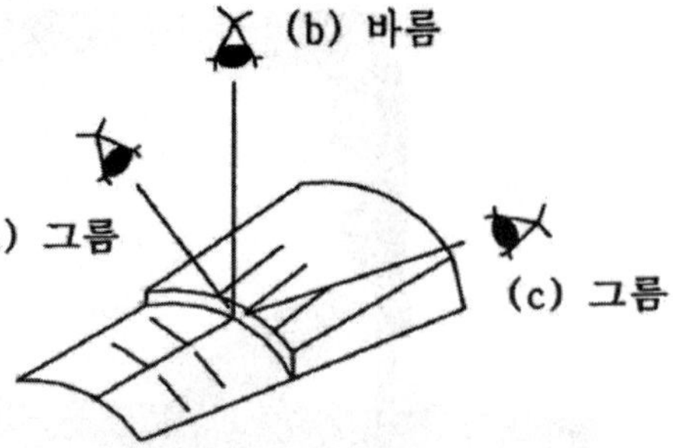

그림 2.15 시차

- 마이크로미터를 보관할 때에는 앤빌과 스핀들의 측정 면이 닿지 않게 조금 열어둔다.
- 측정할 때 손으로 측정 일감을 오랫동안 잡고 있으면 열의 영향이 있으므로 주의하여 한다.
- 25 mm보다 큰 마이크로미터를 사용할 때는 시험편으로 정확히 0점을 검사하여 맞춘다.
- 시차에 주의할 것
  - 슬리브의 눈금 면과 딤블의 눈금 면과의 간격 때문에 생긴다.
  - 시차를 작게 하기 위하여 눈금에 대하여 수직되는 곳에서 읽는다.
- 측정력에 주의 할 것
  - 라쳇 스톱을 1회전반 내지 2회전 정도의 측정력을 가한다.
  - 이 상태는 손가락으로 2~3회 라쳇 스톱을 돌리는 것에 해당 한다.
  - 라쳇 스톱을 돌리 때는 가볍게 돌려야 하고 무리하게 돌리면 파손되므로 주의해야 한다.

2.2.3 다이얼 게이지

다이얼 게이지는 랙(rack)과 기어(gear)의 운동을 이용하여 작은 길이를 확대하여 표시하는 측정 기구이며, 회전체나 회전축의 흔들림 점검, 공작물의 평행도 및 평면 상태의 측정, 표준과의 비교 측정 및 제품 검사 등에 사용된다.(그림 2.16)

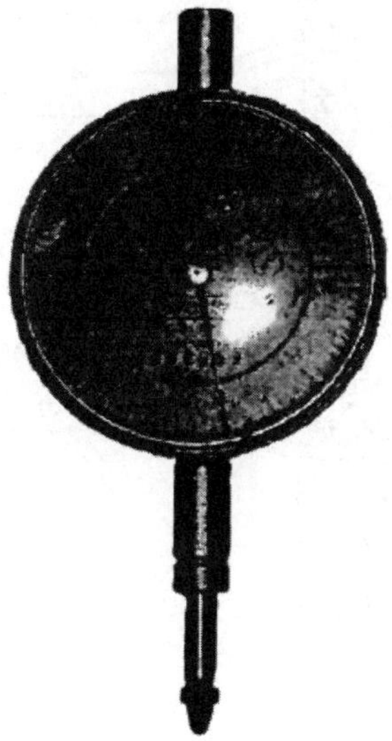

그림 2.16 다이얼 게이지

1) 작동원리

그림 2.17에서 스핀들(spindle)이 움직이면, 스핀들의 랙과 물리어 있는 작은 기어 1이 회전한다. 이에 다라 같은 축에 설치되어 있는 큰 기어가 큰 바늘 축에 끼어져 있는 작은 기어 2를 돌려, 큰 바늘이 길이를 나타내게 된다. 즉, 측정 일감의 치수의 변화에 따라 움직이는 스핀들의 직선 운동을 회전 운동으로 바꾸고, 다시 이것을 기어의 조합으로 확대하여 눈금을 읽게 한다. 예를 들렴 1/100 mm의 다이얼 게이지에서는 스핀들이 1 mm움직이면, 작은기어는 1/10회전하고, 큰바늘은 회전하게 된다. 눈금판은 100등분으로 되어 있으므로 1눈금이 1/100 mm를 나타내게 된다.

작은 기어 1에는 작은 바늘이 붙어 있으며, 큰 바늘의 회전수를 표시한다.

스파이럴 스프링이 있는 기어는 큰 바늘 축의 작은 기어 2와 물려 있으며, 스프링 작용으로 래시(lash)가 생기지 않게 한다.

리턴 스프링은 스핀들을 제자리로 잡아당기기 위한 것이며, 이것에 의하여 측정력(스핀들이 측정 일감에 밀어대는 힘을 뜻한다)이 생기게 된다., 다이얼 게이지의 측정력은

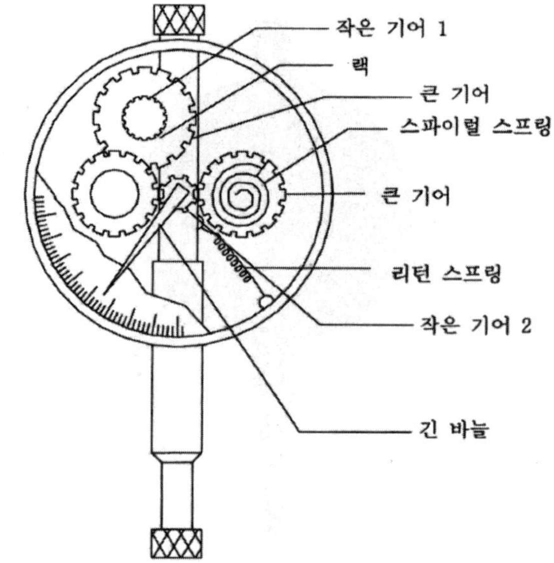

그림 2.17 다이얼 게이지의 구조와 원리

전 측정범위에 걸쳐 그 변화가 작은 것이 좋다. 눈금이 1/100 mm의 것과 1/1000 mm의 것, 또는 1/1000 in 와 1/10000 in의 것이 있으며, 그 원리는 마찬가지이고 구조만 조금 다르다.

2) 눈금 읽기

(1) 직접 측정

그림 2.18의 경우 다음과 같이 읽는다.

- 짧은 바늘의 위치를 읽는다. (1과 2 사이에 있다)
- 긴 바늘의 눈금을 읽는다. (36의 위치에 있다)
- 눈금 읽기의 값은 눈금판에 0.01 mm라고 표시되어 있으므로 최소 눈금이 0.01 mm이다. 따라서 긴 바늘의 값은 0.36이다. 긴 바늘의 1회전에 대하여 짧은 바늘은 1눈금 전진하므로 짧은 바늘의 눈금은 0.01 * 100 = 1[mm]이다. 이때의 측정값은 1.0 + 0.36 = 1.36[mm]이다.

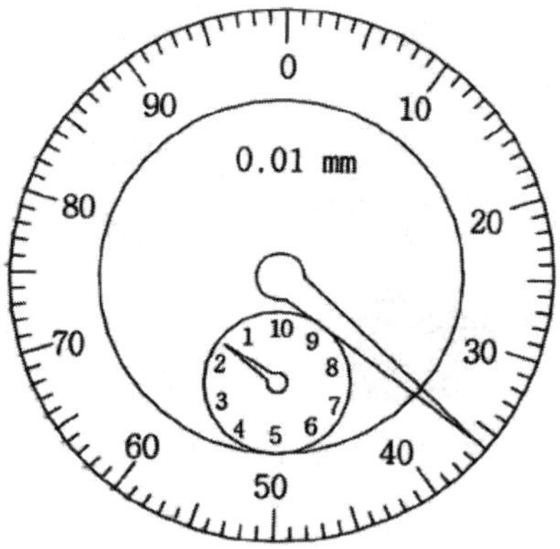

그림 2.18 눈금 읽기

(2) 비교 측정

최초의 바늘의 위치를 앞의 1과 같이 읽고, 그것을 기준으로 하여 우회전의 경우 (+), 좌회전의 경우를 (-)로 하여 눈금의 이동량을 알아보면 된다. 값이 커졌을 때 (+), 값이 작아졌을 때 (-)라고 읽어 둔다.

(3) 중심을 구하기

바늘의 흔들림 폭을 확인한 다음, 그 가운데에 바늘이 오도록 측정 일감을 움직여 바늘의 흔들림이 없도록 한다.

3) 사용하기

다이얼 게이지는 지지대에 설치되어 사용된다. 일반으로 사용되는 지지대에는 그 베이스 부분이 테이블이나 블록으로 되어 있는 것과 클램프 등으로 되어 있는 것이 있다. 그림 2.19은 블록 형식의 것이다. 또 블록 형식은 정반 위에서 사용하기에 편리하며, 블록이 자석으로 되어 있는 것도 있다.

실제의 사용에 있어 다음과 같은 점에 주의한다.

그림 2.19 블록 형식의 지지대

(1) 점검

스핀들의 앞끝을 기준면에 직각으로 접촉시키고, 눈금판을 0에 맞춘다. 스핀들을 급격히, 또는 천천히 몇 번 움직여 최대값과 최소값의 차, 즉 지시의 안정도를 점검한다. 이 차는 1/3눈금 이내에 있어야 한다. 또 긴바늘이 걸리지 않는가, 이상음의 유무, 스핀들의 움직임 들을 조사한다. 측정자의 나사 죄기 상태도 살핀다.

(2) 사용 범위의 선택

다이얼 게이지에 첨부되어 있는 검사 성적표, 또는 오차 선도에서 그 오차가 적은 범위를 선정하여 사용한다. 스핀들을 0.1 mm 눌러 넣은 점을 기점으로 하고 있다.

(3) 지지대의 점검과 지지할 때의 주의

반드시 정해진 지지대에 서리하고 사용한다. 다이얼 게이지를 설치할 때에는 지지대의 팔을 될 수 있는 대로 짧게 하고 확실하게 고정한다.

(4) 측정중의 주의

측정 중 측정 일감에 측정자가 접촉되어 있는 상태에서 측정 일감을 빠른 속도로 움직이든지, 회전시켜서는 안 된다. 측정 일감에 스핀들을 직각으로 댄다. 비스듬하게 대면 다이얼이 움직이든지, 스핀들의 이동량이 달라져 정확한 값이 표시되지 않는다. 스핀들의 나가기와 돌아오기에는 약간의 차가 있으므로 비교 측정을 할 때에는 반드시 처음에 0점을 맞출 때와 같은 방향으로 들어가게 하여 오차를 작게 하여야 한다.

(5) 시차에 대한 주의

눈의 위치와 바늘을 이은 선이 눈금판과 직각이 되지 않을 때에는 시차가 생긴다. 시차는 실제에이 있어 상당히 큰 값이 된다. 예를 들어, 바늘과 눈금판과의 사이가 1 mm일 때 25 cm 되는 곳에서 보아 정면에서 10 cm 떨어져 있으면 1눈금의 40%의 오차가 생긴다.

(6) 온도 변화에 의한 오차

다이얼게이지도 다른 측정 기구와 같이 측정 일감과의 온도차에 주의하여야 한다.

4) 손질하기

- 스핀들에 주유하든가 그리스를 발라서는 절대로 안된다. 건조된 채로 사용토록 한다. 스핀들과 베어링과의 간극은 5~7 μm이므로 스핀들에 오일이나 먼지 등이 끼면 움직이지 않게 된다.
- 분해 소제나 조정은 하지 않는다.
- 다이얼 게이지에 어떤 충격이라도 가해서는 안된다.

2.3 실습내용

버니어 캘리퍼스, 마이크로미터, 다이얼 게이지를 이용하여 측정 일감의 길이, 바깥치수, 안치수, 깊이 등을 측정한다.

2.4 실습기자재 및 재료

2.4.1 실습기자재

버니어 캘리퍼스(300 mm), 외측 마이크로미터(0~25 mm), 다이얼 게이지, 다이얼게이지 지지대(블록형), 정반

2.4.2 재료

측정 일감

2.5 실습방법 및 순서

2.5.1 버니어 캘리퍼스

1) 0점을 점검한다.

- 고정 나사의 풀림을 확인한다.
- 측정 면을 깨끗이 하고 홈이 있는지를 조사한다.
- 조를 닫고 빛을 통과시켜 보고 틈새의 유무를 조사한다.
- 조를 닫은 상태에서 눈금의 0점이 일치되어 있는지를 조사한다.

2) 측정하려는 일감을 끼운다

- 손가락 걸기에 엄지를 걸어 조를 측정 일감보다 큰 눈금으로 연다.
- 어미자의 측정 면을 일감에 접촉시키고 천천히 아들자의 측정 면을 밀착시킨다.
- 될 수 있는 한 측정 일감을 깊게 넣는다.

그림 2.20
0점 점검

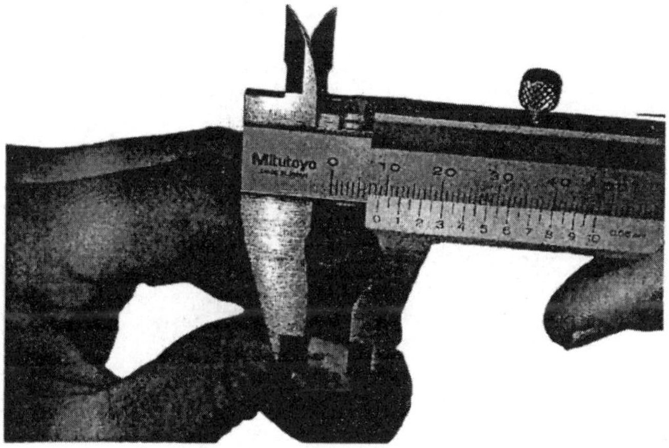

그림 2.21
바깥 치수 측정

3) 눈금을 읽는다.

- 측정 일감을 끼운 상태에서 올바른 위치로부터 눈금을 읽는다.
- 올바른 위치에서 눈금을 읽을 수가 없을 경우에는 고정 나사를 잠근 후에 측정 일감에서 버니어 캘리퍼스를 조용히 빼내서 읽는다.
- 아들자 눈금의 0점 선에서 어미자의 눈금 1 mm단위를 읽는다. 다음에 어미자의 눈금과 아들자의 눈금이 직선으로 된 아들자의 눈금으로부터 1 mm이하의 치수를 읽는다.

2.5.2 마이크로미터

1) 0점을 점검한다.

- 깨끗한 걸레로 닦는다. 특히 측정 면에 먼지가 없게 한다.
- 라쳇 스톱을 돌리면서 스핀들의 회전 상태를 조사한다.
- 양 측면을 닫고 기준의 0점을 확인한다.

2) 측정 일감을 앤빌과 스핀들 사이에 끼운다.

- 딤블을 돌려서 측정 일감보다 조금 크게 벌린다. 왼손으로 몸체를 잡고, 오른손의 엄지와 인지로 라쳇 스톱을 돌려서 측정 일감을 끼운다. 2~3회 정도 라쳇 스톱을 공전시킨다.

3) 눈금을 읽는다.

- 측정 일감을 끼운 상태에서 눈금을 읽는다.
- 눈금을 읽기 곤란한 경우에는 측정 일감에서 조용히 빼내어 읽는다.
- 딤블의 끝 부분에 슬리브 위의 0.5 mm 단위의 눈금을 읽는다. 다음에 딤블의 원주상의 0.01 mm 단위를 슬리브의 기선에 의해 읽는다.

2.5.3 다이얼 게이지

1) 작업 준비를 한다.

- 측정 일감을 정반 위에 놓는다.
- 다이얼 게이지를 점검한다.
- 스핀들을 상하로 이동시켜서 바늘이 가볍게 움직이는지 본다.

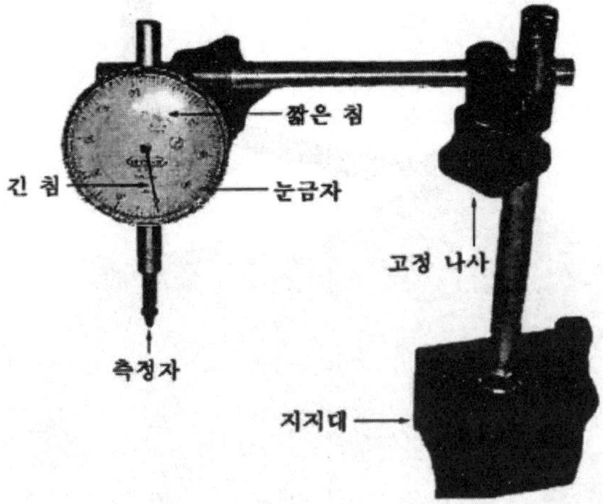

그림 2.22 다이얼 게이지의 지지대 사용

2) 다이얼 게이지를 지지대에 고정한다.

- 다이얼 게이지의 측정자 높이는 지지대의 고정나사를 조정하여 측정면의 범위 내에 맞춘다.
- 스핀들은 측정 일감의 측정 면에 대하여 직각이 되어야 한다.

3) 측정자를 일감 위에 놓는다.

- 측정자를 손으로 올린 다음 측정 일감을 밑에 넣고 조용히 놓는다.
- 눈금판을 돌려서 긴 바늘에 0점을 맞춘다.

4) 눈금을 읽는다.

- 측정 일감을 조용히 수평으로 움직여서 바늘의 움직임을 눈금으로 읽는다.
- 긴 바늘의 우회전은 치수의 증가, 좌회전은 치수의 감소를 나타낸다.
- 1눈금이 1/100 mm의 다이얼 게이지는 1 mm 이하는 긴 바늘, 1 mm이상은 짧은 바늘에 의하여 읽는다.

그림 2.23 다이얼 게이지 사용하기

2.6 실습과제

- 버니어 캘리퍼스, 마이크로미터, 다이얼 게이지의 눈금을 읽을 때, 시차에 의한 측정 오차에 대해서 조사하라.
- 버니어 캘리퍼스, 마이크로미터, 다이얼 게이지를 사용하여 측정할 때, 측정일 감의 온도 변화에 따른 측정 오차에 대해서 조사하라.
- 다이얼 게이지를 사용하여 공작물의 중심을 설정하는 방법에 대해서 조사하라.

3 Chapter

인장 실험(Tensile Testing)

3.1 인장실험의 목적

3.2 인장거동에 관한 기본적인 개념

3.3 인장실험

3.4 실험방법 및 절차

3.5 실험결과 및 정리

각종 기계와 하중 지지 구조물을 해석하고 설계하는 방법을 익히는 것이 예비 엔지니어가 재료역학을 공부하는 주목적이라 할 수 있다. 기계나 구조물에 사용되는 각종 재료는 하중(load)을 받으면 응력(stress)과 변형(deformation)을 동반한다. 이러한 응력은 재료에 작용하는 하중이 커지면 증가하게 되는데 재료가 지탱할 수 있는 응력의 크기는 한계가 있으므로 작용하중의 크기가 과다할 경우에는 재료에 파손이 일어난다. 따라서 구조물의 공학적인 해석(analysis)과 설계(design)를 위해서는 주어진 재료가 사용목적 및 사용조건에 적당한가를 시험하고 안전한 하중의 한계와 재료의 변형 능력을 검토하는 것이 무엇보다도 필요하다.

재료에 작용하는 하중은 인장, 압축, 전단, 굽힘, 비틀림 등 여러 가지가 있으며, 외력의 종류에 따라 재료의 기계적 성질(mechanical properties)도 다르므로 그 사용 목적에 따라 각종 외력을 사용하여 재료시험을 수행하고, 여러 가지 기계적 성질을 결정하는 것이 필요하게 된다. 재료의 기계적 성질을 결정하는 여러 가지 재료시험법 중에서도 가장 기초적이고 중요한 것이 재료의 인장시험이다.

3.1절에서는 인장실험의 목적을 기술 하고, 왜 인장실험이 필요한가를 살펴보기로 한다.

3.2절에서는 재료의 인장거동에 관한 기본적인 개념에 대해 설명한다.

3.3절에서는 인장실험에 대한 규격, 용어, 시험기 및 인장 표준시험편 등에 대하여 설명한다.

3.4.절에서는 실험방법 및 절차에 대하여 설명한다.

끝으로, 3.5절에서는 주어진 실험과제에 대한 결과보고서 작성 요령에 대하여 기술한다.

3.1 인장실험의 목적

인장실험은 공업용 재료의 기계적 성질을 알기 위한 가장 기본적인 시험으로써, 재료 강도에 관한 기본적인 설계 정보를 제공하는데 가장 널리 사용되는 재료시험법 중의 하나이다.

인장실험의 목적은, 재료의 변형 과정과 응력의 변화를 조사하며(특히 응력-변형률 선도에 의하여), 인장강도, 항복점, 연신율, 단면수축률, 탄성한도, 비례한도, 탄성계수 등을 구하여, 재료의 기계적 거동을 파악함으로써, 기계나 구조물의 설계 및 해석에 유용한 기초자료로 이용하는데 있다.

본 실험에서는 재료의 기본적인 기계적 성질을 알아보기 위하여 일축 인장시험(uniaxial tensile test)에 대하여 소개하는 것으로 한다.

3.2 인장거동에 관한 기본적인 개념

3.2.1 연성 재료와 취성 재료

재료를 구별하는 방법에는 여러 가지가 있지만 강도와 인성의 관점에서 연성 재료와 취성 재료로 구분할 수 있다. 연성 재료(ductile material)란 일반적으로 저강도이며 고인성을 가지며, 파괴에 이르기 전까지 소성 변형률이 비교적 큰 재료를 말한다. 이에 반하여 취성 재료(brittle material)란 고강도이며 저인성인 재료로서, 파괴에 이르기 전까지 소성 변형률(일반적으로 5% 이하)이 작고 탄성계수가 비교적 큰 재료를 말한다.

취성과 연성은 어디까지나 상대적인 것이므로 취성 재료와 연성 재료를 명확히 구분하기는 어렵지만 위의 설명에서 알 수 있듯이 일반적으로 고강도 저인성 재료는 취성 재료이며, 저강도 고인성 재료는 연성 재료라고 할 수 있다.

따라서 강도와 인성은 반비례 관계에 있음도 알 수 있다. 여기서 인성이라 하면 학자에 따라서 그 정의하는 바가 여러 가지 있지만 보통 파괴 전까지 응력-변형률 선도의 아래 면적으로 정의하는 경우가 많다.

3.2.2 연성 파괴와 취성 파괴

파괴의 종류에는 여러 가지가 있지만 일반적으로 인장시험에 의하여 축하중을 가했을 때 나타나는 재료의 파괴 형태는 크게 연성 파괴와 취성 파괴로 나눌 수 있다.

연성 파괴는 개념적으로 그림 3.1의 (a)와 (b)와 같이 단면이 감소하여 최종적으로 파단하게 된다. (a)의 경우는 아주 연한 재료의 연성 파괴의 형태이고, (b)의 경우는 연강과 같은 재료의 전형적인 연성 파괴의 양상을 보이는 것으로 컵 앤 콘(cup and cone)이라 부르는 형상을 나타낸다. (c)와 같이 거시적인 관점에서 단면적의 감소나 소성변형 혹은 영구변형이 나타남이 없이 파괴되는 것을 취성 파괴라 한다.

일반적으로 연성인 재료는 연성 파괴의 양상을 보이고, 취성인 재료는 취성 파괴의 양상을 나타낸다. 그러나 그림 3.2에서 알 수 있듯이 연성 재료라 하여도 항상 연성 파괴의 양상을 나타내는 것은 아니다.

그림 3.2의 (a)는 연성 재료인 알루미늄의 인장시험에 의한 전형적인 연성 파괴 양상을 나타내는 사진이다. 그러나 그림 3.2의 (b)는 연성 재료인 연강의 인장시험에 의한 취성 파괴 양상을 나타내는 사진이다. 이와 같이 연성이 재료라 하더라도 열처리 방법 혹은 저온에 있어서는 그 파괴 양상이 다를 수 있음에 주의를 요한다.

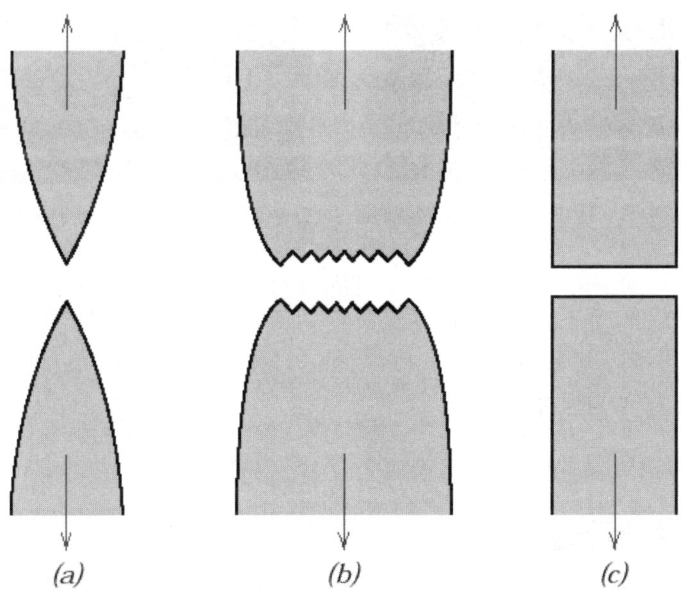

그림 3.1 인장시험에 의한 재료 파괴의 거시적 양상

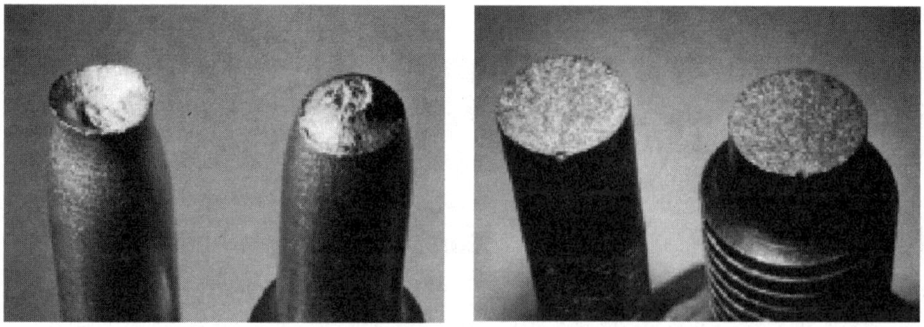

(a) (b)

그림 3.2 인장시험에 의한 파괴의 양상

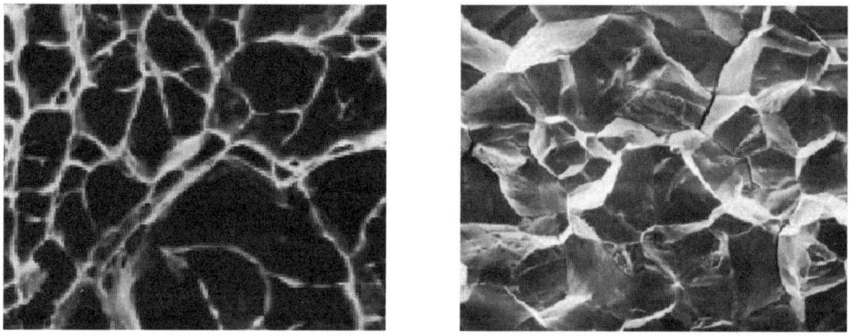

그림 3.3 미시적 파단면(좌측 : 딤플양상, 우측 : 벽개양상)

한편, 인장시험에 의한 연성 파괴와 취성 파괴의 미시적 파단면을 관찰하면, 그림 3.3과 같이 연성 파단면은 딤플(dimple) 양상을 나타내고, 취성 파단면의 경우는 벽개(clevage)파단면을 나타낸다.

3.2.3 응력과 변형률

인장거동에서 응력과 변형률에 관한 개념을 이해하는 것이 기본적으로 중요하다. 이러한 개념은 축하중을 받는 부재, 즉 인장시험편과 같은 균일단면봉을 고찰함으로서 이

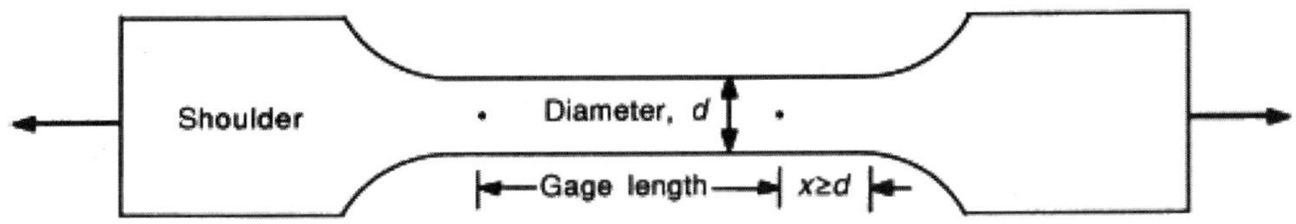

그림 3.4 인장 축하중을 받는 전형적인 인장시험편

해할 수 있다. 균일단면봉이란 전 길이에 걸쳐 똑 같은 단면을 갖는 곧은 구조용 부재를 의미한다. 축하중은 부재의 축방향으로 작용하는 하중을 말하며, 봉에 인장이나 압축을 일으키게 한다.

그림 3.4와 같은 인장시험편을 고찰하기로 한다. 봉의 중앙면을 잘랐다고 가정하면, 봉의 내부 응력들은 노출된다. 이 면은 봉의 축방향에 대하여 수직이므로 단면이라고 정의한다. 예를 들면, 표점거리(gage length)내에서 가해진 외력에 의해 파손될지 아닐지는 내력으로 구해진 F뿐만 아니라, 봉의 단면의 크기 또는 봉의 재질에 달려있다. 내력 F는 실제로 봉의 단면적 A의 전체에 걸쳐 분포된 합력을 의미하고 있으며, 이 분포력의 평균치는 해당 단면에서의 단위면적 당의 힘의 세기, 즉 F/A와 같다. 봉이 가해진 외력에 의해 파손될지 아닐지는 명백히 분포된 내력의 세기 F/A의 값에 대응하는 재질의 특성에 달려있다. 따라서 파손 여부는 힘 F, 단면적 A, 그리고 봉의 재질에 달려있다.

단위면적에 대한 힘, 또는 주어진 단면에 분포된 힘의 세기를 그 단면의 응력(stress)이라고 하고, 그리스 문자 σ (시그마)로 표시한다. 그러므로 단면적 A인 부재가 축하중 P를 받을 때(그림 3.4)의 응력은 하중 P 를 면적 A로 나누어서 얻는다. 따라서 응력의 크기는 다음식으로 표현된다.

$$\sigma = \frac{P}{A} \tag{3.1}$$

이 식은 축하중을 받는 임의의 단면 형상을 갖는 균일단면봉의 균일 응력의 크기를 나타낸다.

봉이 하중 P에 의하여 늘어나는 경우, 이 응력을 인장응력이라 하고, 하중의 방향이 반대로 되어 봉이 압축을 받는 경우, 이 응력을 압축응력이라 한다. 이 응력은 가상의 절단면에 수직으로 작용하기 때문에 일명 수직응력(normal stress)이라 부른다. 따라서 수직응력은 인장 수직응력 또는 압축 수직응력으로 나눌 수 있다.

응력의 단위(unit)는 단위면적당 힘의 단위를 갖는다. SI단위계에서 힘은 뉴톤(N)으로 면적은 평방미터(m^2)로 표시된다. 따라서 응력의 단위는 평방미터당 뉴톤(N/m^2)이며, 이것이 파스칼(Pa)이다. 파스칼이라는 단위는 매우 작은 값이므로 실제로는 이 단위에 10의 거듭제곱들을 사용하여 킬로 파스칼(kPa), 메가 파스칼(MPa), 또는 기가 파스칼(GPa)로 사용하며, 각 단위는 다음의 단계를 갖는다.

1 kPa = 103 Pa = 103 N/m^2
1 MPa = 106 Pa = 106 N/m^2
1 GPa = 109 Pa = 109 N/m^2

그림 3.4와 같은 인장시험편에 축방향의 하중을 가하게 되면 길이가 변화하는데, 인장을 받으면 늘어나고 압축을 받으면 줄어든다. 표점거리 L에서 이 봉의 신장량 δ는 전체에 걸쳐 재료의 모든 부분이 늘어나서 누적된 결과이다. 재료가 봉의 전 부분에 걸쳐 같다고 가정한다. 일반적으로 신장량은 그 길이를 전체길이 L로 나누고 여기에 전체 신장량 δ를 곱한 것과 같다. 따라서, 단위 길이를 가진 봉의 신장량은 $1/L$과 δ를 곱한 것과 같다. 이 량을 단위길이당 신장량 또는 변형률이라고 하며, 그리스 문자 ϵ(엡시론)으로 표시한다. 따라서, 변형률은 다음식으로 표현된다.

$$\epsilon = \frac{\delta}{L} \tag{3.2}$$

일반적으로 봉이 인장 하중을 받으면 변형률은 인장변형률이라 부르고, 압축 하중을 받으면 압축변형률이라 부른다. 인장변형률은 양(+)으로, 그리고 압축변형률은 음(-)으로 표시한다. 변형률 ϵ은 수직응력과 대응되므로 일명 수직변형률이라고도 한다.

이 수직변형률의 단위(unit)는 두 길이의 비이므로 무차원량이며 실제 단위는 없다. 그러나 실제적으로 δ와 L의 원래 단위가 변형률에 사용되는 경우도 있으며, 이 때에는 변형률이 mm/m, μm/m 또는 in/in 등으로 표시된다. 또한 특별히 변형률의 값이 클 때에는 변형률을 퍼센트(%)로 나타낸다.

3.2.4 응력-변형률 선도

재료의 응력 - 변형률 선도를 얻기 위하여, 일반적으로 재료의 시편에 대한 인장시험을 행한다. 흔히 사용되는 시편의 한 형태를 그림 3.4와 같다. 시편의 중앙부가 원통형이고 그 단면적은 정확하게 알 수 있으며, 그 원통부에 두 개의 게이지 점을 간격이 L_o가 되도록 표시한다. 거리 L_o는 시편의 표점거리이다. 시편은 이제 그림 3.5와 같은 인장 시험기에 장착되어, 중심 하중 P를 가한다. 하중 P가 증가함에 따라, 두 게이지 점 사이의 거리 L 또한 증가한다. 거리 L은 신장계(extensonmeter)에 의해 측정되며 늘어난 길이 $\delta = L - L_o$는 각 P의 값에 대하여 기록된다. 시편 지름의 변화를 측정하고 기록하기 위해 다이얼 게이지를 사용하기도 한다. 읽혀진 각각의 P와 δ 값으로부터 응력 σ는 P를 시편의 원래 단면적 A_o로 나누어 계산하고, 변형률 ϵ은 늘어난 길이 δ를 두 게이지 점 사이의 원래 거리 L_o로 나누어 계산한다. ϵ을 가로좌표, σ를 세로좌표로 하여 그래프를 그려 응력 - 변형률 선도를 얻는다.

이러한 응력-변형률선도는 시험에 사용되는 특정 재료의 특성을 나타내고 기계적 성질과 인장거동의 형태에 관한 중요한 공학적 정보를 제공한다.

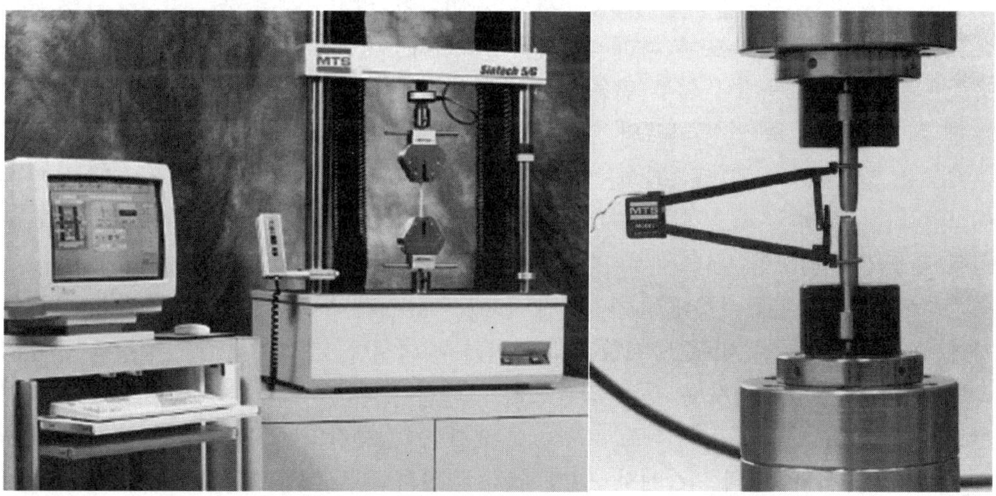

그림 3.5 인장시험기 및 신장계가 부착된 인장시편
(출처 : James M. Gere의 Mechanics of Materials, 5td ed, p. 11, p.12)

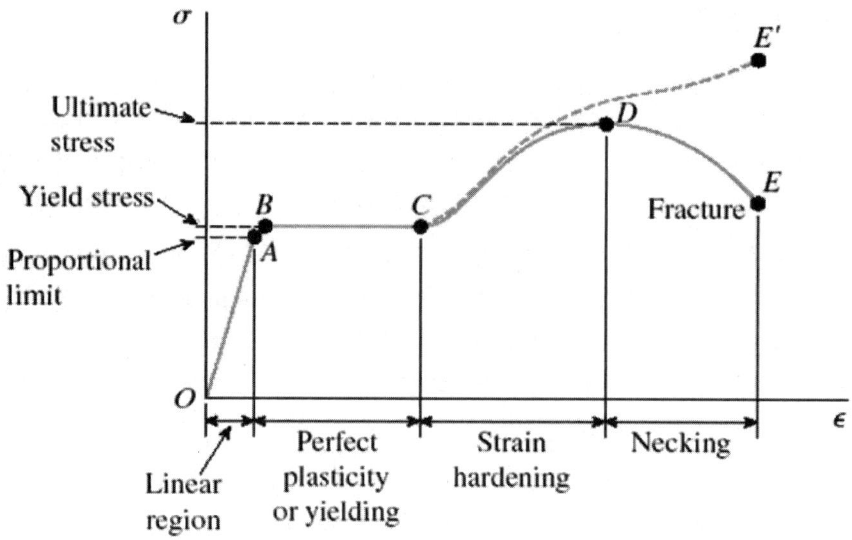

그림 3.6 응력-변형률 선도의 개념도
(출처 : James M. Gere의 Mechanics of Materials, 5td ed, p. 15)

각종 재료의 응력 - 변형률 선도는 서로 차이점이 많고, 같은 재료일지라도 시편의 온도나 하중의 적용 속도에 따라 결과는 달라진다. 여러 가지 그룹의 재료들에 대한 응력 - 변형률 선도들에서 일부 공통되는 특성을 구분할 수 있으며, 두 가지로 크게 분류를 할 수 있다, 즉 연성 재료와 취성 재료로 나눌 수 있다.

구조용 강 또는 다른 금속과의 많은 합금에 사용되는 연성 재료들은 상온에서 항복이 일어나는 특성을 갖고 있다. 그림 3.6은 인장을 받는 전형적인 구조용강의 응력-변형률 선도의 개념도를 나타낸 것이다.

시편에 하중을 증가시킴에 따라, 원점 O에서 A점까지 시편의 길이는 처음에는 하중에 의한 매우 느린 비율로 선형적인 증가를 나타낸다. 그래서 응력 - 변형률 선도의 최초 부분은 가파른 경사를 갖는 직선으로 나타낸다. 이 때 점 A에서의 응력을 비례한도(proportional limit)라 하고, 원점 O에서 A점까지의 영역을 선형 영역(linear region)이라 정의 한다. O에서 A까지의 직선의 기울기를 탄성계수(modulus of elasticity) 혹은 영 계수(Young's modulus)라고 부른다.

비례한도 A를 넘어 응력이 증가하면 변형률은 응력의 증가분보다 훨씬 빨리 증가하기 시작한다. 결과적으로 선도의 기울기가 점점 작아지게 되다가 점 B에서 수평이 된다. 이 점에서부터 C점까지 인장력이 거의 증가하지 않더라도 시편이 상당히 많이 늘어난다. 이런 현상을 항복(yielding)이라 하고, 점 B를 항복점(yielding point)이라 하고, 이에 대응되는 응력을 항복응력(yield stress) 또는 항복강도(yield strength)라고 한다. 이러한 변형은 재료의 경사면을 따라 미끄럼이 발생되기 때문이며, 이는 주로 전단응력에 의한 것이다. B에서 C까지의 영역을 완전 소성(perfectly plasticity) 혹은 항복(yielding) 영역이라 정의 한다. 항복이 시작된 후에 시편의 신장은 항복 전보다 200배나 크게 나타날 수도 있다. 연강 시편의 경우는 항복 전보다 10~15배 정도 크게 나타나는 것으로 알려져 있다.

완전 소성인 BC영역에서 항복이 일어나는 동안 큰 변형률이 생긴 후에 강은 변형경화(strian hardening)를 일으키기 시작한다. 변형 경화가 일어나느 동안에 재료는 결정구조의 변화를 일으키며 더 큰 변형에 대한 재료의 저항력을 증가시키게 된다. 이 영역에서는 인장하중이 증가해야 추가적인 시편의 신장이 생기며, 따라서 선도는 C에서 D까지 양의 곡선의 기울기를 가지게 된다. 하중은 결국 최대치에 도달하며, D에서의 응력을 극한응력(ultimate stress) 또는 극한강도(ultimate strength), 인장강도(tensile strength)라고 한다. C에서 D까지를 변형 경화 영역이라 정의 한다.

하중이 최고값 D에 도달한 후에는, 시편의 한 부분의 지름이 국부적인 불안정성 때문에 줄어들기 시작한다. 이러한 현상을 네킹(necking)이라 한다. 네킹이 시작된 후에 시편의 최종 파단까지(E점) 다소 낮은 하중에서도 더 늘어날 수 있다. 파단은 시편의 원래의 단면에 약 45° 를 이루는 원뿔형 단면을 따라 일어남을 알 수 있다. 이는 전단이 연성 재료의 파손에 주된 원인이 됨을 시사하며, 축하중 하에서의 전단응력은 하중방향과 45° 를 이루는 면에서 최대값이 된다는 사실을 알 수 있다. 파단이 일어날 때, 즉 E점의 응력를 파단응력(rupture stress) 또는 파단강도(rupture strength)라 한다. 또한 D에서 E까지를 넥킹(necking) 영역이라 정의 한다.

주철, 유리, 돌과 같은 취성 재료들은 신장률이 인식할 만한 사전 변화가 일어나지 않고 파단이 일어난다. 그러므로 취성 재료에서는 극한강도와 파단강도의 구분점이 없다. 또한, 파단시의 변형률이 취성 재료는 연성 재료보다 훨씬 작다. 그림3.2와 같이 취성 재료에는 시편에 네킹이 일어나지 않으며, 파단면이 하중 방향과 수직임을 알 수 있다. 이러한 관찰로부터 취성 재료의 파손에 대한 주된 원인은 수직응력이라는 것을 알 수 있다.

그림 3.6의 선도에서 응력은 하중 P를 변형이 일어나기 전의 시편의 단면적 A_o로 나누어 얻었다는 것을 상기하라. P가 증가함에 따라 시편의 단면적이 감소하므로, 우리가 그린 선도에서의 응력은 실제 시편의 응력이 아니다. 계산되었던 응력 $\sigma = P/A_o$ (이를 공학응력(engineering stress)이라 부름)와 P를 변형후 단면적 A로 나눈 진응력(true stress) $\sigma_t = P/A$와의 차이는 연성 재료에서는 항복이 일어난 후에는 명백히 일어난다. 하중 P에 직접적으로 비례하는 공학응력 σ는 네킹 현상 중에는 P와 함께 감소하는 반면, P에는 비례하고 A에는 반비례하는 진응력 σ_t는 시편의 파단이 일어날 때까지 계속 증가하는 것으로 나타난다. 그림 3.6에서 점 C에서 점 E^1까지 점선으로 나타낸 곡선은 진응력-진변형률 곡선을 나타낸 것이다.

그림 3.6의 $OABCDE$의 곡선은 실제로 공학응력-공학변형률 선도를 나타낸 것이지만 공학의 문자를 생략하여 간단히 응력-변형률 선도라 한다. 하중 P가 주어진 부재에 허용할 만한 응력과 변형을 일으키는지의 판단을 해야 하는 엔지니어에게는 공학응력 $\sigma = P/A_o$와 공학 변형률 $\epsilon = \delta/L_o$에 의한 선도를 선호할 것이다. 왜냐하면, 이런 표현에 나타난 변형 전의 부재의 단면적 A_o와 최초 길이 L_o들이 그들이 손쉽게 이용할 수 있는 자료이기 때문이다.

3.3 인장실험

3.3.1 인장시험 규격(Tensile Testing Standards)

인장시험 방법에 대한 규격은 각 나라에 의하여 정해져 있다. 예를 들면 미국에서는 ASTM E8-05, 영국은 BS 18, 독일은 DIN 50125, 일본은 JIS B7701 등으로 지시되어 있다. 우리나라에서는 한국공업규격 KS B 0001 로 지시되어 있다. 상기의 규격은 주로 금속재료에 대한 것이며, 그 규격 내용에는 일반적으로 시험 방법 및 절차, 시험편의 형상, 용어, 보고서 작성 방법 등이 포함되어 있으며, 시험 결과에 대한 혼란을 초래하지 않도록 하고 있다. 각국의 규격에는 다소의 차이가 있으며, 통상적으로 국제적으로 인정되어 널리 사용되는 인장시험 규격은 ASTM E8-05 이다.

본 실험에서도 ASTM E8-05 규격인 "Standard Test Methods for Tension Testing of Metallic Materials"을 근간으로 한다. 본 시험법은 실온(room temperature)에서 금속재료에 대한 인장시험, 즉 항복강도, 항복점, 인장강도, 연신율, 단면수축율 등을 결정하는 방법을 망라한다.

3.3.2 용어(Terminology)

탄성한도(elastic limit), σ_e : 응력을 제거하면 스트레인이 0으로 복귀하는 응력의 상한치이다. 0의 여부는 측정정도에 의존하므로 보통 잔존하는 스트레인(이것을 영구 스트레인(permanent set)이라함)이 0.03% 또는 0.005%가 될 때의 응력을 취한다.

$$\sigma_{e0.03} = \frac{P_{0.03}}{A} \tag{3.3}$$

1) 비례한도(Proportional limit), σ_p

Hook의 법칙이 성립하는 응력의 상한치이며, 이것도 측정의 정도에 의존한다. σ_e와 σ_p는 대체로 같다.

$$\sigma_p = \frac{P_p}{A} \tag{3.4}$$

2) 상항복점(upper yield piont), σ uy

항복 개시 전의 최대 응력이다.

$$\sigma_{uy} = \frac{P_{uy}}{A} \tag{3.5}$$

3) 하항복점(lower yield point), σ ly

항복이 진행중의 거의 일정한 하중을 원단면적으로 나눈 값이다. $(\sigma_e - \sigma_{ly})$를 항복점 강하(yield drop)라고 하고 항복에 의한 스트레인을 항복점 연신(εy, yield elongation)이라고 한다. σ_{uy}에 이르기 전에 생기는 미소의 소성스트레인을 micro-yielding 혹은 pre-yielding이라고 한다. 대개 그냥 항복점이라고 할 때에는 하항복점을 말한다.

$$\sigma_{ly} = \frac{P_{ly}}{A} \tag{3.6}$$

4) 인장강도(tensile stregth 혹은 ultimate strength), σ t

최고 하중을 원단면적으로 나눗 값 즉, 공칭응력을 말한다.

$$\sigma_t = \frac{P_{\max}}{A} \tag{3.7}$$

5) 연신율(파단연신)(% elongation, strain), ε

파단후의 영구연신 (permanent set)을 나타내며, 파단연신은 국부수축이 시작할 때까지의 균열연신(uniform elongation)과 국부수축 시작에서 파단까지에 생기는 국부연신(local elongation)으로 나눈다.

$$\epsilon = \frac{L' - L}{L} = \frac{\delta}{L} \tag{3.8}$$

6) 단면수축률(contraction of area), Ψ

파단후의 최소단면적과 그 원단면적과의 차이의 원단면적에 대한 백분율이다

$$\psi = \frac{A - A'}{A} \times 100\,(\%) \quad (3.9)$$

7) 파단강도(rupture strength), σ f :

파단하중(P_f)을 원단면적으로 나눗 값

$$\sigma_f = \frac{P_f}{A} \quad (3.10)$$

8)진파단강도(true-Fracture strength), σ tf :

파단하중 P가 작용하고 있을 때 이 하중 P를 그때의 실제 단면적 A_t로 나눗 값

$$\sigma_{tf} = \frac{P_f}{A_t} \quad (3.11)$$

9)인장흡수에너지(tensile energy absorption) :

응력-변형률 선도내의 면적으로서, 인성을 나타낸다.

3.3.3 인장시험기(Tensile Testing Machines)

인장실험을 하려면 인장시험기가 필요하다. 우리나라에서는 인장시험기로 만능재료시험기(universal tester)가 널리 사용되고 있다. 이 시험기는 통상 인장, 압축 그리고 굽힘시험이 가능하다. 시험기는 전기기계식(electro mechanical)과 유압식(hydraulic)이 있으며, 이는 하중의 작용 방식에 차이가 있을 뿐이다. 그림 3.7은 전형적인 만능재료시험기의 예이다. 오늘날에는 그림 3.5와 같은 컴퓨터가 장착된 현대화된 시험기를 많이 이용하고 있다.

그림 3.7 만능재료시험기의 일례

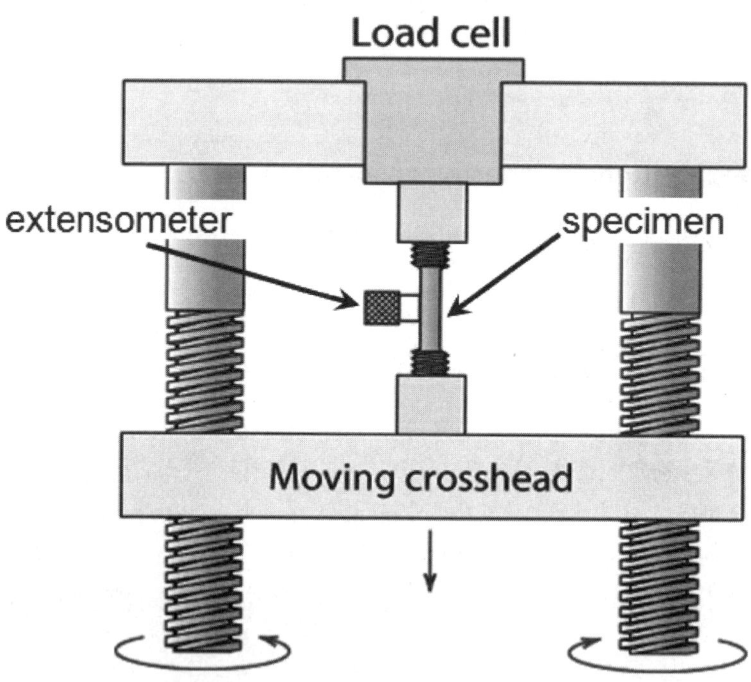

그림 3.8 전형적인 인장시험기의 개념도
(출처 : William D. Callister의 Fundamentals of Materials Science and Engineering, e-text, p. 151)

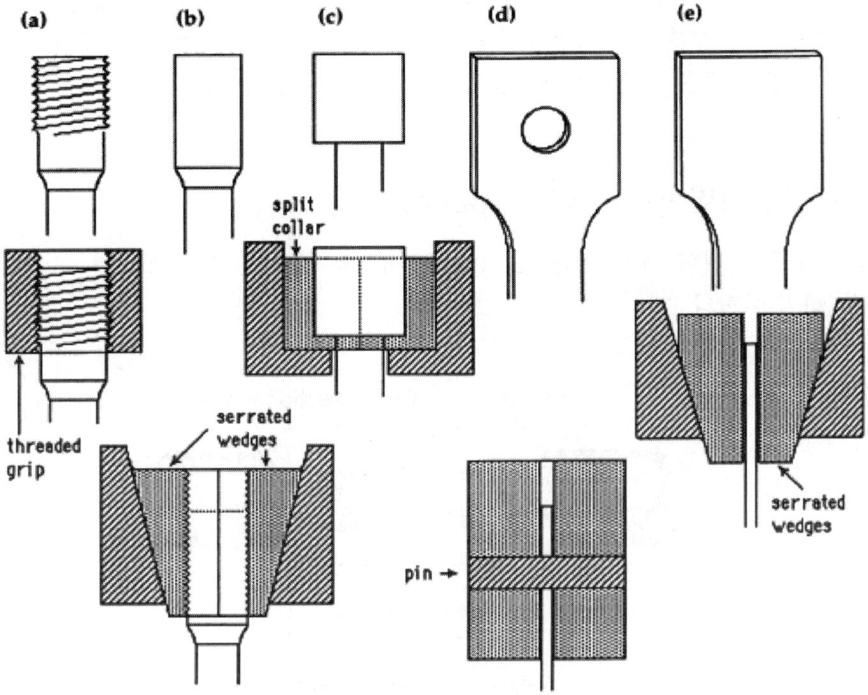

그림 3.9 인장시험편의 그립 시스템(gripping system)
(출처 : ASM International의 Tensile Testing, 2nd ed, Chap.2, p. 2)

그림 3.8은 전형적인 인장시험기의 개념도를 나타낸다. 그림에서처럼 하중을 측정할 수 있는 로드셀(load cell) 장치와 인장시험편의 연신을 측정하는 신장계(extensometer) 와 시험편을 장착하는 그립 장치(gripping devices)로 크게 나눌 수 있다.

그립 장치는 인장시험에서 중요한 부분으로, 정밀도가 높고 감도가 우수한 시험기라 하여도 시편을 정확하게 고정하지 않으면 신뢰할 만한 실험 결과를 얻는 것이 곤란하다. 따라서, 인장시험편을 고정(gripping)하는 방법에는 그림 3.9와 같이 여러 가지 방법이 있다. (a), (b) 그리고 (c)는 봉재용 그립 장치이며, (d)와 (e)는 판재용 그립 장치이다.

그립 장치의 선택에 있어서 가장 중요한 것은 시험편의 슬립(slippage)이 발생하지 않고, 그립 장치 부분에서 시험편이 파단되는 것을 방지하는 것이다. 그림 3.9에 나타낸 것 이외에도 많은 그립 시스템 방식이 있음을 부기한다.

3.3.4 인장시험편(Tensile Specimens)

인장실험을 하려면 먼저 시험하고자 하는 재료로 규격에 맞는 형상과 치수로 시험편을 준비하여야 한다.

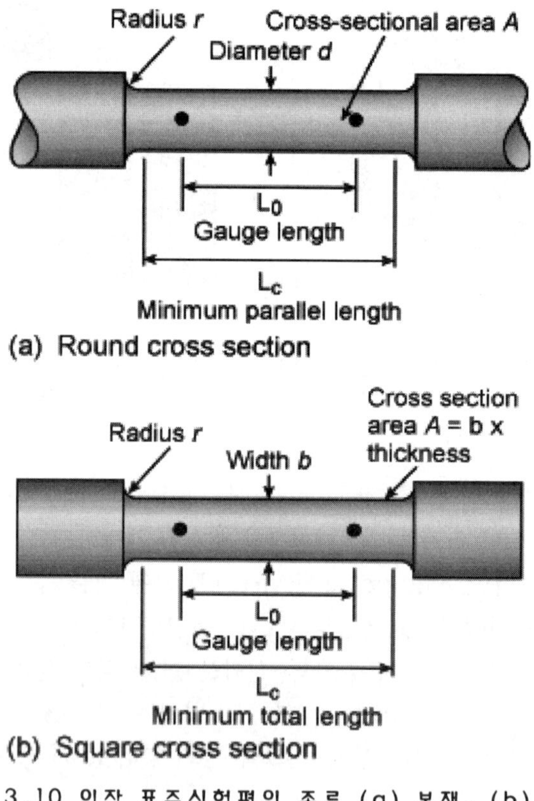

그림 3.10 인장 표준시험편의 종류 (a) 봉재, (b) 판재
(출처 : http://www.instron.com.au/)

인장 표준시험편의 형상과 치수에 대한 개념도를 그림 3.10에 나타낸다. 인장시험편은 크게 봉재와 판재가 사용된다. 표 3.1에는 전형적인 인장 표준시험편의 치수를 ASTM E8-05에 준하여 나타낸다.

우리 나라에서의 인장 시험편은 한국공업규격 KS B 0801에 그 모양 및 치수에 따라 1호~14호 시험편으로 구분하고 있으며, 통상 시험편의 형상은 봉이나 판재가 널리 사용되고 있으나 경우에 따라서는 관모양, 원호모양, 선재모양의 다양한 시험편을 사용하기도 한다.

표 3.1 인장 표준시험편의 용어 및 치수(단위 : inch)

Note	Standard Specimen of Round Bar	Standard Specimen of Plate
Lo : Gauge length	2.00±0.005	8.00±0.01
Lc : Length of reduced section	2 1/4	9
d : Diameter of round bar	0.500	
r : Radius of fillet	3/8 min	1 min
A : Area of cross section		
b : Width of plate		1 1/2
t : Thickness of plate		1 1/2+1/8, -1/4

표 3.2 봉재 시험편의 기본 치수(단위 : mm)

시험편 규격	평행부의 지름 (D)	표점거리 (L)	평행부길이 (P)	어깨부의 반지름 (R)
4호 시험편	14	50	60	15이상
10호 시험편	12.5	50	60	15이상

1호부터 14호 시험편 중에 어느 시험편을 사용할 것인가는 재료의 종류 및 치수에 따라 결정하는 것이 좋으며, 대표적으로 봉재의 경우에는 4호나 10호 시험편의 경우가 많이 사용된다. 4호 시험편은 주로 주강품, 단강품 압연 강재, 가단 주철품 및 구상 흑연 주철품에 사용되며, 비철금속의 인장시험에도 사용된다. 이 시험편의 평행부의 단면은 원형으로 다듬질하여야 하며, 가단 주철품의 경우는 원칙적으로 다듬질하지 않는다. 그리고 10호 시험편은 주로 용착 금속, 단강품 및 압연 강재의 인장시험에 사용한다. 이들 시험편의 치수는 표 3.2와 같다.

3.4 실험방법 및 절차

3.4.1 실험기자재(Tensile Testing Machines)

본 인장실험에서 사용되는 인장시험기의 형상은 그림 3.11과 같은 만능재료시험기를 사용하고, 이 시험기와 함께 시험편의 치수 측정과 표점거리의 표시 등과 관련된 기자재를 표 3.3에 나타내었다.

1) 인장시험기(Universal Testing Machine)의 주요 사양

- 모델명 : UH-F100A (구입년도 : 2000년 10월 20일)
- 금 액 : 153,000 (천원)
- 주요구성 및 성능
  - Loading unit
  - Automatic load measuring unit
  - Automatic load control unit

Universal Testing Machine

그림 3.11 본 실험에 사용될 만능재료시험기

- High Temperature Tensile Test Device
- Acc.(PC, Extensometer,etc.)

사용예

- 최대 100톤 하중속도 자동컨트롤
- 재료의 인장, 압축, 굽힘강도를 측정
- 콘크리트의 압축강도 측정

표 3.3 사용기자재의 규격 및 용도

사용기자재	규 격	용 도
UTM (Model : UH-F100A)	100 ton	인장시험
Micrometer	25 mm	치수측정(d)
Vernercalipers	300 mm	치수측정(표점거리)
V Block		치수측정용
Punch		"
Marking gage		"
Steel marking stamps		"
Hammer		"
PC/Printer		결과출력

표 3.4 사용기자재의 규격 및 용도

재 료	시험편형상	규 격	비 고
S45C	Round Bar	KS 제10호	열간압연, 지름 22 mm
SCM440	Round Bar	KS 제10호	열간압연, 지름 22 mm

3.4.2 재료 및 시험편 준비

본 실험에 사용할 재료는 열간 압연한 S45C 탄소강과 SCM440 강을 준비한다.

본 인장시험에 사용할 시험편은 KS 규격에 만족하도록 가공하며, 시험의 형상과 사용재료는 표 3.4에 따른다. 두 시험편 모두 KS B 0801 제10호 표준시험편을 사용한다. 일례로 그림 3.12는 가공한 표준시험편의 사진이다.

[학생 준비 사항]

먼저 본 실험에 앞서 학생들은 S45C와 SCM440 재료에 대한 화학적 성분과 기계적 성질에 대하여 알아본다.

그림 3.12 가공된 표준시험편 사진(위: 황동, 아래 : S45C)

표 3.5 시험전 시험편의 치수 측정(단위 : mm)

시험편	평행부의 지름 (D=12.5)		표점거리 (L=50)		평행부길이 (P=60)		어깨부의 반지름 (R)	
S45C	1_____ 2_____ 3_____ 4_____ 5_____	평균값	1_____ 2_____ 3_____ 4_____ 5_____	평균값	1_____ 2_____ 3_____ 4_____ 5_____	평균값	1_____ 2_____ 3_____ 4_____ 5_____	평균값
SCM440	1_____ 2_____ 3_____ 4_____ 5_____	평균값	1_____ 2_____ 3_____ 4_____ 5_____	평균값	1_____ 2_____ 3_____ 4_____ 5_____	평균값	1_____ 2_____ 3_____ 4_____ 5_____	평균값

3.4.3 실험방법 및 절차(Methods & Procedures)

1) 실험전(표점거리 표시 및 시험편의 치수 측정)

준비된 시험편에 대하여 50 mm의 표점거리(gage length)를 정확히 마킹게이지를 이용하여 표시하고, 표 3.5에 의하여 정확하게 5회 측정하여 평균치를 기록한다.

2) 실험전(시험기의 준비)

컨트롤러의 전원을 입력한다.

다음에 시험기의 척, 조(jaw), 유압 호스, 신장계, 로드셀, 서보 밸브, 엑츄레이터, PC, 프린터, 기록지 등을 체크하여 실험에 이상이 없는지 확인하여야 한다.

3) 실험방법(시험전 준비)

① 시험기의 지그/조/척를 설치한다.

※ 이때 조의 방향이 바뀌지 않도록 주의하여 짝을 잘 맞추어 사용하여야 한다.

② 시험편을 장착한다.

※ 상부핸들을 반시계 방향으로 돌리면 척과 조가 위로 올라가 간격이 발생한다.

※ 시험편을 끼우고 생부 핸들을 시계방향으로 돌려 시험편의 윕 부분을 고정한다.

※ 인디케이터 영점을 맞춘다.

※ 크로스 헤드를 적당한 위치(시험편 고정)까지 올린다.

※ 하부 핸들를 돌여 시험편의 아래 부분을 고정한다.

※ 척을 크로스 헤드에 설치한 다음 반드시 상 하부의 안전 밴드를 설치한다.

※ 시편 고정 후 핸들을 분리한다.

③ 주 전원스위치를 켠다.

④ 컴퓨터 및 서보 컨트롤러의 전원을 켠다.

⑤ 시험편에 신장계를 부착한다.

⑥ 시험 프로그램 상태에서 하중 및 위치가 영점으로 돌아오는지를 확인한다.

4) 실험방법(시험 시작)

① 시험전 준비가 완료되면 하중 표시 및 위치를 설정한다.
② 안전을 위하여, 시험 종료 조건의 하나인 하중 및 위치 한계(LIMIT)를 설정한다.
③ 시험 속도 및 기준을 정한다.
④ 컨트롤러에서 인장 모드(MODE)을 선택한다.
⑤ 시편의 형상 및 크기 등을 입력한다.
⑥ 모든 사항이 완료되면 시작(START) 버튼을 눌러 시험을 시작한다.
⑦ 시험조건에 의하여 실험이 종료되면 데이터를 저장하고 시험을 종료한다.

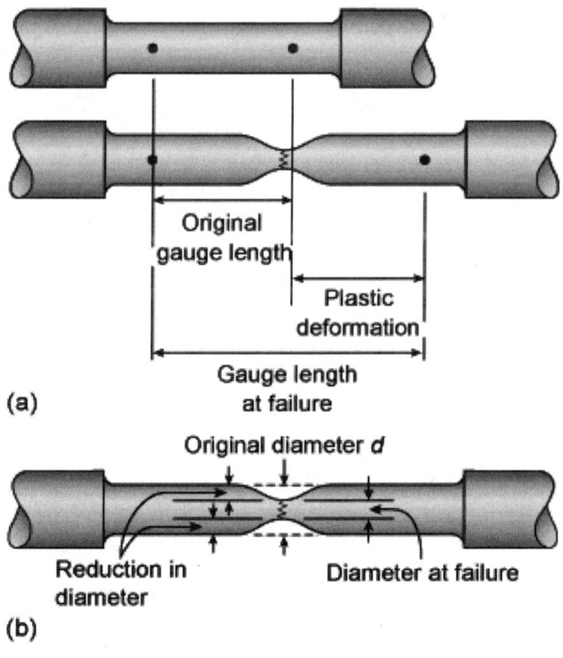

그림 3.13 실험 후 늘어난 길이(a) 및 단면 감소 직경(b)의 측정
(출처 : http://www.instron.com.au/)

5) 실험방법(시험 종료 후)

① 시험이 종료되면 시편을 제거한다.
② 시편이 물린 상태에서 크로스 헤드를 이동시키면 크로스 헤드 이동 모터의 과부하로 모터가 손상될 우려가 있으므로 주의를 요한다.
③ 보고서 작성을 위한 실험 결과 데이터를 저장 혹은 출력한다.
④ 제거한 시험편에 대하여 실제 늘어난 길이 및 단면 감소 직경을 그림 3.13와 같이 측정한다.
⑤ 실험실을 원래의 상태로 정리 정돈 한다.

3.5 실험결과 및 정리

3.5.1 실험결과

실험결과 보고서에는 적어도 다음과 같은 정보가 필히 포함되어야 한다.

- 재료에 대한 정보
- 시험편의 형상과 치수
- 항복강도와 항복강도를 결정하는데 사용한 방법
- 항복점 연신율(yield point elongation)
- 인장강도(tensile strength)
- 총 연신율(total elongation)
- 단면 수축률(reduction of area)
- 시험 속도(crosshead speed) [ex. 2mm/min]

3.5.2 실험결과 보고서 제출

인장실험이 끝나면 [첨부자료 2] 형식의 실험결과보고서를 작성 한 후, 응력-변형률 선도에 근거하여 재료의 기계적 거동을 고찰하고 그 결과를 분석하는 종합 보고서를 일주일 이내로 제출하여야 한다.

보고서에는 다음의 내용을 포함하여 A4용지 10페이지 내외로 작성 제출한다.

- 본 실험의 목적, 얻어진 실험 결과치, 이들이 어떻게 이용될 것인지 등을 포함하여 기술한다.
- 실험결과로부터 결론을 진술하라.
- 시험편에서 얻어진 결과와 문헌에 의한 결과를 비교하여 그 차이점의 이유를 설명하라.
- 인장강도, 경도, 연신률, 단면수축률, 인장흡수에너지 사이의 관계를 비교 설명하라.
- 0.2%내력(0.2% proof stress)에 대해 알아보고 설명하라.
- 시험편 파단면을 관찰하여 스케치하라.
- 종합보고서 제출 시 파단된 시험편을 반납한다.

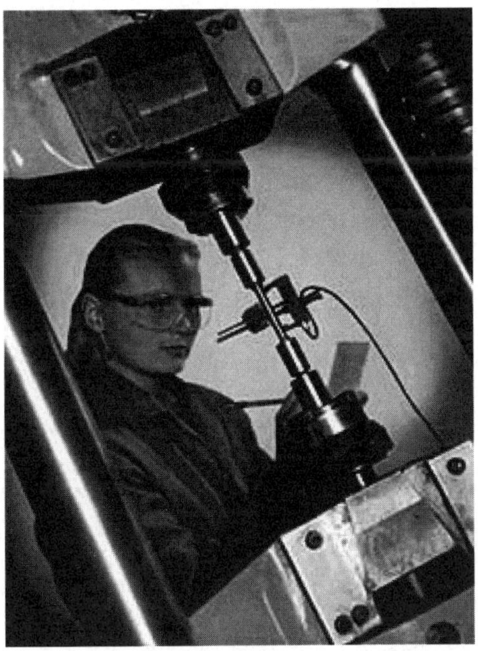

첨부자료 2

실험결과보고서

<table>
<tr><td>실 험 명</td><td>인장실험</td><td>실험일자</td><td></td></tr>
<tr><td>실험자명(조장)</td><td colspan="3">학번: 성명: e-mail:</td></tr>
<tr><td>공동실험자명</td><td colspan="3">학번: 성명: 학번: 성명:
학번: 성명: 학번: 성명:
학번: 성명: 학번: 성명:
학번: 성명: 학번: 성명:
학번: 성명: 학번: 성명:</td></tr>
<tr><td>1. 시험기</td><td>명칭:
제작사:</td><td>사양:</td><td>용량:</td></tr>
<tr><td>2. 시험편</td><td>재질:</td><td>규격:</td><td>형상과 치수
※도면 첨부</td></tr>
<tr><td rowspan="2">3. 측정값</td><td colspan="2">실험전</td><td>실험후</td></tr>
<tr><td colspan="2">표점거리 :
평행부의 길이:
평행부의 직경:
시험편 단면적:</td><td>표점거리 :
평행부의 길이:
파단부의 최소직경:
항복하중:
최대하중:
파단점의 위치:</td></tr>
<tr><td>4. 응력-변형률 선도</td><td colspan="3"></td></tr>
<tr><td>5. 계산값</td><td>항복강도 :
인장강도 :</td><td>비례한도 :
탄성계수 :</td><td>연신율:
단면수축율:</td></tr>
</table>

4
Chapter

보의 처짐 측정실험
(Deflection Measurement of Beams)

단면치수에 비해서 상당히 긴 구조용 부재가 적당한 방법으로 지지되어 있고, 그 중심축을 포함하는 평면 내에서 부재를 굽히려는 가로 하중(lateral load)을 받는 경우에 그 부재를 보(beam)라 한다. 작용하중에 따라 각종 보에 발생하는 전단력과 굽힘 모멘트의 분포상태를 파악하는 것은 보의 설계에 기초가 된다.

보에 가로 하중이 작용하면 변형이 일어날 것이고, 보의 길이방향의 축(longitudinal axis)은 곡선으로 변형이 된다. 실제 공학 문제에서 보의 변형에 의한 처짐을 구하는 것이 필요할 경우가 종종 발생한다.

예를 들면, 보의 최대 처짐량(maximum deflection)은 건물을 설계할 때 중요한 역할을 하는 변수이며, 전동축의 경우에도 처짐각과 처짐량은 굽힘 강성설계에서 매우 중요한 설계인자로 사용되고 있다.

4.1 실험 목적

본 실험에서는 3종의 강성이 다른 재료(알루미늄, 황동, 강재)에 대하여 지지조건이 다른 보의 처짐 실험을 실시한다. 하중과 처짐의 상관관계 등을 통하여 보의 처짐 이론을 이해한다. 본 실험에서 행하고자 하는 실험의 종류는 다음과 같다.

- 외팔보의 처짐
- 단순 지지보의 하중-처짐 상관관계
- 단순 지지보의 지지간격과 처짐과의 상관 관계

4.2 이론적 배경

4.2.1 보의 처짐 곡선(deflection curve of beam)

그림 4.1과 같은 단순보 AB의 처짐에 대하여 생각하여 보자. 보에 하중 P를 가하면, 보의 중심선 AB는 곡선 ACB로 변형된다. 이 곡선 ACB를 보의 처짐 곡선(deflection curve)이라 부른다. 이 처짐 곡선의 미분방정식(differential equation of defection curve)을 유도하여 보자.

변위 곡선의 미분 방정식의 유도에는 변위 곡선의 곡률(curvature) κ와 굽힘 모멘트 M사이의 관계를 나타내는 식을 사용하여야 한다. 그리고 좌표축의 방향에 관련된 변위 곡선의 부호 규약에 대해서도 알아야 한다. 그림 4.1에서 오른쪽을 x축의 양(+)의 방향으로 잡고, 아래쪽 방향을 y축의 양(+)의 방향으로 잡으면, 변위 곡선의 곡률은 아래쪽이 오목하게 휘어질 때가 양(+)이고, 위쪽이 오목하게 휘어질 때가 음(-)이다. 그러므로 그림 4.1에 나타낸 보는 음(-)의 곡률을 갖는다. 이 부호 규약에 따르면, 만약 보의 위쪽에서 압축을 가하여 양(+)의 굽힘 모멘트를 발생시키면 이 양의 굽힘 모멘트는 음(-)의 곡률을 일으키고, 반대로 음의 굽힘 모멘트는 양(+)의 곡률을 일으킨다. 그러므로 굽힘 모멘트와 곡률과의 관계는 다음과 같이 나타낼 수 있다.

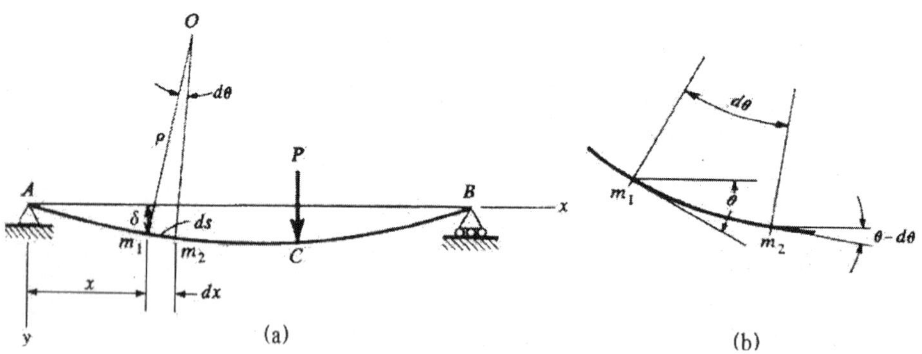

그림 4.1 보의 처짐 곡선

$$\kappa = \frac{1}{\rho} = -\frac{M}{EI} \tag{4.1}$$

여기서 κ는 보의 곡률, ρ는 곡률 반경, M는 굽힘 모멘트, EI는 종탄성계수 E와 단면 2차 모멘트 I의 곱으로 보의 굽힘 강성계수이다.

이 곡률과 보의 처짐 곡선의 방정식 사이의 관계는 그림 4.1(a)에서 미소길이 ds 만큼 떨어진 두 점 m_1과 m_2를 고려하여 얻을 수 있다. 이 두 점에서 보의 처짐 곡선에 접선을 긋고, m_1점 및 m_2점에서 접선에 수직선을 세우면 두 수직선은 곡률의 중심 O에서 만나게 될 것이다. 여기서 m_1점에서 그은 접선과 x축이 이루는 각을 θ, m_2점에서 그은 접선과 x축이 이루는 각을 $\theta - d\theta$라 하면, Om_1과 Om_2가 이루는 각은 $d\theta$가 된다. 그림 4.1(a)에서 $ds = \rho d\theta$이므로 곡률은 다음과 같다.

$$\kappa = \frac{1}{\rho} = \frac{d\theta}{ds} \tag{4.2}$$

곡률은 식 (4.2)에서 처짐 곡선을 따라 측정한 거리 s에 대한 각 θ의 변화율이다. 그림 4.1(b)에서 각 θ가 처짐 곡선을 따라 왼쪽에서 오른쪽으로 이동하면 감소하기 때문에 $d\theta/ds$의 값은 음(-)이다. 실제의 경우 보의 처짐은 대단히 작기 때문에 각 θ와 곡선의 경사각은 대단히 작은 양이다. 그러므로

$$ds \fallingdotseq dx \qquad \theta \fallingdotseq \tan\theta = \frac{d\delta}{dx} \tag{4.3}$$

여기서 δ는 보의 처짐량이다.

식 (4.3)을 식 (4.2)에 대입하여 정리하면 다음과 같다.

$$\kappa = \frac{1}{\rho} = \frac{d\theta}{dx} = \frac{d^2\delta}{dx^2} \tag{4.4}$$

또, 식 (4.1)과 식 (4.4)에서

$$\frac{d^2\delta}{dx^2} = -\frac{M}{EI} \tag{4.5}$$

이다. 이 식이 보의 처짐 곡선의 기본 미분 방정식이다. 식 (4.5)을 x에 대하여 미분한 다음, $dM/dx = V$의 관계를 대입하면

$$\frac{d^3\delta}{dx^3} = -\frac{V}{EI} \tag{4.6}$$

이다. 여기서 V 는 전단력이다. 또, 식 (4.6)을 x에 대하여 미분한 다음 $dV/dx = -q$의 관계를 대입하면 다음과 같다.

$$\frac{d^4\delta}{dx^4} = \frac{q}{EI} \tag{4.7}$$

여기서 q는 하중이다. 식 (4.5) ~ (4.7)을 보의 처짐 곡선에 대한 미분 방식(differential equation)이라 하며, 이 방정식을 사용하면 보의 처짐 곡선의 경사각이 작은 경우에 대하여 각종 보의 처짐을 구할 수 있다.

4.2.2 단순 지지보(simply supported beam)

그림 4.2와 같이 등분포하중 q을 받는 단순보의 처짐(deflection)을 구하여 보자. 보의 왼쪽 단에서 x만큼 떨어진 지점에서의 굽힘 모멘트는 다음과 같다.

$$M = \frac{qLx}{2} - \frac{qx^2}{2} \tag{4.8}$$

식 (4.8)을 식 (4.5)에 대입하여 적분하면, 다음 식과 같이 임의의 위치 x에서의 보의 처짐량을 구할 수 있다.

$$\delta = \frac{qx}{24EI}(L^3 - 2Lx^2 + x^3) \tag{4.10}$$

등분포하중을 받는 단순보의 최대 처짐(δ_{max})은 보의 중앙 지점, 즉, $x = L/2$에서 발생하고 그 값은 다음과 같다.

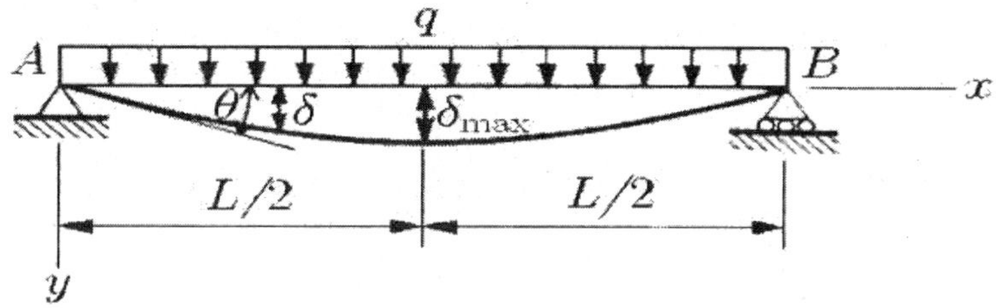

그림 4.2 등분포 하중을 받는 단순 지지보

$$\delta = \frac{5qL^4}{384EI} \tag{4.11}$$

또, 최대 경사각(maximum slope)은 보의 양단에서 발생한다. 즉, $x=0$에서 최대경사각 θ_{max}은 다음과 같다.

$$\theta_{max} = (\delta')_{x=0} = \frac{qL^3}{24EI} \tag{4.12}$$

다음에는 그림 4.3과 같이 집중하중 P를 받는 단순보의 처짐을 구하여 보자. 이 경우 굽힘 모멘트의 식은 하중 점의 왼쪽과 오른쪽이 다르므로 보를 두 구간으로 나누어 처짐 곡선의 방정식을 구하여야 한다. 처짐 곡선의 미분 방정식들은 다음과 같다.

$$\begin{aligned} EI\delta'' &= -\frac{Pbx}{L} \qquad (0 \le x \le a) \\ EI\delta'' &= -\frac{Pbx}{L} + P(x-a) \qquad (a \le x \le L) \end{aligned} \tag{4.13a,b}$$

식 (4.13)의 양변을 적분하고 경계조건을 적용하면, 임의의 위치 x에서 보의 처짐량(δ)과 처짐 곡선의 기울기(δ')를 계산할 수 있다.

$$\begin{aligned} EI\delta &= \frac{Pbx}{6L}(L^2 - b^2 - x^2) \qquad (0 \le x \le a) \\ EI\delta &= \frac{Pbx}{6L}(L^2 - b^2 - x^2) + \frac{P(x-a)^3}{6} \qquad (a \le x \le L) \end{aligned} \tag{4.14a,b}$$

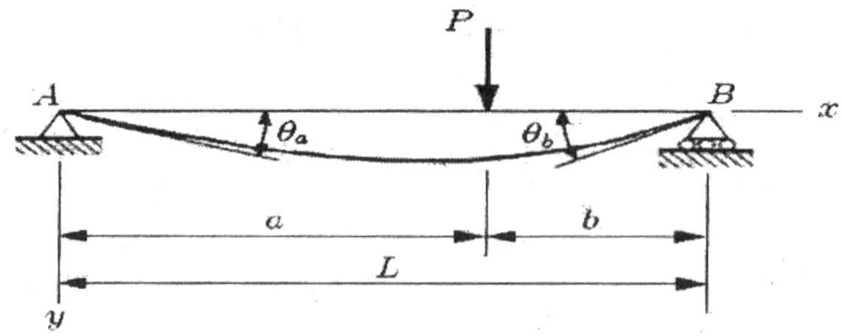

그림 4.3 집중 하중을 받는 단순 지지보

$$EI\delta' = \frac{Pb}{6L}(L^2 - b^2 - 3x^2) \qquad (0 \le x \le a)$$
$$EI\delta' = \frac{Pbx}{6L}(L^2 - b^2 - 3x^2) + \frac{P(x-a)^2}{2} \qquad (a \le x \le L) \tag{4.15a,b}$$

가끔 보의 양단에서의 회전각이 요구되는 경우가 있다. θ_a를 지점 A에서의 경사각, θ_b를 지점 B에서의 경사각이라 정의하면, θ_a는 식 (4.15a)에 $x=0$를 대입하여 구할 수 있고, θ_b는 식 (4.15b)에 $x=L$을 대입하여 구할 수 있다. 그러므로

$$\theta_a = \delta'(0) = \frac{Pb(L^2-b^2)}{6EIL} = \frac{Pab(L+b)}{6EIL}$$
$$\theta_b = -\delta'(L) = \frac{Pab(L+a)}{6EIL} \tag{4.16a,b}$$

보의 최대 처짐은 변위 곡선이 수평 접선($\delta' = 0$)을 가지는 점에서 발생한다. 만약, $a > b$이라면, 최대 변위는 보의 왼쪽 부분에서 발생하고, 식 (4.15a)의 δ'를 0으로 놓으면, 그 위치를 구할 수 있다. x_1을 보의 왼쪽 단에서 최대 변위가 일어나는 점까지의 거리라 하면

$$x_1 = \sqrt{\frac{L^2-b^2}{3}} \qquad (a \ge b) \tag{4.17}$$

이 식으로부터 하중 P가 보의 중앙 위치($b = L/2$)에서 오른쪽으로 이동하면(b가 0으로 가까이 감에 따라) x_1은 $L/2$에서 $L/\sqrt{3} = 0.577L$로 변화하는 것을 알 수 있다. 그러므로 최대 변위는 항상 보의 중앙에서 가까운 위치에서 발생한다는 것을 알 수 있다. 최대 변위는 식 (4.17)의 x_1을 식 (4.14a)에 대입하면 다음과 같다.

$$\delta_{\max} = \frac{Pb(L^2 - b^2)^{3/2}}{9\sqrt{3}\,EIL} \qquad (a \geq b) \tag{4.18}$$

보의 중앙에서의 변위는 식 (4.14a)에 $x = L/2$을 대입하면

$$\delta\left(\frac{L}{2}\right) = \frac{Pb(3L^2 - 4b^2)}{48EI} \qquad (a \geq b) \tag{4.19}$$

이다. 보의 최대 변위는 항상 보의 중앙에서 가까운 위치에서 발생하므로 식(4.19)는 보의 최대 변위의 근사식으로 사용할 수 있다. b가 0에 근접할 경우, 보의 중앙에서의 변위와 최대 변위의 차이는 3% 미만이다.

하중 P가 보의 중앙에 작용할 경우($a = b = L/2$), 최대 처짐 및 최대 경사각은 앞의 결과에서 다음과 같다.

$$\delta_{\max} = (\delta)_{x = L/2} = \frac{PL^3}{48EI} \tag{4.20a,b}$$
$$\theta_{\max} = (\delta')_{x=0} = (\delta')_{x=L} = \frac{PL^2}{16EI}$$

4.2.3 외팔보(Cantilever beam)

그림 4.4와 같이 왼쪽 단이 고정된 외팔보에 등분포하중 q가 작용할 경우 처짐을 구하여 보자. 이 외팔보에 대한 처짐 곡선도 단순보에서와 같은 방법으로 구할 수 있다. 고정 단에서 x만큼 떨어진 위치에서의 굽힘 모멘트는 다음 식과 같다.

$$M = -\frac{q(L-x)^2}{2} \tag{4.21}$$

그러므로 식(4.5)에서

$$EI\delta'' = -M = \frac{q(L-x)^2}{2} \tag{4.22}$$

식 (4.22)를 한번 적분하면 처짐 곡선의 기울기를 얻을 수 있으며, 두 번 적분하면 처짐 곡선을 구할 수 있다.

$$\theta = \delta' = \frac{qx}{6EI}(3L^2 - 3Lx + x^2) \qquad (4.23a,b)$$
$$\delta = \frac{qx^2}{24EI}(6L^2 - 4Lx + x^2)$$

이 경우 최대 처짐각 및 최대 처짐은 다음과 같다.

$$\theta_{\max} = (\delta')_{x=L} = \frac{qL^3}{6EI} \qquad (4.24a,b)$$
$$\delta_{\max} = (\delta)_{x=L} = \frac{qL^4}{8EI}$$

그림 4.5는 집중하중을 받고 있는 외팔보이다. 외팔보의 최대 처짐과 경사각은 모멘트 면적법을 사용하여 구하는 것이 편리하다. 이 모멘트 면적법은 앞에서와 같이 변위 곡선의 방정식을 구하는 것이 아니고, 단지 보의 어떤 한 점에서의 변위와 기울기가 필요할 때 적합한 방법이다. 이 방법의 이름은 굽힘 모멘트 선도의 면적을 사용하는 데서 유래되었다.

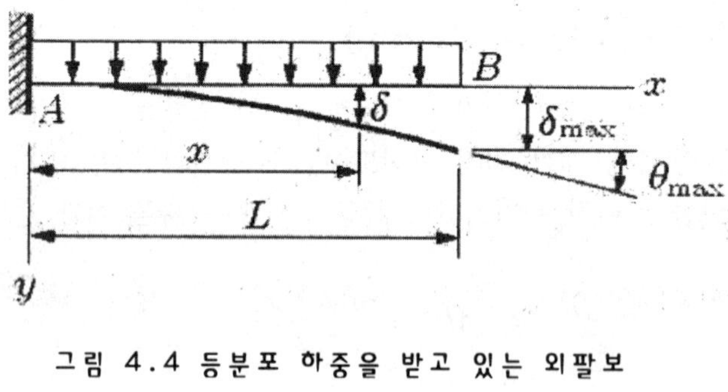

그림 4.4 등분포 하중을 받고 있는 외팔보

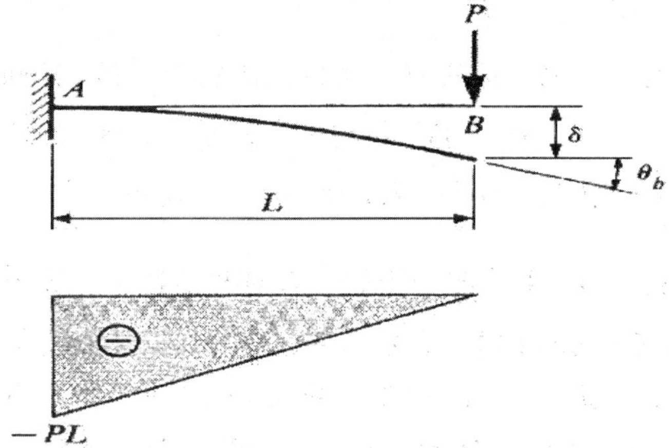

그림 4.5 집중하중을 받는 외팔보

이 보의 굽힘 모멘트 선도는 그림에 나타낸 바와 같이 삼각형 형상이다. 제1모멘트 정리로부터 점 A와 점 B에서 그은 접선이 이루는 각은 굽힘 모멘트 선도의 면적을 EI로 나눈 값과 같다. 그러므로 이 각은 $-PL^2/2EI$이다. 여기서 (-)부호는 B점에서의 접선이 A점에서의 접선에 대하여 시계 방향으로 회전하였다는 것을 의미한다. 그러므로 외팔보 자유단 B에서의 경사각 θ_b는 그림에서 나타낸 것과 같이 양(+)이므로 다음 식과 같다.

$$\theta_b = \frac{PL^2}{2EI} \tag{4.25}$$

외팔보의 자유단에서의 처짐량 δ는 제2면적 모멘트 정리를 적용하면 구할 수 있다. 제2면적 모멘트 정리에 의하면, A점에서의 접선으로부터 변위 곡선 상의 B점까지의 거리 Δ는 굽힘 모멘트 선도 면적의 B점에 대한 면적 1차 모멘트를 EI로 나눈 값과 같다. 그러므로

$$\Delta = -\frac{PL^2}{2EI}\left(\frac{2L}{3}\right) = -\frac{PL^3}{3EI} \tag{4.26}$$

이다. 여기서 (-)부호는 변위 곡선 상의 B점이 A점에서의 접선 아래쪽이 있다는 것을 의미한다. 그러므로 외팔보 자유단 B에서의 처짐량은 δ는 다음과 같다.

$$\delta = \frac{PL^3}{3EI} \tag{4.27}$$

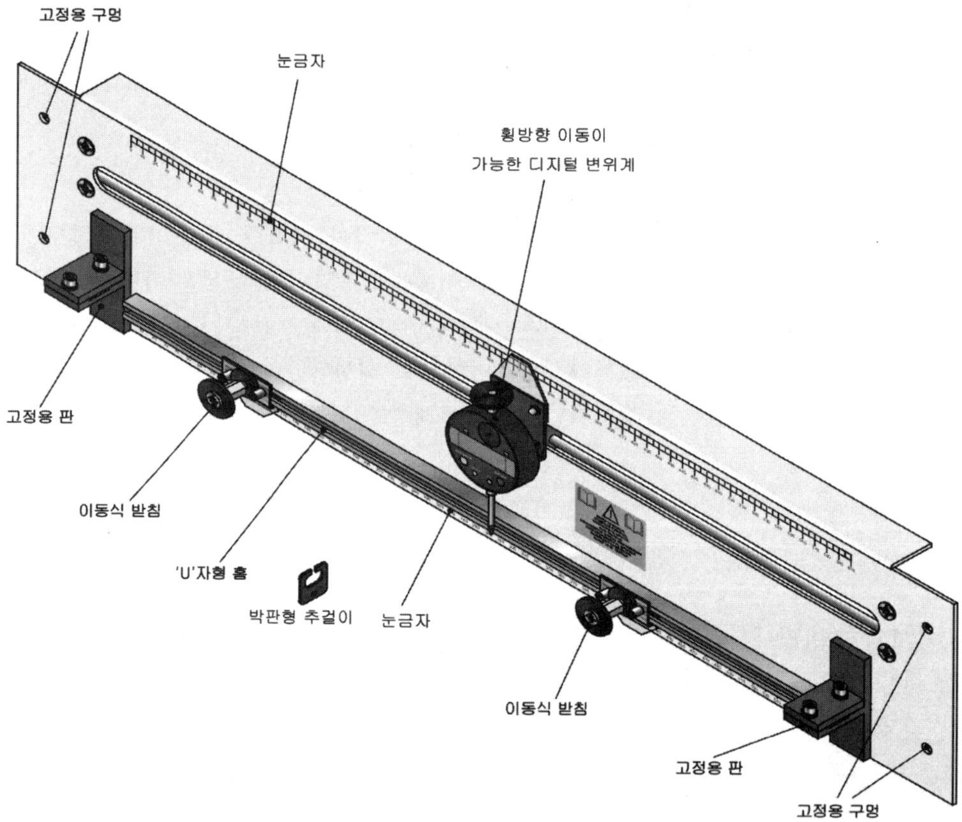

그림 4.6 보의 처짐 측정 장치

4.3 실험방법 및 절차

4.3.1 실험장치의 구성

1) 본 실험장치의 구성 모듈은 다음과 같다.

① 실험 장치의 프레임 : 880×180×120 mm

② 부하용 추와 10 g 분동

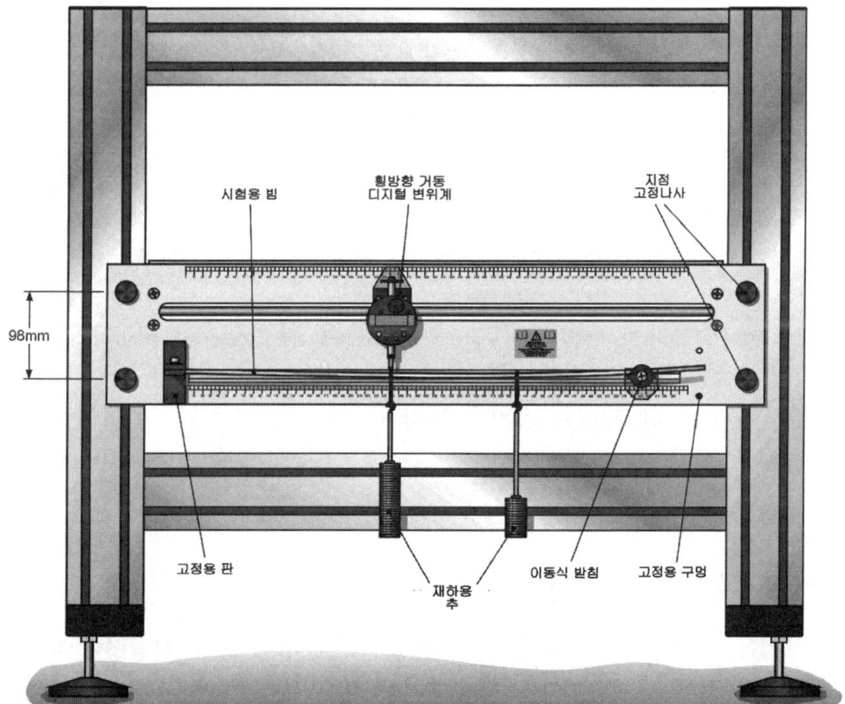

그림 4.7 설치가 완료된 보의 처짐 측정 장비

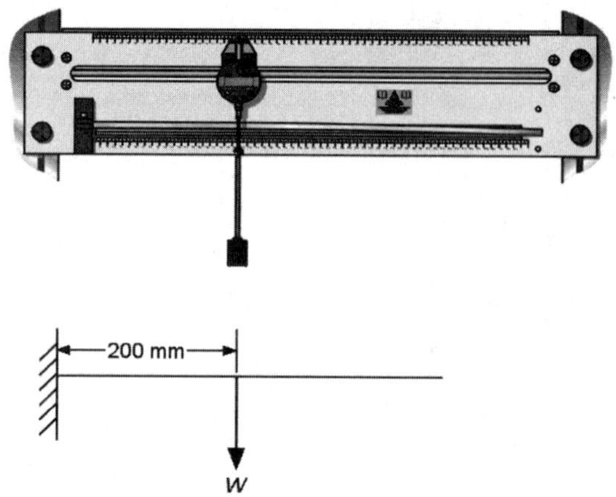

그림 4.8 외팔보의 처짐 측정

③ 600 mm 자와 150 mm 버니어 게이지
④ 처짐 측정기 및 디지털 처짐계
⑤ 보 시편(황동, 알루미늄, 연강)의 크기 : 3×19×650 (mm)

그림 4.6은 본 실험에서 사용할 처짐 측정 장치의 구성부품을 나타낸 것이며, 그림 4.7은 보의 처짐을 측정하기 위해 설치가 완료된 실험 측정 장비를 나타낸 것이다. 장비를 설치하고 실험을 할 때에는 장비에 무리한 힘을 주지 않도록 특별히 유의해야 한다.

4.3.2 외팔보의 처짐 측정

이 실험에서는 외팔보에 작용하는 집중하중이 증가함에 따라 처짐량이 어떻게 변하는지를 측정하게 된다. 동일한 하중 형태에 대하여 세 가지 다른 재료를 반복하여 실험함으로써 각 재료들의 처짐 성질이 어떻게 변화하는지를 관찰할 수 있다. 이 때 부가 질량(단위 : g)에 의한 집중하중의 크기를 SI 단위로 환산하기 위해서는 다음의 식을 이용할 수 있다.

$$W = Mg = \frac{M}{1000} \times 9.81\ (N) \tag{4.28}$$

외팔보의 처짐은 앞에서 언급한 바와 같이 다음 식과 같다.

$$\delta = \frac{WL^3}{3EI} \tag{4.29}$$

W = 하중 (N);
L = 하중 작용점에서 고정단까지의 거리(m);
E = 외팔보 재료에 대한 Young's modulus (N/m^2);
I = 외팔보의 단면 2차 모멘트 (m4).

1) 외팔보의 처짐에 대한 실험 절차는 다음과 같다.

① 먼저 버니어 캘리퍼스를 사용하여 보 단면의 폭과 높이를 측정한다.
② 각 재료에 대한 폭과 높이를 표 4.1에 기록하고, 그 값을 사용하여 단면 2차 모멘트를 계산한다.

표 4.1 외팔보의 실험 결과

보의 재료	
E : ______________ N/m^2	보의 폭(b) : __________mm
I : ______________ m^4	보의 높이(h) : ________ mm

질량(g)	실측 처짐(mm)	이론 처짐(mm)
0		
100		
200		
300		
400		
500		

③ 뒷 판에서 꺽쇠와 날 끝을 제거하고, 그림 4.9와 같이 외팔보의 하나를 설치한다.
④ 디지털 변위계를 보의 하중 작용 위치에 이동시키고, 후방에 손잡이 너트를 사용하여 죈다. 하중 걸이를 하중 작용점에 위치시킨다.
⑤ 프레임을 가볍게 두드리고, 디지털 변위계를 'origin'버튼을 사용하여 0에 맞춘다.
⑥ 질량을 추가할 때마다 프레임을 가볍게 두드린다. 질량이 증가할 때마다 디지털 변위계를 읽어 기록한다.
⑦ 다른 두 재료에 대해서도 같은 과정으로 반복하고 표 4.1에 기입한다.

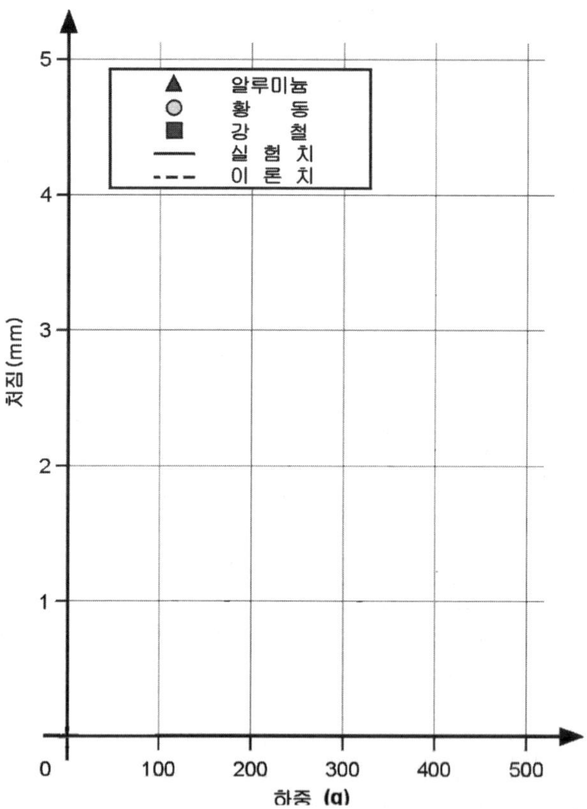

그림 4.9 외팔보의 하중-처짐 상관도

2) 이 실험에 대한 보고서에 다음과 같은 사항이 포함되어야 한다.

① 하나의 그래프에 처짐과 질량의 그래프를 세 가지 재료에 대해 그려보자.
② 질량과 보의 처짐 사이의 관계를 말해보자.
③ 각 그래프의 선에 대한 기울기와 영계수와는 어떤 관계에 있는가?
④ 각 보의 이론적인 처짐을 계산하고 기입된 표에 결과를 포함시키고 그래프를 그려보자. 처짐에 대한 이론식은 보의 거동을 예측하는데 정확한가?
⑤ 왜 디지털 변위계를 읽을 때마다 프레임을 두드려야하는 이유가 무엇인가?
⑥ 외팔보 구조의 실제 구조물에 적용한 예를 최소 세 가지 말해보라.

4.3.3 단순 지지보의 처짐 측정

이 실험에서는 단순 지지보의 중앙에 집중하중이 작용하는 경우 하중의 변화에 따른 처짐량을 고찰해 보기로 한다. 또한 하중이 일정할 때 양쪽 지지부 사이의 거리 변화에 따른 처짐량의 변화도 관찰해 본다.

단순 지지보의 중앙에 집중하중 W가 작용할 경우, 보의 최대 처짐은 다음과 같다.

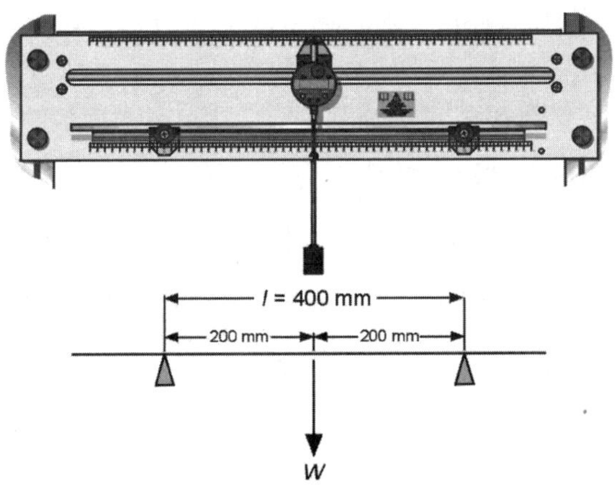

그림 4.10 단순 지지보의 처짐측정

$$\delta_{max} = \frac{WL^3}{48EI} \tag{4.30}$$

여기서 W 는 작용 하중(N), L은 스팬(span)의 길이(m), E는 재료의 가로탄성계수(N/m^2), I는 단면 2차 모멘트(m^4)이다.

1) 하중의 변화에 따른 처짐

먼저 백보드에서 클램프를 제거하고, 그림 4.10에 나타낸 것과 같이 실험 장치를 설치한다. 이 때 지지부의 간격은 $L = 400\ mm$로 일정하게 유지하고, 실험 방법은 다음의 절차를 따른다.

① 버니어 캘리퍼스를 사용하여 시편의 폭과 높이를 측정하여 표 4.2에 기입하고, 단면 2차모멘트와 영계수를 표 4.2에 기입한다.
② 디지털 변위계를 그림 4.10에 표시된 위치로 이동시킨 다음, 후방의 손잡이 너트로 죈다. 하중 걸이를 하중 작용점에 위치시킨다.
③ 프레임을 가볍게 두드리고, 디지털 변위계를 'origin'버튼을 사용하여 0에 맞춘다.
④ 질량을 추가할 때마다 프레임을 가볍게 두드린다. 질량이 증가할 때마다 디지털 변위계를 읽어 표 4.2에 기록한다.
⑤ 실험결과를 그림 4.11의 그래프에 그린 다음, 질량과 처짐사이의 관계를 고찰한다.

2) 지지부 길이 변화에 따른 처짐

실험 장치를 그림 4.12에 나타낸 것과 같이 길이 $L = 200\ mm$의 단순 지지보로 설치하고, 아래의 과정을 따라 실험을 하여 그 결과를 표 4.3에 기록한다. 이 때 하중 작용점은 보의 중앙이고, 그 크기는 $M = 500\ g$의 무게이다. 그리고 그림 4.12에 나타낸 것과 같이 실험 중 디지털 변위계는 항상 보의 중심에 위치시켜야 한다.

표 4.2 단순 지지보의 실험 결과(스팬 일정)

보의 재료	
E : ______________ N/m^2	보의 폭(b) : __________mm
I : ______________ m^4	보의 높이(h) : ________ mm

질량(g)	실측 처짐(mm)	이론 처짐(mm)
0		
100		
200		
300		
400		
500		

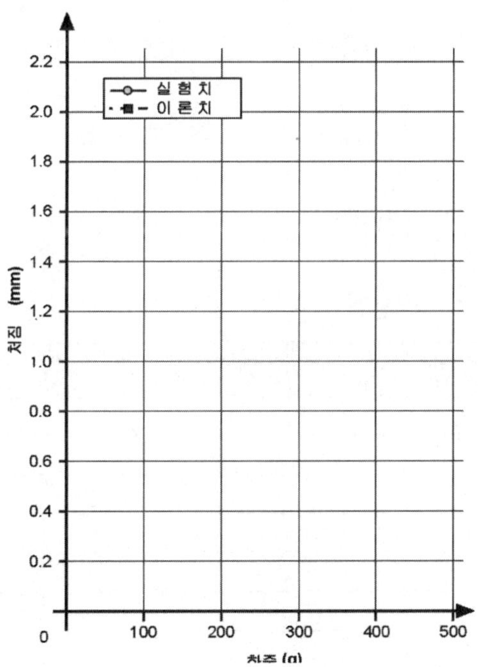

그림 4.11 단순 지지보의 하중-처짐 관계

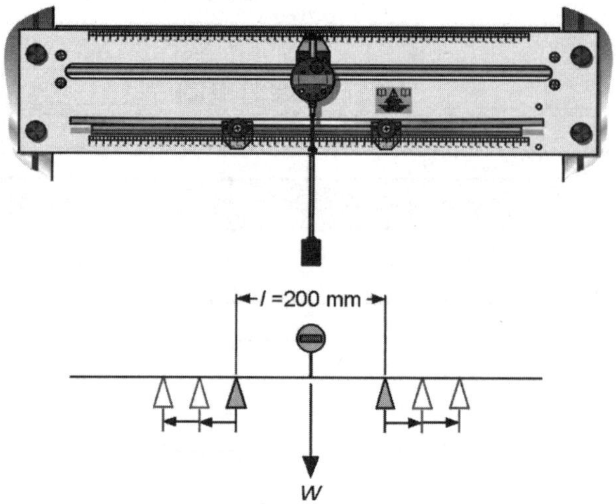

그림 4.12 스팬 변화에 따른 단순 지지보의 처짐

① 디지털 변위계를 그림 4.12에 표시된 위치로 이동시킨 다음, 후방의 손잡이 너트로 죈다.
② 디지털 변위계를 'origin'버튼을 사용하여 0에 맞춘다.

표 4.3 단순 지지보의 실험 결과(하중 일정)

L (mm)	L^3 (m^3)	처짐 δ (mm)
200		
260		
320		
380		
440		
500		
560		

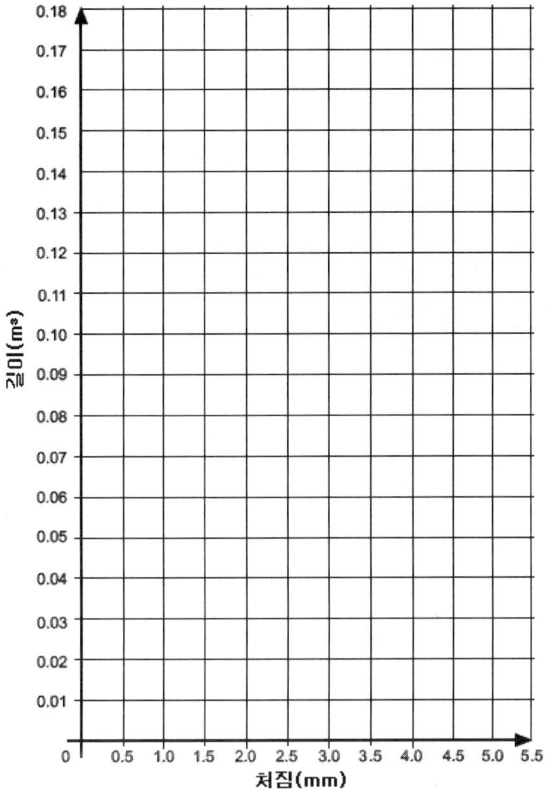

그림 4.13 단순 지지보의 처짐과 스팬의 3제곱간의 관계

③ 하중 걸이를 하중 작용점에 위치시키고, 500 g의 질량을 건 후, 프레임을 가볍게 두드린다.

④ $L = 200\ mm$에 대한 처짐량을 표 4.3에 기록하고, 스팬의 길이를 바꾸어 가면서 위의 실험 과정을 반복한다.

⑤ 실험결과를 그림 4.13의 그래프에 그린 다음, 스팬과 처짐 사이의 관계를 고찰한다.

4.4 실험결과 및 정리

실험 보고서에는 각 실험 항목에 포함된 실험 결과표와 그 결과를 요약한 그래프가 반드시 포함되어 있어야 한다. 또한 이론에 근거한 보의 처짐량도 계산식에 근거하여 표에 기록되어야 한다. 같은 실험조의 학생들이라도 실험 자료는 공유를 하되 보고서 작성과정의 내용은 각자 독자적으로 작성하여야 하며, 실험결과에 대한 고찰 내용의 충실도가 학생들의 실험 점수에 가장 큰 영향을 미침을 명심하여야 한다.

5

Chapter

현미경 조직관찰 실험
(Microscopic Examinition)

5.1 실험목적

금속재료의 조직을 시험하는 방법에는 크게 마크로(macro)시험법과 미크로(micro)시험법의 두 가지가 있다. 마크로시험법은 육안 또는 확대경 등의 저배율(보통 20배 이하)로 관찰하는 방법이고, 미크로시험법은 비교적 고배율(광학현미경: 100~1,000배, 전자현미경: 1,000~100,000배) 로 관찰하는 방법이다. 금속재료의 기계적, 물리적 제성질은 그 미세조직과 밀접한 관계가 있으며, 금속이나 합금의 미세조직을 관찰함으로써 다음의 내용들을 파악할 수 있다.

1) 개략적인 화학조성, 금속조직의 구분, 결정입도의 크기
2) 열처리, 단련, 주조 및 냉간소성가공 등의 재료이력
3) 비금속개재물의 종류와 형상, 크기 및 편석부분의 상황
4) 파괴손상과 재료이력, 재료결함 및 응력시련 등의 인과관계
5) 파면관찰에 의한 파괴양상

본 실험에서는 광학현미경을 사용하여 탄소강의 미세조직 및 그 열처리 조직을 관찰하고, 아울러 열처리가 탄소강의 미세조직 및 기계적 성질에 미치는 영향을 파악한다.

5.2 탄소강의 미세조직

5.2.1 Fe-Fe_3C 평형상태도(Equilibrium Diagram)

평형상태도는 평형상태 아래서 온도와 조성에 따라 형성되는 합금의 상들을 표시한 그래프이다. 탄소강은 철과 탄소의 합금(침입형 고용체)으로 그림 5.1의 평형상태도는 온도와 탄소의 조성에 따라 존재하는 상과 미세조직들을 나타내고 있다.

a 페라이트(ferrite)에 고용되는 탄소의 양은 매우 적으며, 최대고용도는 727℃에서 0.022 wt%이다. 이 a 페라이트는 대체적으로 연하다. g 오스테나이트(austenite)의 최대 탄소 고용도는 1147℃에서 2.14 wt%로서 a 페라이트에 비해 약 100배의 탄소 고용도를 가지고 있다. 또한 (a+Fe_3C) 영역 내의 조성을 갖는 경우에는 온도가 727℃보다 낮은 경우 Fe_3C 시멘타이트(cementite)가 형성된다. 시멘타이트는 기계적으로 매우 단단하며 취성이 강하다. 그림 5.2는 a 페라이트와 g 오스테나이트의 현미경 조직 사진이다.

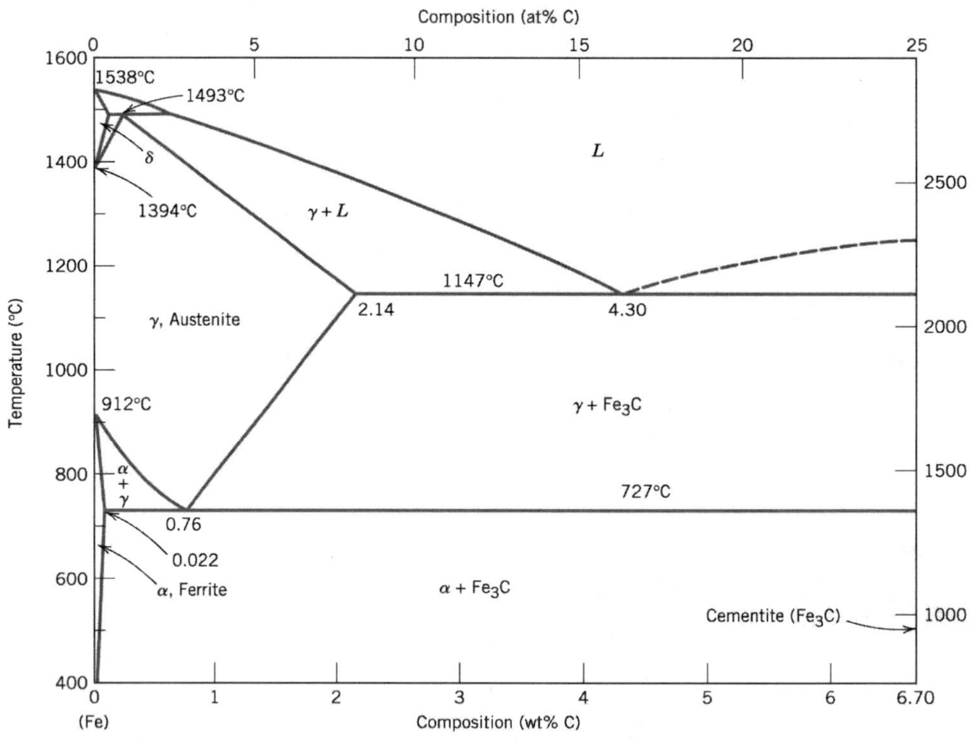

그림 5.1 Fe-Fe_3C 평형상태도

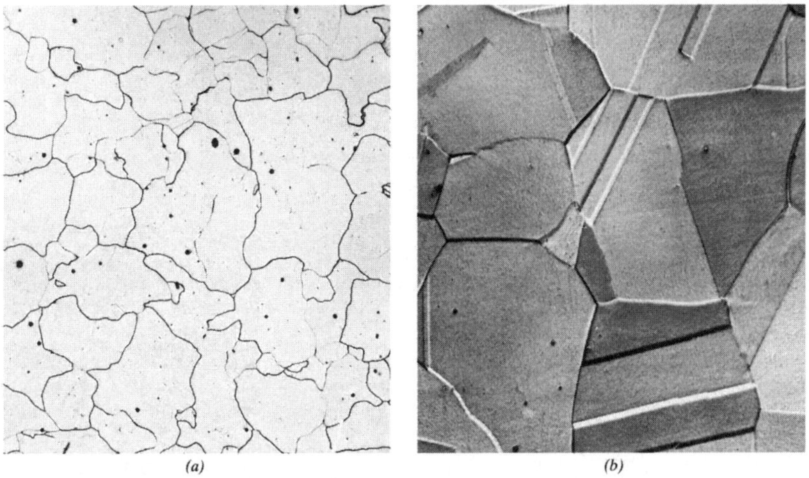

그림 5.2 a 페라이트(a)와 g 오스테나이트(b)의 현미경 조직 사진

5.2.2 공석강, 아공석강 및 과공석강의 미세조직

평형상태도에서 그림 5.3과 같이 탄소의 조성이 0.76 wt%, 온도 727℃인 경우를 생각해 보자. 오스테나이트 영역에 있는 0.76 wt% 조성의 탄소강이 727℃로 평형 냉각되면 g상이 a상과 Fe_3C이 교대로 적층된 층상구조로 바뀌게 되는데, 이 조직을 펄라이트(pearlite)라 한다.

또한 이와 같이 냉각과정에서 하나의 고상이 두 개의 다른 고상으로 바뀌는 현상을 공석반응(eutectoid reaction) 또는 공석변태(eutectoid transformation)라고 한다. 공석반응이 나타나는 강(0.76 wt%C) 을 공석강(eutectoid steel)이라고 하며, 탄소의 조성이 이보다 적은 강을 아공석강(hypoeutectoid steel), 큰 강을 과공석강(hypereutectoid steel)이라 한다. 또한 공석변태와 같이 온도나 조성에 따라 상의 수나 종류가 바뀌는 현상을 일컬어 상변태(phase transfor- mation)라고 한다.

그림 5.4는 공석강의 조직인 펄라이트의 현미경 사진으로서 두껍고 밝게 보이는 층이 페라이트 상이며, 검게 나타나는 얇은 층이 시멘타이트상이다. 기계적으로 펄라이트는 무르고 연성인 페라이트와 단단하고 취성인 시멘타이트의 중간 성질을 갖는다.

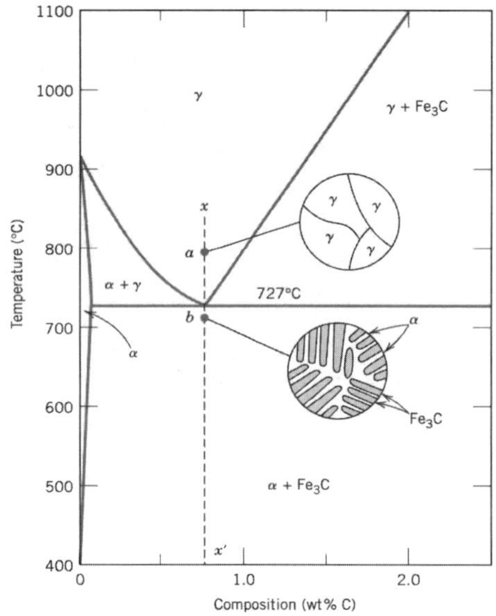

그림 5.3 공석강의 냉각에 따른 미세구조의 변화

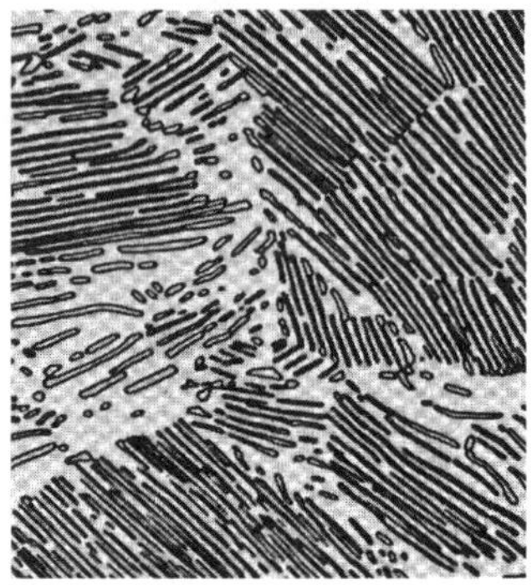

그림 5.4 공석강의 현미경 사진

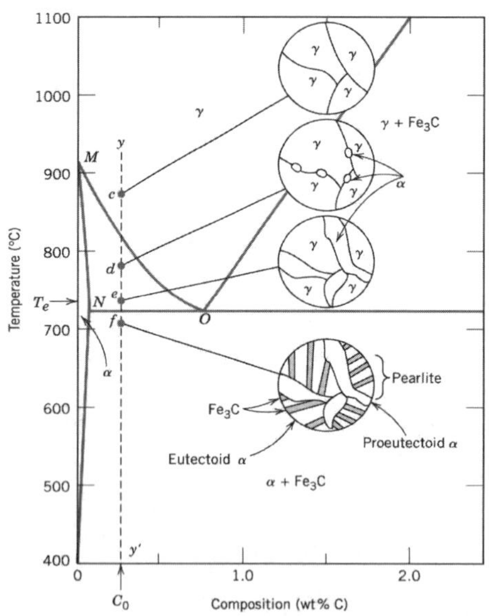

그림 5.5 아공석강의 냉각에 따른 미세구조의 변화

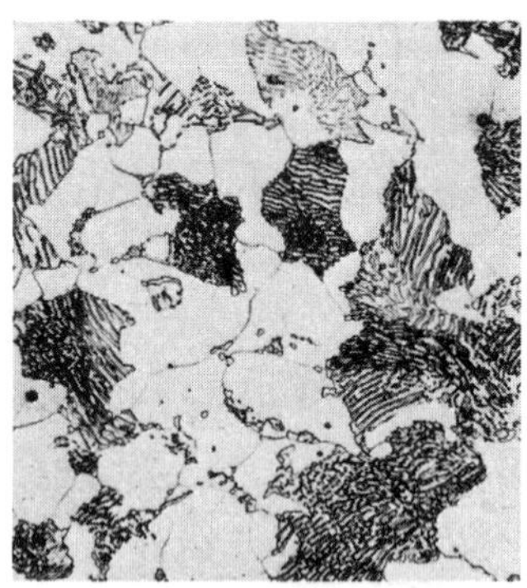

그림 5.6 아공석강의 현미경 사진

그림 5.5는 아공석강이 g 오스테나이트 영역에서 냉각될 때의 미세조직의 변화를 나타낸 모식도이다. 오스테나이트 영역에 있는 g상이 냉각되어 A3선 이하로 내려오면 g상 입계로부터 a상 입자가 생성되어 냉각이 진행됨에 따라 a상이 성장하게 되는데, 냉각이 진행되어 727℃이하가 되면 a상으로 변태되지 않고 남아있던 g상이 펄라이트, 즉 페 라이트와 Fe_3C로 변태된다. 처음에 생성된 a를 초석 a (proeutectoid a), 펄라이트 내의 a를 공석 a(eutectoid a)라 하며, 그 미세조직을 각각 초석 페라이트(proeutectoid ferrite), 공석 페라이트(eutectoid ferrite)라 한다.

그림 5.6은 0.28 wt%C의 조성을 가진 아공석강의 미세조직을 보여주는 현미경 사진으로서, 흰 부분이 초석 페라이트이고 나머지 부분은 펄라이트이다.

그림 5.7은 과공석강이 g 오스테나이트 영역에서 냉각될 때의 미세조직의 변화를 나타낸 모식도이다. 오스테나이트 영역에 있는 g상이 냉각되어 Acm선 이하로 내려오면 g상 입계로부터 Fe_3C 입자가 생성되어 냉각이 진행됨에 따라 Fe_3C가 성장하게 되는데, 냉각이 진행되어 727℃이하가 되면 Fe_3C로 변태되지 않고 남아있던 g 상이 펄라

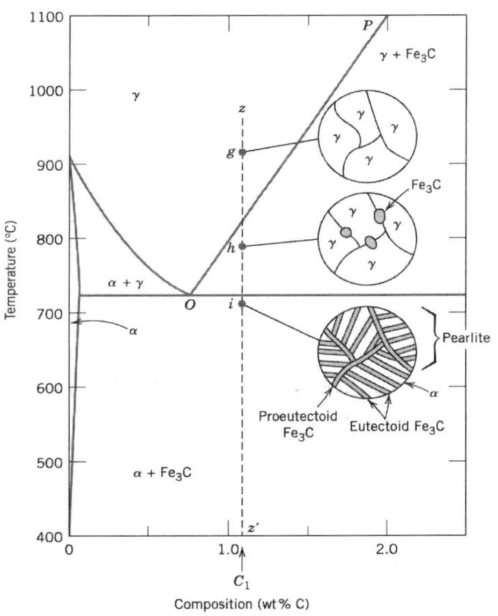

그림 5.7 과공석강의 냉각에 따른 미세구조의 변화

그림 5.8 과공석강의 현미경 사진

이트, 즉 페라이트와 Fe_3C로 변태된다. 처음에 생성된 Fe_3C를 초석 Fe_3C(proeutectoid Fe_3C), 펄라이트내의 Fe_3C를 공석 Fe_3C(eutectoid Fe_3C)라 하며, 그 미세조직을 각각 초석 시멘타이트(proeutectoid cementite), 공석 시멘타이트(eutectoid cementite)라 한다.

그림 5.8은 1.4 wt%C의 조성을 가진 과공석강의 미세조직을 보여주는 현미경 사진으로서, 흰 부분이 초석 시멘타이트이고 나머지 부분은 펄라이트이다.

5.2.2 탄소강의 열처리 조직

탄소강은 다른 금속재료에 비해 열처리 효과가 크고, 그 방법에 따라 여러 가지 성질을 얻을 수 있다. 예를 들면 동일한 탄소강재라도 가공성을 향상시키려면 풀림(annealing)을 하고, 조직을 단단하게 하려면 담금질(quenching)을 하면 된다. 또 담금질이나 가공으로 경하고 취성이 커지면 뜨임(tempering)으로 용도에 알맞게 열처리를 한다. 이와 같이 탄소강은 적절한 열처리를 통해 원하는 기계적 특성을 얻을 수 있다. 본 절에서는 탄소강의 열처리 중에서 담금질만 다루기로 한다.

담금질은 탄소강을 오스테나이트 영역에서 충분히 가열한 후 물이나 기름 등 중에 급랭하는 열처리로서, 이때 탄소강은 마르텐사이트(martensite) 조직을 갖게 된다. 마르텐사이트는 매우 단단하고 취성이 강한 조직으로서, 냉각속도와 냉각제에 따라서 그 경화의 정도가 달라진다. 담금질 조직으로는 다음과 같은 것들이 있다.

1) 오스테나이트

탄소 함유량이 많은 강을 가열한 후 급속하게 냉각했을 때 약간 나타나는 조직으로 이 조직을 잔류 오스테나이트(retained austenite)라 한다. 이 조직은 담금질에 의하여 탄소가 고온의 g철 중에 고용된 상태 그대로 상온까지 남은 것으로서 마르텐사이트 중에 혼합되어 존재하며, 탄소강에서는 전부 오스테나이트로 존재하는 일은 거의 없다. 오스테나이트 조직은 매우 불안전하나 인성과 내식성이 우수하며, 가열하면 분해되어 마르텐사이트로 변화한다.

2) 마르텐사이트

마르텐사이트는 강을 담금질할 때 생기며, 열처리에 있어서 매우 중요한 조직으로 경도가 매우 높은 것이 특징이다. 마르텐사이트 변태는 많은 원자가 한꺼번에 협동적으로 이동해서 새로운 원자 위치를 점유하는, 이른바 원자의 확산을 수반하지 않는 무확산 변태이다. 마르텐사이트의 결정격자는 탄소를 과포화로 고용한 체심정방정이며 결정격자의 형태는 탄소량에 따라 변화한다. 마르텐사이트 조직은 경도가 매우 높은 반면, 취성이 커 균열을 초래하기 쉽다. 따라서 마르텐사이트 처리를 한 강은 인성을 부여하기 위해 뜨임을 하는 것이 일반적이다. 마르텐사이트 조직은 판상 혹은 침상구조를 갖고 있다. 그림 5.9는 마르텐사이트 조직을, 그림 5.10의 흰 부분은 마르텐사이트내의 잔류 오스테나이트를 보여주고 있다.

3) 트루스타이트(troostite)

트루스타이트는 페라이트와 극히 미세한 시멘타이트와의 기계적 혼합 조직이며, 강을 유냉하여 냉각 속도를 약간 느리게 할 때 나타나는 조직이다. 트루스타이트는 마르텐사이트보다 경도가 높지 않으나 인성이 크다. 그림 5.11은 트루스타이트 조직을 나타낸다.

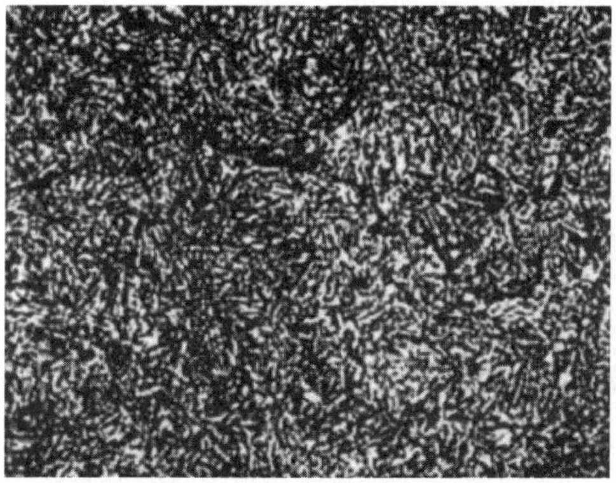

그림 5.9 마르텐사이트 조직

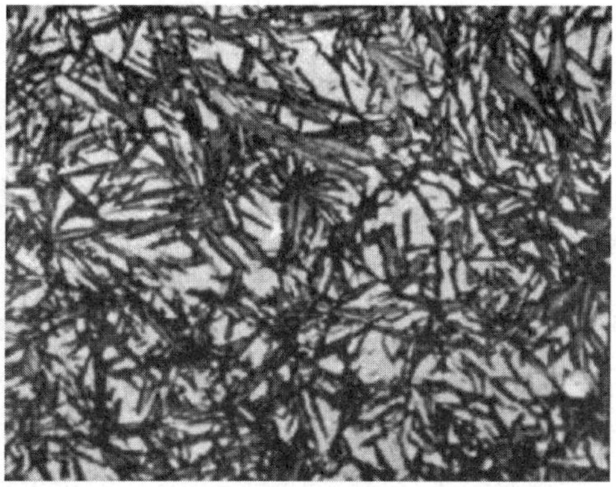

그림 5.10 마르텐사이트내의 잔류 오스테나이트

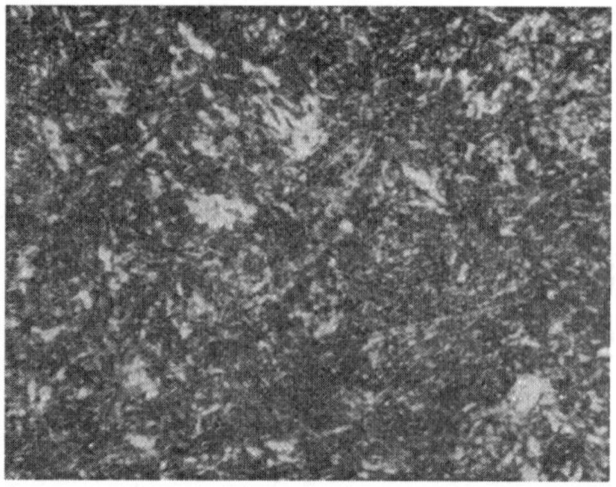

그림 5.11 트루스타이트 조직

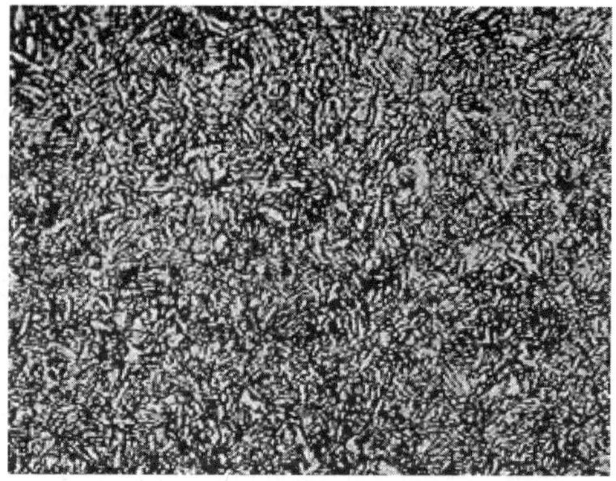

그림 5.12 소르바이트 조직

4) 소르바이트(sorbite)

소르바이트는 트루스타이트보다 냉각속도가 약간 더 느린 경우에 나타난다. 트루스타이트보다 강인성이 크고 연하며, 펄라이트보다는 단단하다. 그림 5.12는 소르바이트 조직을 나타낸다.

5.3 현미경 관찰

5.3.1 광학현미경에 의한 금속조직 관찰원리

광학현미경은 반사방식에 의해 조작된다. 나타난 영상에서의 명암은 미세구조의 여러 구역에서의 반사도에 의한 결과이다. 일반적으로 미세구조의 세부적인 것을 관찰하기 위해서는 시편의 표면을 세심하게 준비해야 한다. 우선 시편의 표면을 평탄하게 거울면과 같이 연마해야 한다. 미세구조는 식각(etching)이라고 하는 적당한 화학약품을 이용한 표면처리에 의해 관찰된다. 단상 결정립의 화학적인 반응은 결정학적 방위에 따라 차이가 있다. 따라서 다결정 시편에서 식각의 특성은 결정립마다 다르다. 그림 5.13(b)

는 현미경에서 수직으로 입사된 빛이 세 종류의 다른 방위를 갖는 식각 표면에 대해 어떻게 반사되는지를 보여주며, 그림 5.13(a)는 이러한 반사의 결과 현미경으로 관찰될 때 결정표면이 어떻게 보이는가를 보여준다. 각 결정립의 광택 또는 표면 조직은 결정의 반사 특징에 영향을 준다. 이러한 특성을 볼 수 있는 다결정 시편의 사진이 그림 5.13(c)에 나타나 있다.

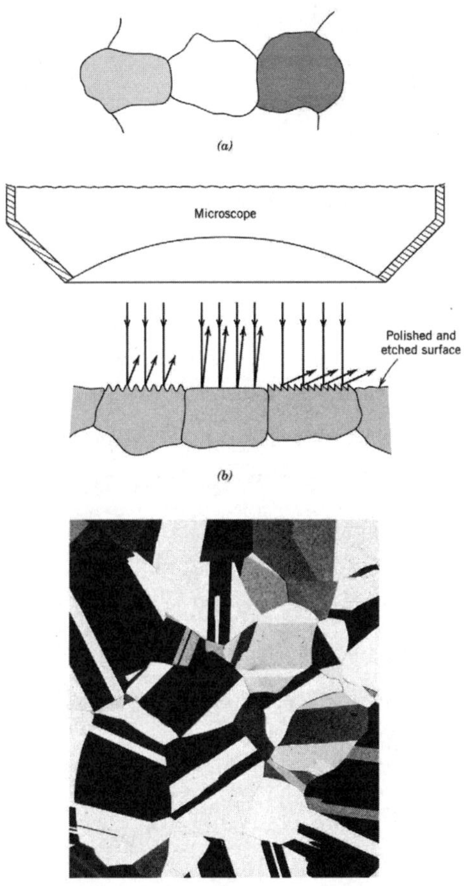

그림 5.13 광학현미경의 관찰원리

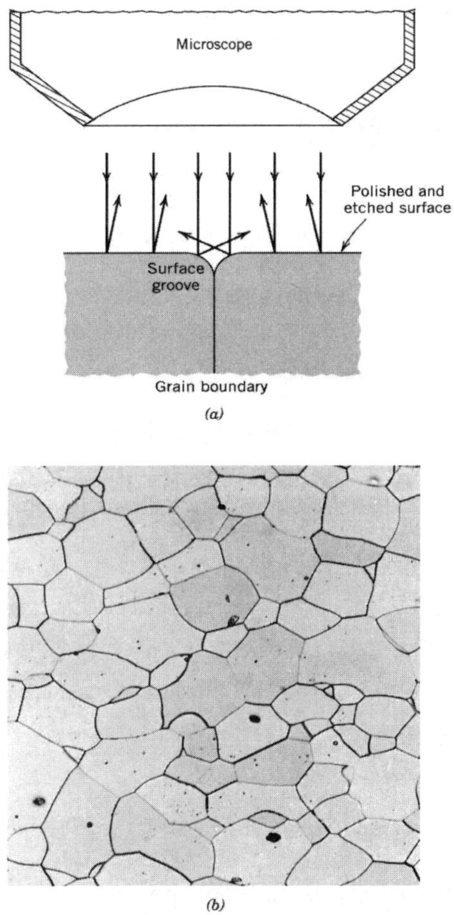

그림 5.14 결정립계의 관찰

또한 식각에 의한 작은 홈들이 결정립계를 따라 형성된다. 결정립 구역의 원자들은 화학적으로 더욱 활발하므로 결정 내부의 원자들보다 빠른 속도로 식각된다. 현미경으로 관찰할 때 이들 홈은 빛을 결정 내에서와 다른 각도로 반사하므로 구별될 수 있다. 이러한 효과가 그림 5.14(a)에 나타나 있다. 그림 5.14(b)는 결정립계의 홈이 검은 선으로 명백하게 나타나 있는 다결정 시편의 사진이다. 2상합금의 미세구조를 관찰할 때에는 서로 다른 상이 구별될 수 있도록 다른 표면조직을 형성할 수 있는 식각용액(etchant)을 선택해야 한다.

5.3.2 현미경 조직 관찰 방법

현미경 시험은 우선 시편을 채취하여 그 표면 또는 절단면을 기계적 및 전해적으로 연마하고, 연마한 면을 화학적 또는 전해적으로 부식한 후 반사 현미경을 통하여 검사하는 것으로 다음과 같은 순서를 가진다.

1) 시편의 채취

시편은 검사 목적에 따라 재료의 알맞는 부분에서 채취하여야 한다. 예를 들면, 결함의 원인을 규명하기 위하여는 결함 부위에서 채취를 하여야 하고 압연이나 단조 가공을 한 재료는 횡단면과 종단면을 각각 채취하여 조사한다.

또한 탄소강의 경우, 열간가공을 한 재료의 표면은 산화, 탈탄반응을 일으키기 때문에 표면 부근은 표준조직을 나타내지 않으므로 채취부분을 잘 결정하여야 한다. 보통 시편의 크기는 가로·세로 각 1~2 cm, 또는 원형 재료인 경우 직경 1~2 cm가 일반적이나 박판, 가는 철사, 기타 작은 시편은 시편 매립제(bakelite, plastic 등)에 매몰시켜 고정 또는 기구를 사용하여 지지시킨다.

2) 시편의 연마

채취한 시편은 한 면을 평활하게 하기 위하여 그라인더, 줄, 선반을 이용해서 예비연마한다. 이때 주의할 점은 열이나 변형의 영향으로 조직이 변질되지 않도록 계속적으로 냉각수로서 냉각을 시키면서 연마하도록 한다. 또한 연질재료인 경우에는 그라인더의 저석틈에 끼이므로 그라인더 대신 줄을 사용한다.

예비연마가 끝난 시편은 거친연마를 한다. 거친연마는 SiC나 Al_2O_3 분말이 피복된 연마지(emery paper)를 바닥이 평탄한 곳에 놓고(두께가 5 mm정도 되는 평면 유리판을 사용하면 좋다), 시편에 가볍게 압력을 가하면서 전후로 움직여 연마한다. 처음 연마에는 제일 거친 연마지로서 연마를 시작하고 순차적으로 고운 연마지로서 연마를 한다. 이 거친 연마 과정에서는 관찰할 시편의 면이 평활하게 되는가의 결정 단계이므로 시편을 조심스럽게 다루어서 연마를 실시해야 한다.

거친연마를 끝낸 시편은 정연마를 실시한다. 정연마에는 기계적 정마와 전해정마가 있으며 기계정마는 보통 연마기(polishing machine)를 사용한다. 기계정마는 연마포를 평평하게 씌워 놓은 회전판 위에 CrO_2나 Al_2O_3의 미분을 물에 섞은 연마액을 몇 방울씩 떨어뜨리면서 실시한다. 기계정마가 끝난 시편은 흐르는 물에서 탈지면으로 연마 찌꺼기를 제거하고 알코올 스프레이나 초음파세척기로 완전한 경면을 만든다.

3) 식각

연마가 끝난 시편의 표면을 적당한 식각용액으로 부식시키면 결정입계, 상의 경계, 상의 종류, 결정방향 등이 식각의 정도에 따라 다르게 나타나므로 조직을 관찰할 수 있게 된다. 보통 식각용액은 금속의 종류, 조직 관찰의 목적 등에 따라 다르며, 동일 금속에 대해서도 여러 가지 식각용액이 있으므로 적당한 용액을 선택하여 사용해야 한다. 식각은 시계 접시에 담긴 식각 용액속에 시편을 침적시키거나, 식각용액을 묻힌 탈지면으로 시편의 표면을 적셔서 실시하며 시편의 연마면에 흠이 가지 않도록 주의한다.

식각이 적당한 정도로 되면 시편을 흐르는 물에 씻어 용액을 완전히 제거하고, 연마면에 알코올을 몇 방울 떨어뜨려 자연 건조시켜 연마면에 얼룩이 지지 않도록 한다. 이때 연마면에 흠이 가지 않도록 주의한다.

4) 현미경 검사

시편의 연마와 식각이 끝나면 광학현미경으로 조직을 관찰한다. 광학현미경은 시편에 수직으로 광선을 입사시켜 반사된 빛에 의해서 관찰하게 된다. 시편을 시편대 위에 올려 놓을 때에는 시편이 광축에 똑바로 수직이 되게 하기 위하여 평압기를 사용한다.

5.4 실험방법 및 절차

5.4.1 실험장치

본 실험에서 사용할 광학현미경은 그림 5.15에 나타낸 Olympus Co.의 BX51M 모델로서 최대 배율은 ×1000이다. 시편의 열처리에 사용할 가열로는 그림 5.16에 보여지고 있는 Carbolite Co.의 RHF 15/3 모델로서 최대 가열온도 는 1,500℃, 상온에서 최대 온도까지의 가열시간은 약 50분이다. 그림 5.17은 정연마에 사용할 Buehler Co.의 MetaServ 3000 모델이다.

5.4.2 실험재료

현미경 관찰과 열처리에 사용할 시편 재료는 직경 1 mm의 S45C 탄소강 봉재를 사용하고, 실험 전 1 mm 높이의 동일한 크기로 절단하여 시편으로 사용한다.

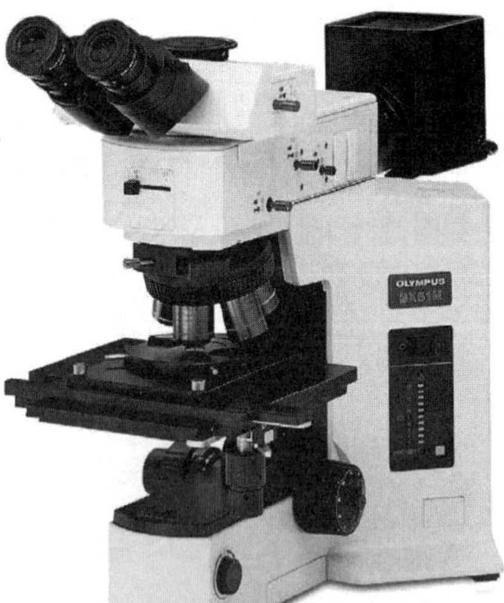

그림 5.15 광학현미경
(Olympus BX50M)

그림 5.16 고온가열로
(Carbolite RHF15/3)

연마지는#600, #1000, #1500, #2000번을 사용하고, 정연마용 연마포는 Buehler Co.의 polishing cloth를 사용한다.

5.4.3 실험방법 및 절차

각 조별로 시편 2개를 준비하여, 하나는 열처리 하지 않은 탄소강의 미세조직 관찰에, 나머지 하나는 담금질 처리된 탄소강의 미세조직 관찰에 사용한다. 담금질 처리온도는 900℃로 하고, 유지시간은 30분으로 한다. 냉각제는 상온의 물을 사용한다. 담금질 처리된 시편은 다른 시편과 함께 광학현미경에 의해 미세구조를 관찰한다. 광학현미경에 의한 현미경 관찰 순서는 다음과 같이 한다.

1) 시편을 거친연마, 정연마의 순서로 잘 연마한다.
2) 준비된 식각용액 중 적당한 용액에 의해 식각을 한다.
3) 수돗물에 시편 표면을 잘 세척하여 건조시킨다.
4) 광학현미경으로 미세조직을 관찰하고, 사진을 촬영한다.

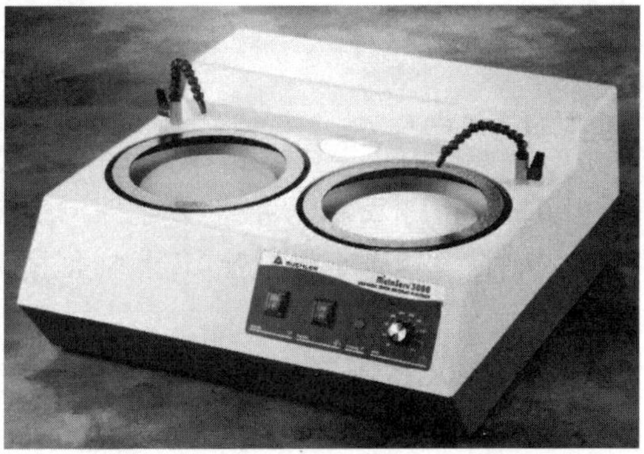

그림 5.17 정연마기(Buehler MetaServ 3000)

5.5 실험결과 및 정리

5.5.1 실험결과 보고서 포함 사항

실험결과 보고서의 전반적인 작성에 대해서는 제1장 실험보고서 작성법을 참조하기 바라며, 현미경 조직관찰 실험보고서에는 적어도 다음과 같은 정보가 필히 포함되어야 한다.

1) 시편 재료에 대한 정보
2) 시편 형상과 치수에 대한 정보
3) 실험과정과 결과에 대한 정보
4) 미세조직 사진(×200 및 ×500 배율)
5) 실험결과에 대한 고찰 및 참고문헌에 대한 정보
6) 기타

5.5.2 실험결과 보고서 제출

같은 실험조의 학생들이라도 실험자료는 공유를 하되 보고서 작성과정의 내용은 각자 독자적으로 작성하여야 하며, 실험결과에 대한 고찰 내용이 학생들의 실험 점수에 가장 큰 인자가 됨을 주의하라.

실험보고서의 마지막에는 제1장 실험보고서 작성법에 예시된 바와 같이 참고문헌을 표기해야 한다.

6

Chapter

경도 시험(Hardness Test)

6.1 경도시험의 개요

물체의 경도(hardness)는 공업재료에 있어서 중요한 성질 중의 하나이다. 그러나 경도라는 의미를 정확하게 표현하기는 대단히 어려운 것이고, 그 정의도 여러 가지 방식이 있어 확정된 것이 없다. 경도라는 용어에 대한 보통 설명은 압입 저항, 반발 저항, 마모 저항 등으로 표시한다. 어떤 경도 측정 방법은 재료의 표면에 영구 변형이 생기지 않는 범위에서 측정하고, 또 어떤 방법은 영구변형이 생기게 한다.

경도는 상대적인 것으로 특히 경도 시험에서는 물체의 저항의 대소, 변형의 종류, 표준 물체의 종류, 저항의 측정 방법에 따라 여러 가지 종류로 분류되고 있다. 경도 시험은 인장 시험과 더불어 재료의 기계적 성질 시험법 중에서 가장 널리 사용되는 것으로 주로 금속 재료에 많이 사용된다. 그러나 최근 건축을 비롯한 각종 구조물, 내화물, 광물 등에도 점차 경도 측정 문제가 증가되고 있다.

본 장에서는 로크웰(Rockwell) 경도시험과 브리넬(Brinell) 경도 시험에 대해 다룬다.

6.2 경도시험의 정의 및 목적

시험기의 조작법을 습득하고, 각종 금속재료의 로크웰 경도와 브리넬 경도를 측정하여 금속재료의 조성 및 열처리에 따른 기계적 성질의 변화를 이해하는 데 있다.

6.2.1 로크웰 경도

로크웰 경도시험은 1919년 미국의 로크웰에 의하여 고안되어서 로크웰경도라 불린다. 윌슨 사에 의하여 실용화되었고 다른 경도치에 비해 비교적 빠른 시간에 정밀도 높은 시험을 할 수 있는 장점이 있다. 로크웰 경도 시험의 원리는 C스케일의 경우를 예를 들어 설명하면 우선 규정된 형상의 압자를 기준 하중으로 시편표면에 압입하고 여기에 다시 시험하중을 가하면 시편에는 압자의 형상으로 변형이 발생한다. 이 변형은 탄성 변형과 소성 변형이 동시에 일어난 상태이며, 이 상태에서 시험 하중만을 제거하면 처음의 기준 하중만을 받는 상태로 되어 탄성변형은 회복되고 소성 변형만 남게 된다. 이때의 깊이는 소성변형에 의하여 압입된 깊이로 시편의 경도와 대응하여 경도가 크면 얕고 경도가 작으면 깊게 된다.

따라서 로크웰 C 스케일 경도 값은 HRC=100~500 h로 정의한다. 로크웰 시험법의 장점은 기준 하중일 때의 압입 깊이를 기준으로 하기 때문에 시편의 표면 거칠기의 영향이 작다는 것과 경도 값을 바로 눈금으로 읽을 수 있기 때문에 측정에 필요한 시간이 매우 짧다는 장점이 있다.

6.2.2 브리넬경도

브리넬 경도 시험은 1960년에 스웨덴의 J. A Brinell에 의해 고안된 압입경도 시험으로서 직경 10 ㎜ 나 5 ㎜의 강구 또는 초경합금강구를 500~3,000 kgf 하중으로 시편에 압입 시킨 후 생겨난 압입자국의 단면적으로 시험하중을 나눈 것으로 경도 값을 정의한다. 특징은 누르개로 쓰이는 강구의 크기가 다른 경도 시험법에 쓰이는 누르개보다 훨씬 크기 때문에 재료의 재질이나 조직이 다소 불균일하더라도 신뢰성 있는 경도값을 얻을 수가 있어 주철, 비금속재료 등의 경도시험에 널리 사용되고 있다.

6.3 이론적 배경

6.3.1 로크웰 경도

다이아몬드 원추나 강구를 사용하여 시험면에 기준하중, 부가 시험 하중 2단계로 하중을 가한다. 그런 다음 부가 시험 하중을 제거하여 기준 하중으로 되돌렸을 때의 영구 누르개 자국 깊이(h)를 측정하여 로크웰 경도값을 산출한다.

① 기준하중(F_0)에 의한 누르개 자국 깊이
② 부가 시험 하중(F_1)에 의한 누르개 자국 깊이
③ 부가 시험 하중(F_1)을 제거한 후의 탄성 회복량
④ 영구 누르개 자국 깊이(h)
⑤ 시험면
⑥ 측정 기준면
⑦ 누르개 위치

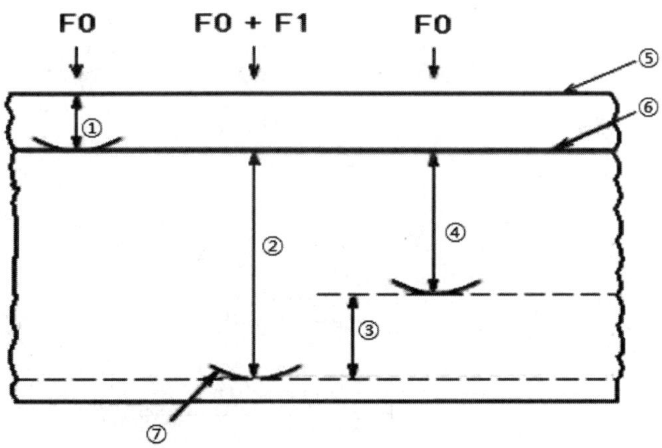

그림 6.1 로크웰 경도 시험의 원리

$$\text{로크웰 경도} = N - \frac{h}{S} \tag{6.1}$$

N = 수 (A, C, D, N, T : 100) (B, E, F, G, H, K : 130)
S = 경도 스케일 단위 (A, C, D, B, E, F, G, H, K = 0.002) (N, T = 0.001)
h = 부가 시험 하중을 제거한 후 기준 하중을 가하고 있는 상태에서의 영구 누르개 자국 깊이

6.3.2 브리넬 경도

브리넬 경도 H_B 는 지름 D의 담금질한 강철볼(hardened steelball)을 시편에 압입하였을 때, 압입된 자국의 표면적 A(mm^2)의 단위면적당 응력으로 표시한다. 즉,

$$H_B = \frac{P}{A} = \frac{P}{\pi D h} \tag{6.2}$$

여기서, $h(mm)$는 압입 자국의 깊이다. 볼의 지름 D 및 압입 자국의 지름 d와의 관계는 그림 6.2와 같이 표시된다. 그림에서 닮은 삼각형 △NPR∽△RPQ 로부터

$$\frac{h}{\frac{d}{2}} = \frac{\frac{d}{2}}{D-h} \tag{6.3}$$

그러므로

$$h^2 - hD + \frac{d^2}{4} = 0 \tag{6.4}$$

$$h = \frac{D \pm \sqrt{D^2 - d^2}}{2} \tag{6.5}$$

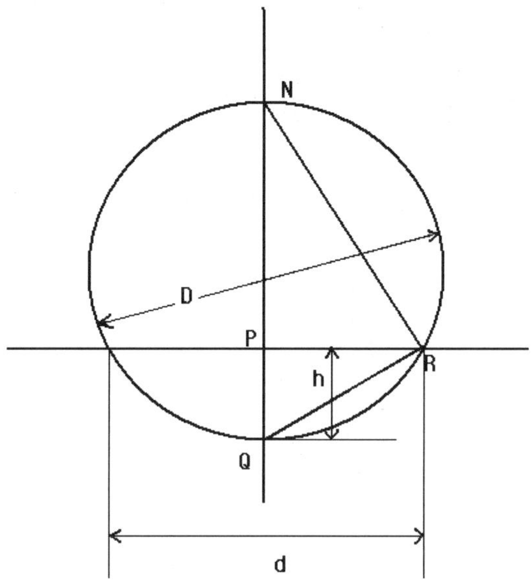

그림 6.2 브리넬경도 시험의 원리

일반적으로 자국 깊이 h는 볼의 D 지름보다 작으므로 h의 값은 작은 쪽을 선택한다.

$$h = \frac{1}{2}(D - \sqrt{D^2 - d^2}) \tag{6.6}$$

식 (6.6)을 식 (6.2)에 대입하면

$$H_B = \frac{P}{\frac{\pi D}{2}(D - \sqrt{D^2 - d^2})} \tag{6.7}$$

수치적으로 계산할 필요가 있을 때에는 다음과 같이 전개하는 것이 더욱 편리하다.

$$\sqrt{1-x} = 1 - \frac{1}{2}x - \frac{1}{2!}\frac{1}{4}x^2 - \frac{1}{3!}\frac{3}{8}x^3 - \dots \tag{6.8}$$

이므로

$$\frac{D}{2}(D-\sqrt{D^2-d^2}) = \frac{D^2}{2}[1-(1-\frac{d^2}{D^2})^{\frac{1}{2}}]$$

$$= \frac{D^2}{2}\left[1-\left\{1-\frac{1}{2}\frac{d^2}{D^2}-\frac{1}{2}\frac{1}{4}\left(\frac{d^2}{D^2}\right)^2-\frac{1}{2}\frac{1}{4}\frac{3}{6}\left(\frac{d^2}{D^2}\right)^3\right\}\right]$$

$$\fallingdotseq \frac{d^2}{4}\left(1+\frac{d^2}{4D^2}\right) \tag{6.9}$$

여기에서 $\left(\frac{d^2}{D^2}\right)^3$ 이하는 무시하여 버린다.

그러므로

$$H_B = \frac{P}{\frac{\pi d^2}{4}\left(1+\frac{1}{4}\frac{d^2}{D^2}\right)} \tag{6.10}$$

보통 $\frac{d}{D}$=0.6이 되는 압입 자국이 최대가 되는 때에 (6.10)의 근사식을 사용하여도 오차는 2%이내이다.

브리넬 경도 시험에서 P와 D를 일정한 것을 사용하므로 (6.7) 또는 (6.10)의 식을 사용할 때에는 d의 값만을 현미경으로 측정한다. 그리고 h의 측정에는 다이얼 게이지(dial gauge)를 이용하면 쉽게 측정된다. 압입 자국의 지름 d는 확대현미경으로 측정한다. 측정치는 적어도 직각된 방향으로 측정된 2개 이상의 평균값으로서 경도를 계산한다. 실제 실험에서는 확대현미경으로서 배율이 20배인 것을 사용하여 압입 자국의 지름을 $\frac{5}{100}$ 또는 0.05 ㎜까지 측정한다.

브리넬 경도는 볼의 지름 D가 일정할 때, 하중 P의 변화와 더불어 변한다. 만약 $\frac{P}{D^2} = k$(상수)일 때, 자국은 항상 닮은 법칙이 성립되어 일정한 경도가 얻어진다.

표 6.1 경도 기호와 그 내용

경도기호	누르개 지름(D) mm	시험하중-누르개 지름비 $(0.102 \times P/D^2)$ N/mm^2	공칭시험하중(P) N
HBW 10/3000	10	30	29420
HBW 10/1500	10	15	14710
HBW 10/1000	10	10	9807
HBW 10/500	10	5	4903
HBW 10/250	10	2.5	2452
HBW 10/100	10	1	980.7
HBW 5/750	5	30	7355
HBW 5/250	5	10	2452
HBW 5/125	5	5	1226
HBW 5/62.5	5	2.5	612.9
HBW 5/25	5	1	245.2
HBW 2.5/187.5	2.5	30	1839
HBW 2.5/62.5	2.5	10	612.9
HBW 2.5/31.25	2.5	5	306.5
HBW 2.5/15.625	2.5	2.5	153.2
HBW 2.5/6.25	2.5	1	61.29
HBW 1/30	1	30	294.2
HBW 1/10	1	10	98.07
HBW 1/5	1	5	49.03
HBW 1/2.5	1	2.5	24.52
HBW 1/1	1	1	9.807

6.4 경도 시험기

6.4.1 로크웰 경도 시험기(DKR-301)

이 경도 시험기는 원터치 자동 모터 구동방식과 디지털 직접표시 방식으로 측정시 개인오차가 없으며 AUTO-SETTING 값이 조절되어 시험이 편리하고, 또한 DIAMOND CONE & STEEL BALL의 구분표시가 명확하다. SCALE에 따른 표시구분이 LED 램프에 의하여 명확히 표시된다.

1) 사 양

시험하중 : 60, 100, 150 kgf
기준하중 : 10 kgf
최대시험높이 : 210 mm
기계크기 : 210 x 450 x 680 mm
중량 : 약 70 kg

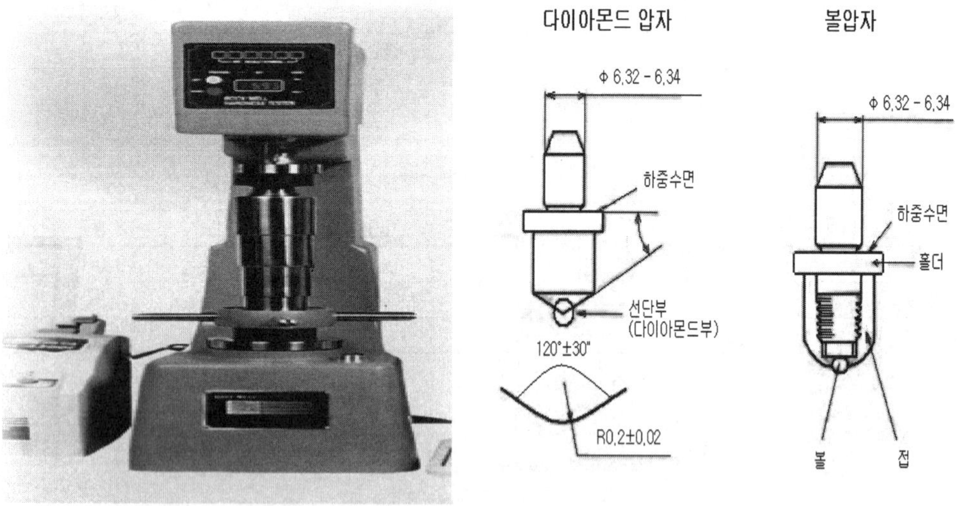

그림 6.3 로크웰경도기와 상세 모습

2) 표준부품

표준시편 : 2 EA
하중용 추 : 3 EA (60, 100, 150 kgf)
다이아몬드 콘 : 1 EA
강구압자 : 1 EA(1/16")
예비강구 : 5 EA(1/16")
앤빌 : 5 EA (60 mm, 200 mm, V(대, 소), 스포트)

6.4.2 브리넬 경도기(DTB-500)

본 브리넬 경도 시험기는 강구의 압자를 일정한 시험하중으로 시편에 압입시켜 시험하는 유압식 브리넬 경도시험기로 주로 주물, 주강제품 금속소재의 경도시험에 편리한 시험기이다. 부하하중 유지시 하중의 빠짐 현상이 거의 일어나지 않는다. 고정밀의 저가형 모델이다.

1) 사 양

최대하중 : 3,000 kg
시험하중 : 500, 750, 1,000, 1,500, 2,000, 2,500, 3,000 kg
시험높이 : Max 175 ㎜
기계크기 : 470×600×1,140 (㎜)
중　　량 : 약 140 kg

2) 표준부품

계측 현미경 : 1 개(Sanko Brinell Microscope)
시험 하중추 : 4조(A, B, C, D)
앤　　빌 : 2 개(평앤빌, V앤빌)
강 구 압 자 : 2 개(10 ㎜, 5 ㎜)

예비강구 : 5 개(10 ㎜, 5 ㎜)
수평레벨 : 1 개

3)각부명칭

① 하중지시용 압력계	② 시험 하중추	③ 수동 유압펌프
④ 펌프 작동 레버	⑤ 밸브	⑥ 압자 홀더
⑦ 앤빌	⑧ 스크루	⑨ 스크루 핸들
⑩ 보조 오일 탱크	⑪ 메인 실린더	⑫ 오일 탱크

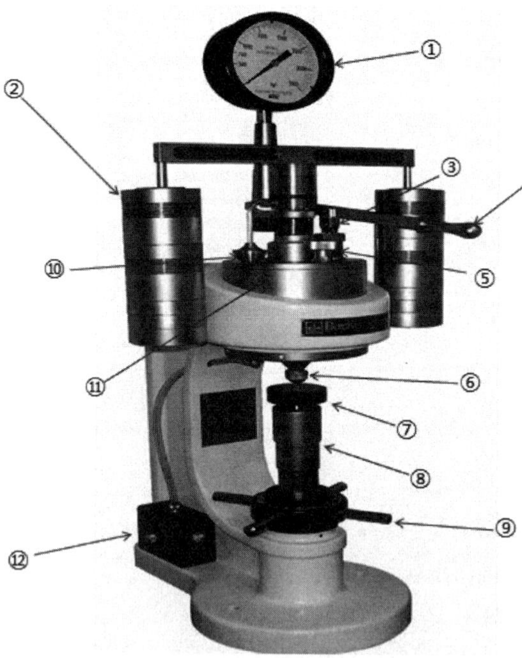

그림 6.4 브리넬경도기와 각부명칭

6.5 시험편의 조건

6.5.1 로크웰 경도 시험편(KS B 0806; 6절 시험편)

1) 표면이 편평하고 산화물이나 이물질, 윤활제가 제거되어야 한다.
2) 열이나 냉간 가공으로 인한 변화가 시험면에 되도록 생기지 않게 준비하여야 한다.
3) 누르개 자국이 있는 시험면의 반대면에 시험으로 인한 변형 자국이 나타나서는 안 된다.
4) 시험편의 최소 두께는 다이아몬드 원추형 누르개로 시험할 경우는 자국 깊이의 10배 이상, 구형 누르개로 시험할 경우 15배 이상이 되어야 한다.
5) 시험편의 양면은 평행해야 한다.

6.5.2브리넬 경도 시험편(KS B 0805; 6절 시험편)

1) 표면이 편평하고 산화물이나 이물질, 윤활제가 제거되어야 한다.
2) 누르개 자국의 지름을 정확하게 측정할 수 있도록 표면 다듬질을 하여야 한다.
3) 열이나 냉간 가공으로 인한 변화가 시험면에 되도록 생기지 않게 준비하여야 한다.
4) 시험편의 두께는 적어도 누르개 자국 깊이의 8배 이상이어야 한다. 그리고 시험편의 뒷면에 변형 자국이 보이는 경우는 시험편의 두께가 얇은 것으로 간주할 수 있다.

6.6 시험 절차

6.6.1로크웰 경도기

1) 시험은 일반적으로 10~35℃ 범위에서 한다. 온도는 관리하는 시험 조건에서는 23+5℃나 23-5℃의 온도 범위에서 시험을 해야 한다.
2) 시험편은 단단한 시료 받침대 위에 움직이지 않도록 놓아야 한다. 이 때, 시험면은 누르개 부착축 및 시험 하중이 가해지는 선에 수직이 되도록 한다. 원통형 제품은 60 HRC 이상의 경도를 가지는 강재로 만든, 중심을 잡는 V블록위에 적절히 지지되어야 한다. 이 때 누르개, 시험편, 중심을 잡기 위한 V블록 및 시험기의 시험편 홀더는 일직선 위에 정렬 되도록 주의를 기울여야 한다. 그렇지 않는 경우 부정확한 결과가 얻어질 수도 있다.
3) 누르개를 시험면에 접촉시킨 다음, 충격이나 진동이 가해짐이 없이 누르개에 기중 하중(F_0)을 가한다. 이 때, 기중 하중은 3초 이상 가해서는 안 된다.
4) 측정 장치를 기중 위치에 놓고, 충격이나 진동이 없이 1초에서 8초사이에 F_0에서 총 시험 하중(F)으로 하중을 증가 시킨다.
5) 총 시험 하중(F)을 4±2초 동안 유지한 다음 부가 시험 하중(F_1)을 제거하고, 기준 하중(F_0)을 유지한 상태에서 잠시 안정화시킨 후, 최종 측정값을 읽는다.
6) 로크웰 경도값은 공식을 이용하여 측정된 영구 누르개 자국의 깊이(h)로부터 산출하는데, 일반적으로는 측정 장치에 직접 표시된다.
7) 시험기는 시험 도중 충격이나 진동으로부터 보호되어야 한다.
8) 일련의 시험 시작 전이나 마지막 시험 후 24시간이 경과한 경우, 또는 누르개, 시험편 받침대 등을 재조립하거나 교환을 한 경우, 누르개와 시료 받침대가 제대로 고정되어 있는지를 확인해야 한다. 이러한 변동이 있은 후

의 처음 두 번의 경도 측정값은 제외한다.

9) 2개의 이웃하는 누르개 자국의 중심간 거리는 누르개 자국 지름의 4배이상(최소 2 mm 이상), 누르개 자국의 중심에서 시험편의 가장자리까지의 거리는 누르개 자국 지름의 2.5배 이상(최소 1 mm 이상)으로 한다.

6.6.2 브리넬 경도기

1) 시험은 일반적으로 10~35℃ 범위에서 한다. 온도는 관리하는 시험 조건에 서는 23±5℃의 온도 범위에서 시험을 해야 한다.
2) 시험 하중은 아래의 표에 따른다.
3) 시험 하중은 누르개 자국의 지름(d)이 0.24~0.6D 사이가 되도록 선택하여야 한다. 시험 하중과 누르개 지름의 조합($0.102 \times F/D^2$)은 표 6.2와 같이 재료와 경도 조건에 따라 선택하여야 한다. 다만, 시험편의 대표적인 특성이 드러날 수 있도록 누르개의 지름은 가능한 큰 것을 선택하여야 한다. 시험편의 두께가 허용된다면, 10 mm 지름의 누르개를 선택하는 것이 좋다.
4) 시험편은 시험 도중 움직이지 않도록 단단한 시료 받침대 위에 잘 놓아야 한다. 또한, 받침대에 접촉하는 면은 이물질이 없이 깨끗하여야 한다.
5) 누르개를 시험면에 접촉시킨 다음, 누르개에 충격이나 진동이 가해지지 않도록 하면서 시험면에 수직 방향으로 규정된 값의 시험 하중을 가한다. 이때, 하중은 2~8초 사이에 시험 하중까지 증가시키고, 10~15초 동안 시험 하중을 유지하도록 한다. 어떤 재료에 대해 더 긴 시간 동안 시험 하중을 유지할 필요가 있다면 ±2초의 범위 내에서 허용할 수 있다.
6) 시험기는 시험 도중 시험 결과에 영향을 미칠 수 있는 충격이나 진동으로 부터 보호되어야 한다.
7) 2개의 이웃하는 누르개 자국의 중심 사이 거리는 적어도 자국 평균 지름의 3배 이상이 되어야 하며, 누르개 자국의 중심에서 시료의 가장자리까지의 거리는 최소한 누르개 자국 평균 지름의 2.5배 이상이어야 한다.
8) 서로 수직한 두 방향의 누르개 자국 지름을 측정한 다음, 이들의 산술 평균값으로 브리넬 경도값을 산출한다.

표 6.2 각종 재료에 대한 시험 하중-누르개 지름비

<table>
<tr><th>재 료</th><th>브리넬 경도</th><th>시험하중-
누르개 지름비
$(0.102 \times F/D^2)$
N/mm^2</th></tr>
<tr><td>강-니켈 합금</td><td></td><td>30</td></tr>
<tr><td rowspan="2">주철※</td><td>< 140</td><td>10</td></tr>
<tr><td>≥140</td><td>30</td></tr>
<tr><td rowspan="3">동 및 동 합금</td><td>< 35</td><td>5</td></tr>
<tr><td>35~200</td><td>10</td></tr>
<tr><td>> 200</td><td>30</td></tr>
<tr><td rowspan="6">경금속 및 그 합금</td><td>< 35</td><td>2.5</td></tr>
<tr><td rowspan="3">35~80</td><td>5</td></tr>
<tr><td>10</td></tr>
<tr><td>15</td></tr>
<tr><td rowspan="2">> 80</td><td>10</td></tr>
<tr><td>15</td></tr>
<tr><td rowspan="2">납, 주석 소결금속</td><td></td><td>1</td></tr>
<tr><td colspan="2">ISO 4498-1 참조</td></tr>
</table>

※ 어떤 측정 장비에 대해서는 대칭적으로 여러 방향에서 측정하여 얻어진 누르개 자국들의 평균 값이나, 재료 표면에 투영된 누르개 자국의 면적을 측정하여 브리넬 경도값을 산출할 수도 있다.

※ 주철 재료에 사용하는 누르개 지름 은 2.5 mm, 5 mm 또는 10 mm이어야 한다.

6.7 유의사항

6.7.1 로크웰 경도 시험

1) 시험은 일반적으로 10~35℃ 범위에서 하나 온도를 관리하는 시험 조건에서는 23±5℃의 온도 범위에서 행한다. (온도 범위 초과 시 보고서에 시험온도 표시)
2) 측정 시에는 시험편과 앤빌과의 접촉면이 평면이 되도록 가공해야한다.
3) 시험편과 압자 축과는 수직을 유지해야한다.
4) 2개의 이웃하는 압입 자국의 중심간 거리는 자국지름의 4배 이상, 자국중심에서 시험편의 가장자리까지 거리는 자국지름의 2.5배 이상으로 해야 한다.
5) 전기를 공급하는 전원의 안정성도 항상 염두 해 두어야 한다.

6.7.2 브리넬 경도 시험

1) 시험은 일반적으로 10~35℃ 범위에서 하나 온도를 관리하는 시험 조건에서는 23±5℃의 온도 범위에서 행한다.
2) 측정 시에는 시험편과 앤빌과의 접촉면이 평면이 되도록 대략적으로 가공해야한다.
3) 시험편과 압자 축과는 수직을 유지해야한다.
4) 시험 하중은 누르개 자국 지름이 0.24~0.6 D 사이가 되도록 선택해야 한다.
5) 시험 하중과 누르개 지름의 조합은 재료와 경도 조건에 따라 선택한다.
6) 여타의 압입경도시험과 마찬가지로 부하속도와 하중유지시간에 따라 경도값이 달라지게됨으로 이를 고려해야만 한다. 특히 하중 유지시간의 경우에는 그 변화에 따라 경도값도 많이 달라지므로 대체로 10~15초를 그 표준 조건으로 잡고 있다.

7) 시험편 표면의 압입자국을 정확하게 측정하기 위해서는 경도 시험의 전과정으로서 반드시 마무리 작업을 거쳐야 한다.
8) 하중을 제거 시 급하게 제거할 경우 시험 하중추의 무게로 인해 시험기에 무리가 가해질 수 있으므로 천천히 하중을 제거해야 한다.

6.8 부 록

6.8.1 로크웰 경도 비교

표 6.3 로크웰 경도 비교표

<table>
<tr><th>로크웰
경도잣대
(scale)</th><th>경도
기호</th><th>누르개
형태
(mm)</th><th>기중
하중
(kgf)</th><th>부가
시험
하중
(kgf)</th><th>총 시험
하중
(kgf)</th><th>계산식</th><th>적용범위
(로크웰경
도시험)</th><th>비고</th></tr>
<tr><td>A</td><td>HRA</td><td rowspan="3">다이아몬드
원추형</td><td rowspan="3">10</td><td>50</td><td>60</td><td rowspan="3">$100-\frac{h}{0.001}$</td><td>20HRA~
88HRA</td><td>얇은철,
경질합금</td></tr>
<tr><td>D</td><td>HRD</td><td>90</td><td>100</td><td>40HRD~
77HRD</td><td>얇은철,
경질합금</td></tr>
<tr><td>C</td><td>HRC</td><td>140</td><td>150</td><td>20HRC~
70HRC</td><td>고경도철,
B100보다
높은철</td></tr>
<tr><td>F</td><td>HRF</td><td>지름
1.5875mm
구형</td><td>10</td><td>50</td><td>60</td><td>$130-\frac{h}{0.001}$</td><td>60HRF~
100HRF</td><td>풀림처리된
구리합금,
연한재료</td></tr>
</table>

B	HRB	(1/16in)		90	100		20HRB~ 100HRB	구리합금,알루미늄합금, 연한강재
G	HRG			140	150		30HRG~ 94HRG	B보다 굳은재료
H	HRH	지름 3.175mm 구형 (1/8in)	10	50	60	$130-\frac{h}{0.001}$	80HRH~ 100HRH	알루미늄, 아연,납, 연한재료
E	HRE			90	100		70HRE~ 100HRE	주철, 베어링재료, 연한재료
K	HRK			140	150		40HRK~ 100HRK	연한재료, 베어링재료
15T	HR 15T	지름 1.5875mm 구형 (1/16in)	3	12	15	$100-\frac{h}{0.001}$	67HR15T~ 93HR15T	황동, 청동의 얇은 판재
30T	HR 30T			27	30		29HR30T~ 82HR30T	
45T	HR 45T			42	45		10HR45T~ 72HR45T	
15N 45N	HR 15N	다이아몬드 원추형	3	12	15	$100-\frac{h}{0.001}$	70HR15N~ 94HR15N	질화강 및 굳은 재료의 박판
30N	HR 30N			27	30		42HR30N~ 86HR30N	
45N	HR 45N			42	45		20HR45N~ 77HR45N	

※ 기호 및 표시 (KS B 0806: 4절 기호 및 표시)

1) A, C, D 스케일의 로크웰 경도는 경도값, HR 기호, 스케일을 나타내는 문자 순서로 표기

   예) 59 HRC : C 스케일로 측정한 로크웰 경도 59

2) B, E, F, G, H, K 스케일의 로크웰 경도는 경도값, HR 기호, 스케일을 나타내는 문자, 누르개의 종류(강구: S, 초경 합금구: W)를 나타내는 문자 순서로 표기

   예) 60 HRBW : 초경 합금구의 누르개를 사용하여 B 스케일로 측정한 로크웰 경도 60

3) N 스케일의 로크웰 표층 경도는 경도값, HR 기호, 총 시험하중을 나타내는 숫자, 스케일을 나타내는 N 문자 순서로 표기

   예) 70 HR30 N : 294.2 N(30 kgf)의 총 시험하중을 가하여 30 N 스케일로 측정한 로크웰 표층 경도 70

4) T 스케일의 로크웰 표층 경도는 경도값, HR 기호, 총 시험하중을 나타내는 숫자, 스케일을 나타내는 T 문자, 누르개의 종류(강구: S, 초경 합금구: W)를 나타내는 문자 순서로 표기

   예) 40 HR30 TS : 강구의 누르개로 294.2 N(30 kgf)의 총 시험하중을 가하여 30 T 스케일로 측정한 로크웰 표층 경도 40

6.8.2 환산식

$$HB = \left(\frac{HRC + 192}{88.3}\right)^{6.21}$$

$$HRC = 88.3HB^{0.161} - 192$$

$$HB = \frac{HRB + 273}{6.49 - 0.048HRB}$$

$$HRB = \frac{HB - 42}{0.154 + 0.0074HB}$$

7
Chapter

가공시스템 진단 및 모니터링 실험
(Monitoring and Diagnostics of Machining Syster)

7.1 실험 목적

7.2 가공시스템 진단

7.3 실험방법 및 절차

7.4 실험결과 및 정리

7.1 실험목적

본 정밀가공실험실은 기계가공에 관련된 장비를 갖추고 있으며 이에 관련된 실험으로 가공시스템 진단에 관련된 실험을 할 수 있다.

기계 및 가공시스템 진단하는 방법에는 여러 가지 방법이 있으며 이 가공 진단 시스템을 구성하기 위해서는 가공시스템에서 가공시 발생하는 여러 가지 신호를 계측하여야 하고 이 계측 신호는 컴퓨터로 데이터로 입력되어 이 데이터를 가공하는 여러 가지 소프트웨어 알고리즘에 의하여 가공시스템의 특성을 분석할 수 있다.

보통 가공시스템의 진단을 위해 주로 사용되는 센서의 종류에 따라 조금씩 다르게 사용되고 있으며 본 실험실에서는 보유된 센서 및 관련 장치로는 공구동력계, 충격햄머, 가속도계, 마이크로폰, 갭센서 등등 의 센서와 관련 장비가 구비 되어 사용되고 있으며 각 센서의 특성에 따라 다양한 분석법을 사용하고 있다.

시스템의 고유진동수는 시스템의 특성을 알아보는데 가장 중요한 인자이고 진동설계에는 이 고유진동수의 인지가 매우 중요하고 차후 시스템의 안정성 연구에도 필수적인 자료이고 이 연구에 밀접한 관계가 있다. 따라서 시스템의 안전성과 특성을 결정하는 시스템의 고유 진동수를 측정하는 방법이 필요하고 이론적인 고유진동수의 예측과 검증을 위해서도 실험적으로 상호 보완하여 증명할 수 있는 기법이 필요하다.

이와 같은 사실을 기초로 가공시스템을 진단 분석하는 기술을 각 센서별로 구성하는 방법을 습득한다.

7.1.1 실험장비에 사용되는 센서류

1) 본 연구실 소유 가공시스템 분석 장비로는 다음과 같은 것이 있다.

① 공구동력계 (Tool dynamometer : piezo type- kistler)
② 충격햄머 (Impact hammer) - 가진장치
③ 가속도계 (Accelrometer)

④ 갭센서 (Gap sensor)
⑤ 고성능 마이크 (microphone)
⑥ 음향방출 (Acoustic emission) 센서 및 관련 장치
⑦ 이미지처리 현미경 (Image processing microscope)
⑧ 표면조도 측정기 (Surface roughness tester)

2) 기타 센서와 같이 사용하기 위한 장비류

① Amp. - conditioner
② Oscilloscope
③ PC display 장치, print 및 관련 소프트웨어

7.1.2 실험장비의 구성

<table>
<tr><td rowspan="3">공구동력계
충격햄머(가진장치)
가속도계갭센서
microphone
현미경</td><td rowspan="3">Amplifier
Conditioner</td><td colspan="2">Oscilloscope
주파수카운터</td></tr>
<tr><td>A/D converter</td><td>PC</td></tr>
<tr><td colspan="2"></td></tr>
</table>

7.2 가공시스템 진단

7.2.1 가공 시스템을 분석하는 방법

1) 공구동력계를 사용하여 절삭력을 측정하는 방법과 분석

공구동력계는 절삭력을 측정하기위한 장치이고 선반용, 밀링용 및 연삭용등 용도에 맞도록 제작되고 있다. 보통 절삭력은 3분력으로 나타내고 있다.

(1) 선반가공 :

※ 선반인 경우는 단인공구로 가공되어 주분력, 배분력, 이송분력을 측정하여야 한다.

※ 주분력이 가장 크고 배분력과 이송분력은 주분력 보다 상대적으로 작게 나타난다. 이송이 크면 이송분력이 배분력보다 증가한다.

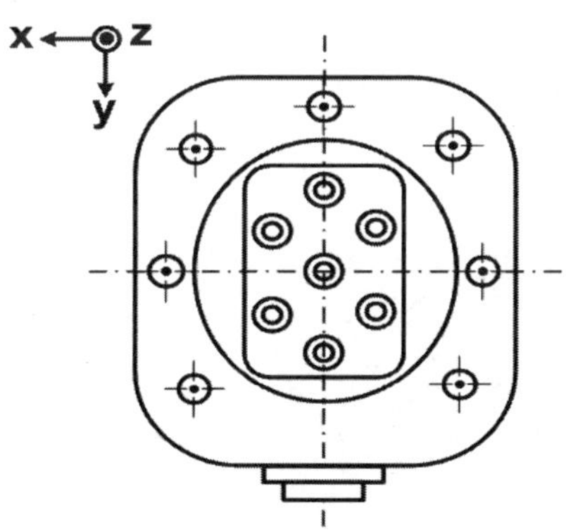

그림 7.1 공구동력계

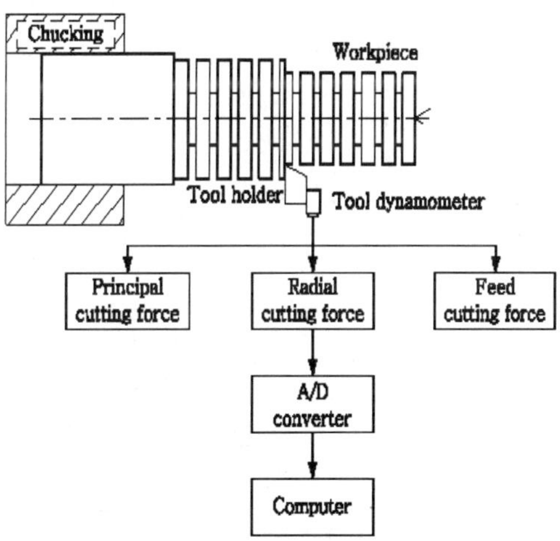

그림 7.2 실험장치

그림 7.3 선반용 절삭력 측정장치 구성

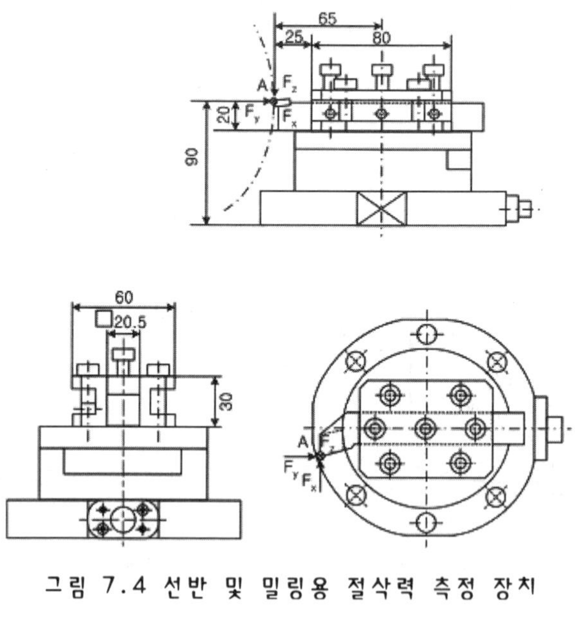

그림 7.4 선반 및 밀링용 절삭력 측정 장치

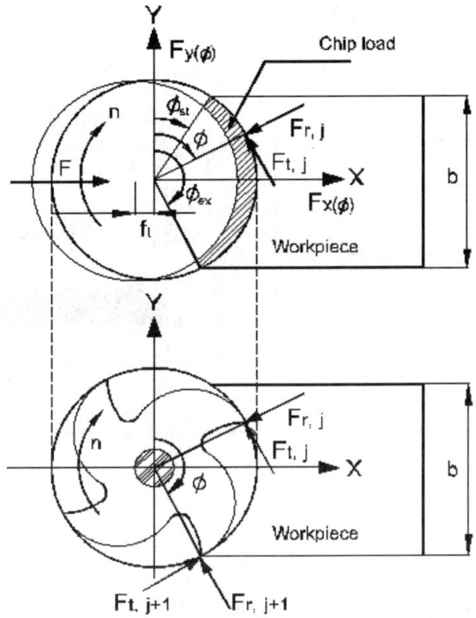

그림 7.5 엔드밀링 절삭력 측정

(2) 밀링가공 :

- 밀링인 경우는 다인공구로 Fx, Fy 및 Fz 방향 분력으로 측정
- 커터의 종류에 따라 그 특성이 매우 다양하게 나타난다.

(3) 연삭가공 :

- 연삭인 경우는 입자가공으로 Fx 및 Fz 방향의 연삭력이 각각 측정된다.
- 연삭가공의 경우 z방향 절삭력이 x 방향 절삭력보다 보통 2배정도로 크게 나타난다.

가공법	공구동력계 신호습득	
Turning Milling Grinding	각종 공구동력계로Fx, Fy, Fz 절삭력 습득 PC에 사용할 수 있는 신호 데이터를 입수	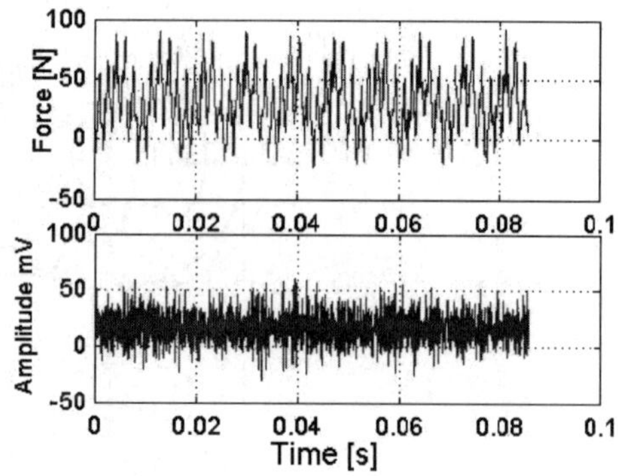

2) 충격햄머(Impact Hammer : 가진장치) 가속도계

가공법	공구동력계 신호습득	
Turning Milling Grinding	FRF 를 구할시 필요한 입력과 출력신호 중 입력신호로 사용된다. 충격햄머 및 가속도 측정	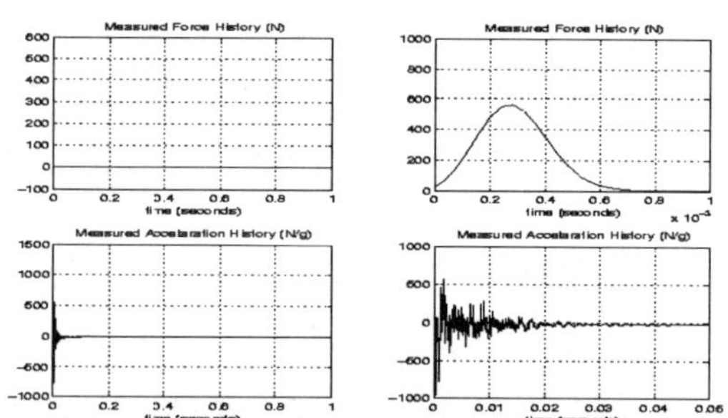

3) 갭센서

가공법	공구동력계 신호습득	
Turning Grinding	마그네틱원리를 이용한 갭의 크기를 변환할 수 있고 공작물의 진원도를 측정하는데 이용할 수 있다. 갭 간격이 전압의 형태로 사인파의 형태로 파형이 생성된다.	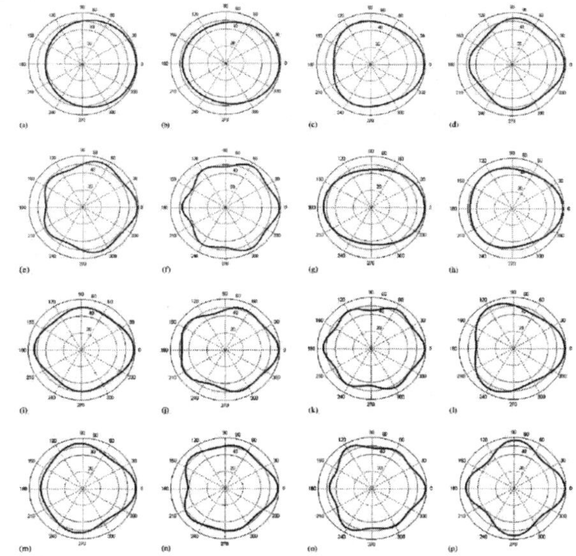 Fig. 5. Predicted lobe profile of the BTA hole ranging 1 to 6 with equal revolute deviation with proposed model (R_a/R_w = 3/3). (a) f_a/f_w = 1/1, (b) f_a/f_w = 1/2 or 2, (c) f_a/f_w = 1/3 or 3, (d) f_a/f_w = 1/4 or 4, (e) f_a/f_w = 1/5 or 5, (f) f_a/f_w = 1/6 or 6, (g) f_a/f_w = 2/2, (h) f_a/f_w = 2/3 or 3/2, (i) f_a/f_w = 2/4 or 4/2, (j) f_a/f_w = 2/5 or 5/2, (k) f_a/f_w = 2/6 or 6/2, (l) f_a/f_w = 3/3, (m) f_a/f_w = 3/4 or 4/3, (n) f_a/f_w = 3/5 or 5/3, (o) f_a/f_w = 3/6 or 6/3, (p) f_a/f_w = 4/4, (q) f_a/f_w = 4/5, (r) f_a/f_w = 4/6 or 6/4, (s) f_a/f_w = 5/5, (t) f_a/f_w = 5/6 or 6/5, (u) f_a/f_w = 6/6.

4) microphone

가공법	마이크로폰 혹 소음계 신호습득	
Turning Milling Grinding	FRF를 구할시 필요한 입력과 출력신호 중 절삭력, 가속도계와 같이 출력신호로 사용된다. 입력은 화이트노이즈로도 할 수 있다.	소리파일 즉 *.wav 신호

(1) 소음레벨(SPL:sound pressure level) 측정

음압레벨(SPL) :

$$SPL = 20 \cdot \log_{10}\frac{P_e}{P_o} = 20 \cdot \log_{10}\frac{P_e[\mu dyne/cm^2]}{2\times 10^{-4}[\mu dyne/cm^2]}\ [dB]$$

P_e : 측정음압, P_o : 기준음압

[bar] = $[dyne/cm^2] = [N/m^2]$

데시벨은 인체가 느끼는 소음정도를 표시한 것이며 실제적인 물리적 소음 강도를 인체가 자연적으로 낮추어서 인지하기 문에 데시벨은 물리적 강도가 아닌 인체의 인지 강도이다. 1 데시벨(dB)은 물 한방울이 떨어지는 소리를 1 m에서 듣는 정도이며 80 dB는 도시지역에서 정하는 소음의 한계치이다.

예) F-16은 엔진이 하나이고 F-15는 F-16엔진을 두 개를 갖고 있다. F-16은 약 150 미터 거리에서 100 데시벨 정도 소음을 나타낸다면 내며 F-15는 얼마의 dB 소음을 낼까요? 200 dB ? 아닙니다. 105 dB 정도입니다.
일반적으로 소음규제치가 공업지역의 경우 주간 70 dB, 야간 65 dB 이하로 하고 있고 소음측정기로 측정하면 사무실에서도 약 70 dB 을 초과하여 나타난다. 일반적인 대화를 나눌 경우에 나타나는 수치 또, 자료에 따르면 전화벨소리가 약 70 dB 정도 되는 것으로 나타나있다.

엔진이나 공작기계의 소음을 측정하는 경우에는 기계의 표면에서 1m 떨어진 주위의 다수 위치에서 측정하여 그 평균치 및 최대치로 표시한다.

5) Acoustic emission 장치

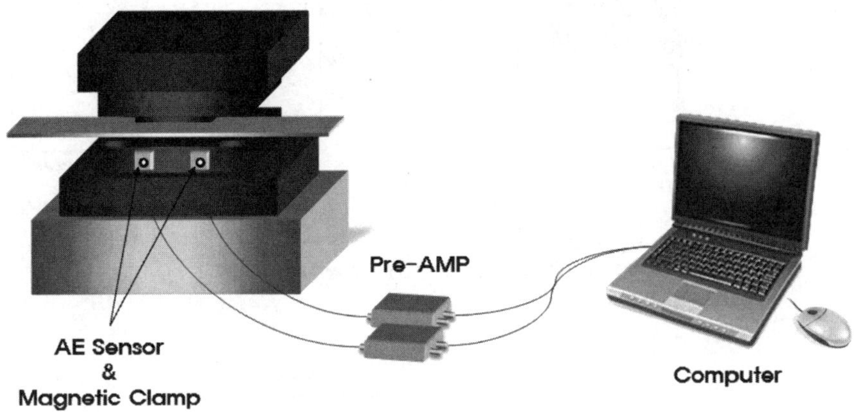

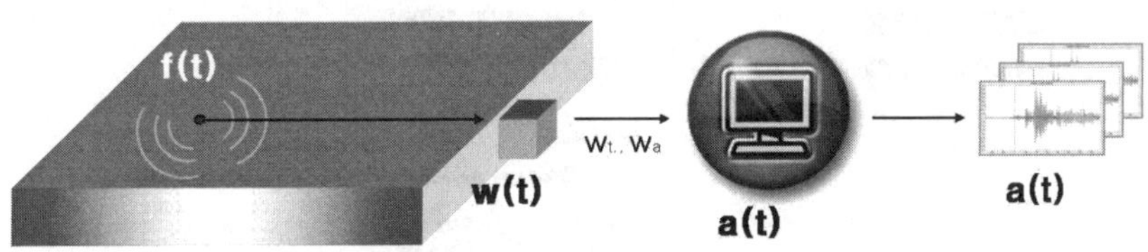

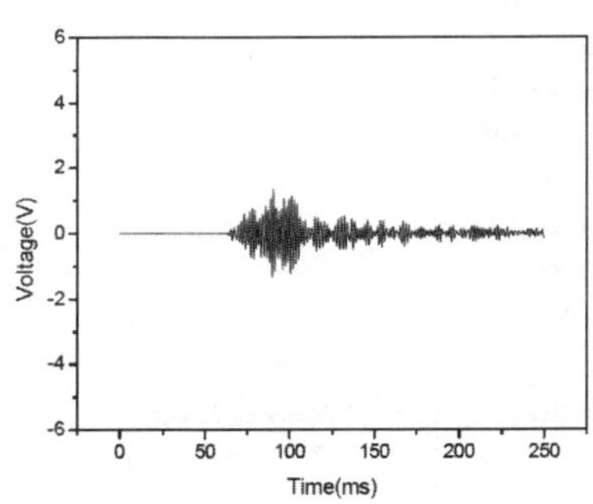

(a) 음향방출 신호 웨이브 형상

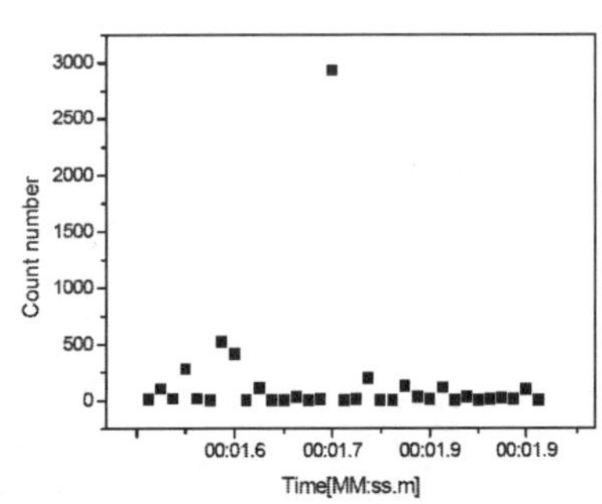

(b) 카운터 신호 형상

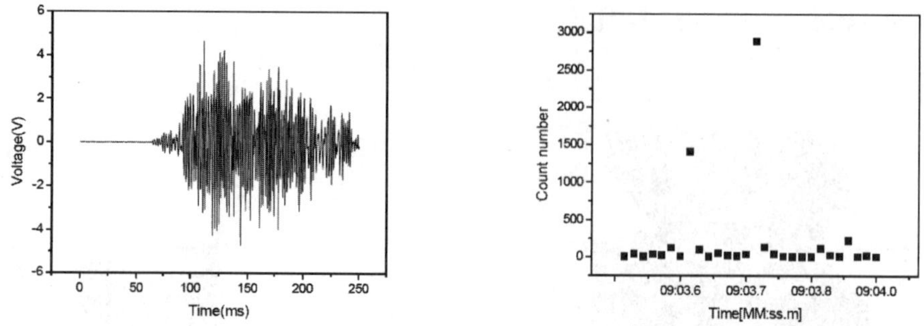

(c) 음향방출 신호 웨이브 형상 (d) 카운터 신호 형상

그림 7.6 음향방출 시스템 구성 및 신호 측정

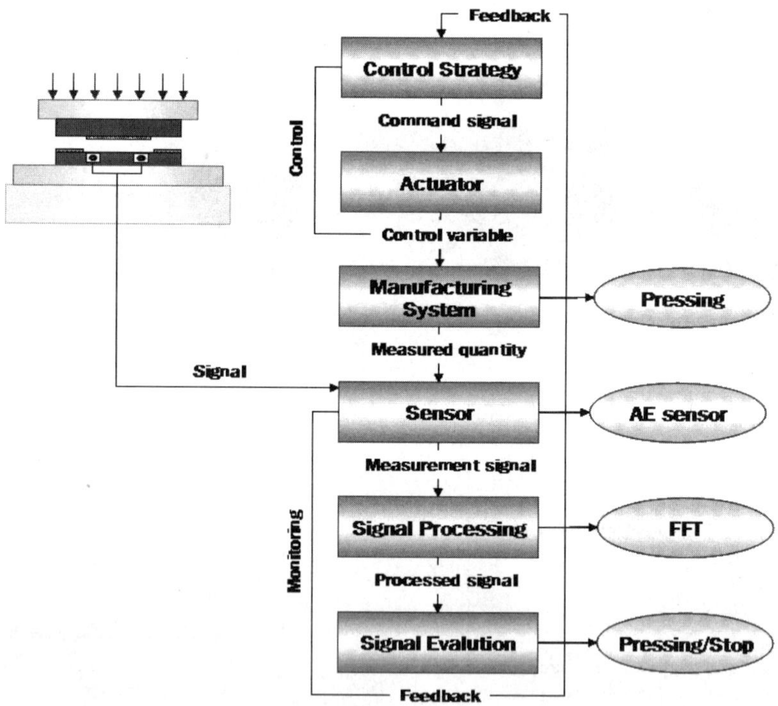

그림 7.7 음향방출 시스템 구성

6) 이미지처리 현미경

가공한 후의 공작물의 표면을 비접촉식 측정을 할 수 있는 CLSM장치를 이용하여 표면을 표현하였고 미소가공면의 형상을 생성하여 3차원으로 구현함. 비접촉 장치로 데이터를 획득하는 기법과 웨이블렛 필터링 기법을 조합하여 미소표면의 가공면 형상의 표현에 다양한 특성을 나타낼 수 있다.

미소 가공면을 비접촉식으로 미크론 단위로 측정할 수 있고 이 비접촉식 가공면 형상 생성기법은 표면의 형상분석을 용이하게 할 수 있다.

구현된 3차원의 형상을 웨이블렛 필터링기법을 이용하여 다양하고 부드러운 형상을 생성하였다. 웨이블렛 필터링기법은 동적 노이즈 특성인 고주파신호를 제거하는데 뛰어난 성능을 발휘함.

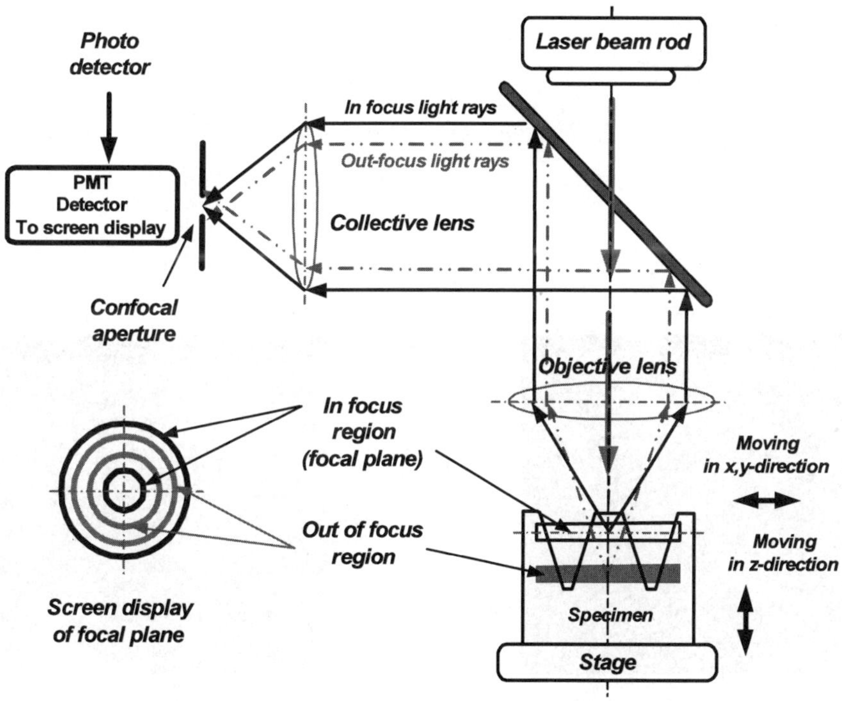

그림 7.8 비접촉식 공초점 현미경의 구성과 원리

(1) 크레이터 마모 측정

$$Vol_{Tool\ wear} = \sum_{i,j=1}^{M \cdot N} \Delta V_{i,j} = C_1 \cdot \sum_{i=1}^{M} \sum_{j=1}^{N} \Delta x \cdot \Delta y \cdot (\overline{z}_{i,j} - z_{i,j})$$

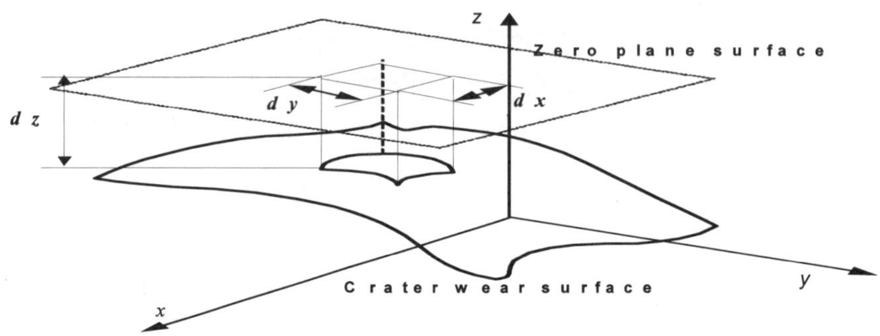

그림 7.9 구성된 크레이터 마모부 체적

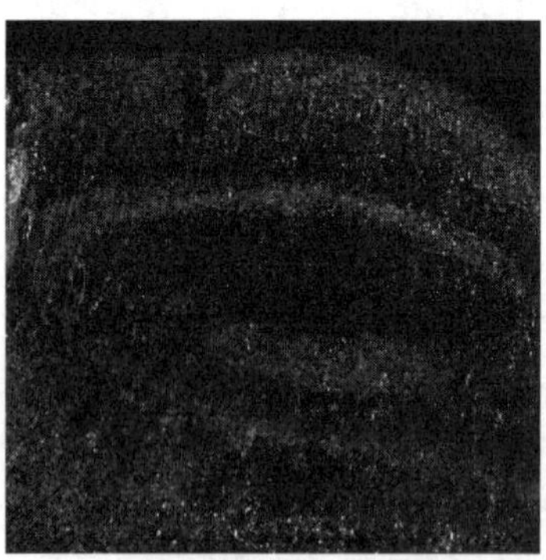

크레이터 마모 사진

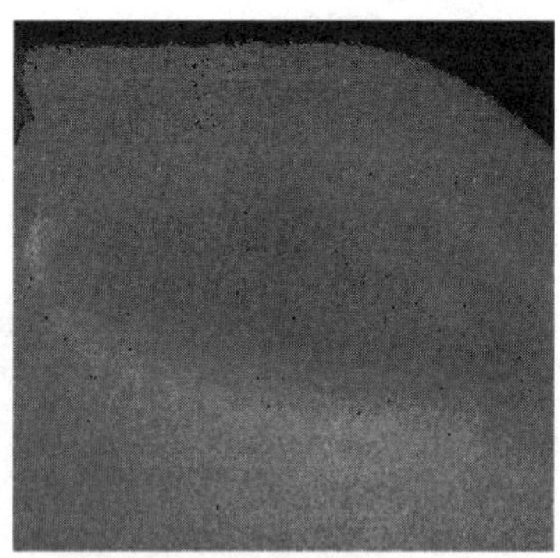

HEI 이미지

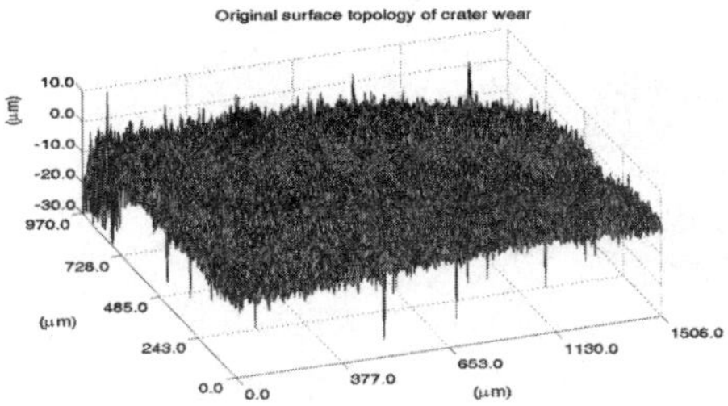

(a) 원래 형상

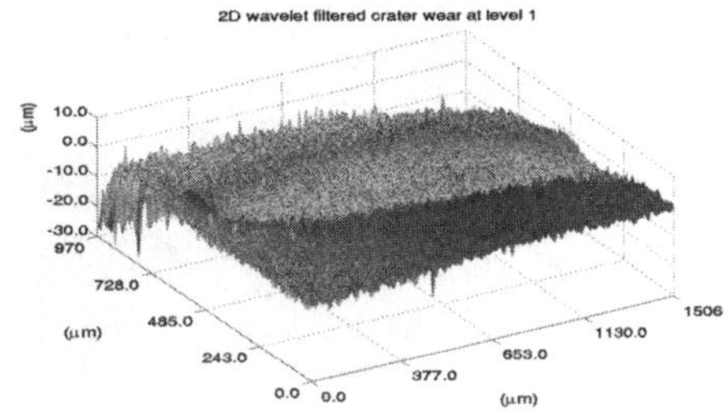

(b) 1st level

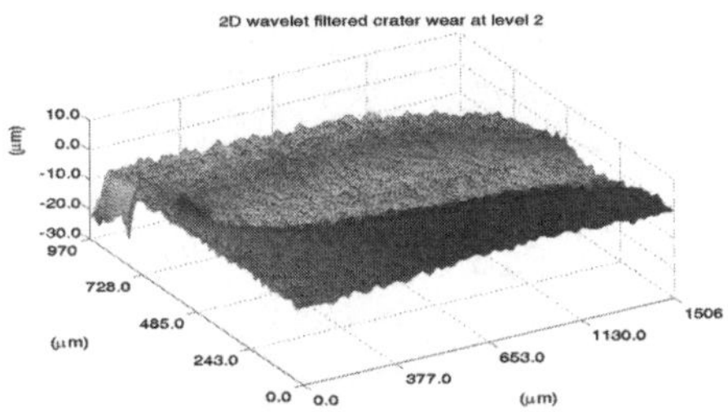

(c) 2nd level

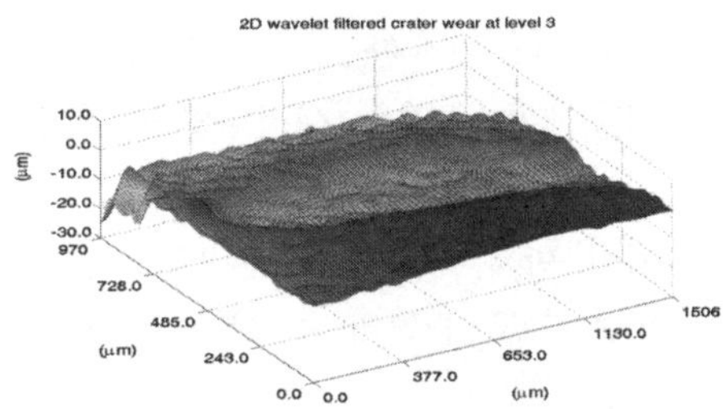

(d) 3rd level

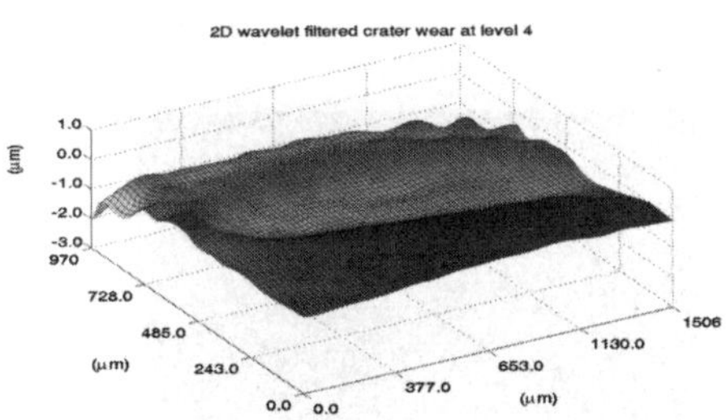

(e) 4th level

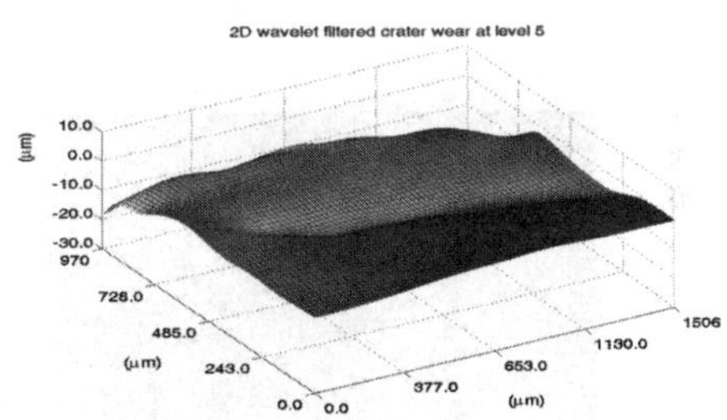

(f) 5th level

그림 7.10 웨이블렛 필터링으로 구성한 마모형상 측정

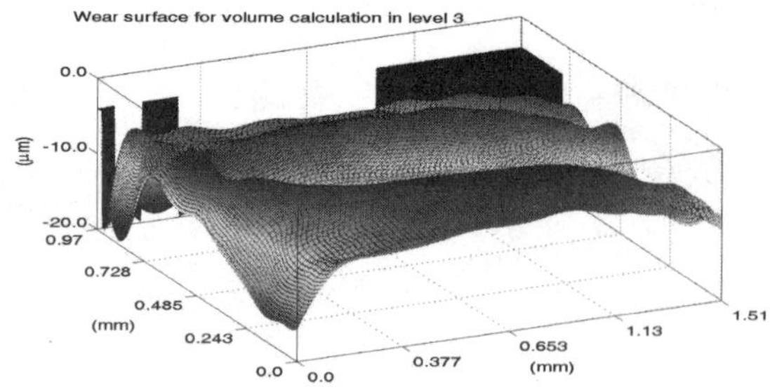

그림 7.11 계산을 위하여 구성된 마모체적

공구면에 발생한 크레이터 마모 형상을 비접촉식 측정을 할 수 있는 CLSM장치를 이용하여 표면을 생성하였고 크레이터 마모 형상을 생성하여 3차원으로 구현함. 비접촉 장치로 데이터를 획득하는 기법과 웨이블렛 필터링 기법을 조합하여 크레이터 마모의 미소표면을 미크론 단위로 측정할 수 있고 이 비접촉식 형상 생성기법은 마모 표면의 형상분석을 용이하게 할 수 있다.

또한 구현된 3차원의 형상을 이용하여 크레이터 마모부의 체적도 계산할 수 있다.

(2) 가공면 측정

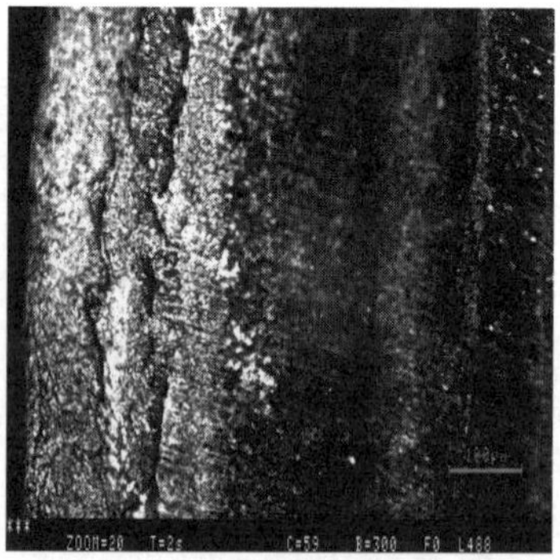
가공면

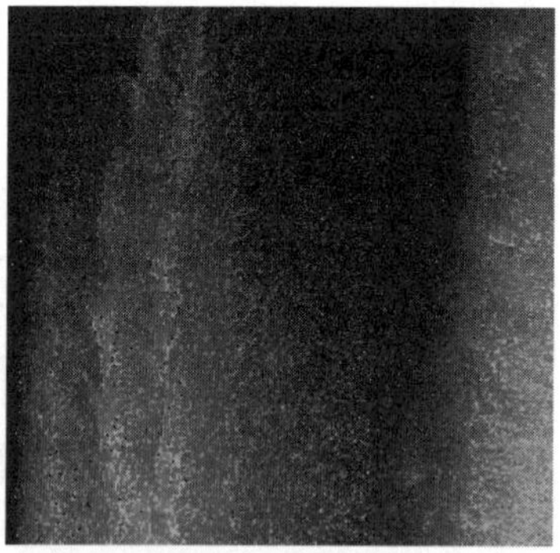
HEI 이미지

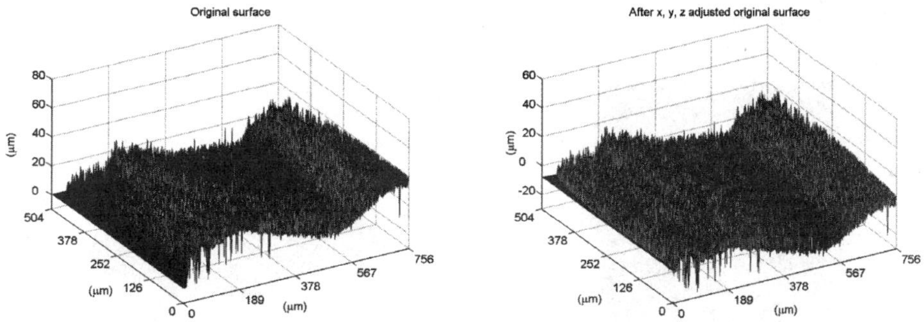

원 가공면　　　　기움보정 가공면

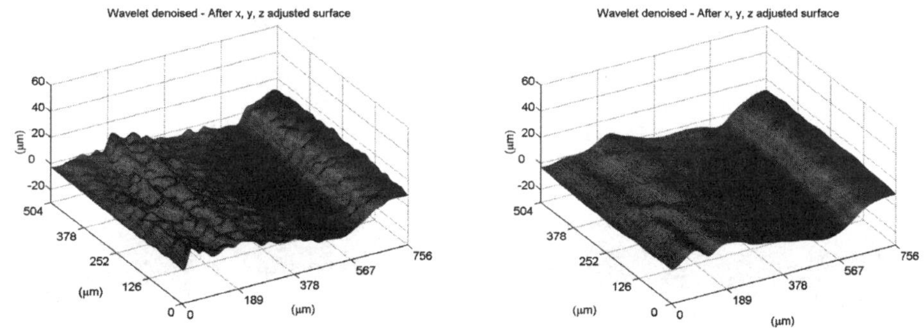

기움 보정과 필터링된 가공면

그림 7.12 웨이블렛 필터링으로 구성한 가공면형상

가공한 후의 공작물의 표면을 비접촉식 측정을 할 수 있는 CLSM장치를 이용하여 표면을 표현하였고 미소가공면의 형상을 생성하여 3차원으로 구현함.

비접촉 장치로 데이터를 획득하는 기법과 웨이블렛 필터링 기법을 조합하여 미소 표면의 가공면 형상의 표현에 다양한 특성을 나타낼 수 있다.

미소 가공면을 비접촉식으로 미크론 단위로 측정할 수 있고 이 비접촉식 가공면 형상 생성기법은 표면의 형상분석을 용이하게 할 수 있다.

구현된 3차원의 형상을 웨이블렛 필터링기법을 이용하여 다양하고 부드러운 형상을 생성하였다. 웨이블렛 필터링기법은 동적 노이즈 특성인 고주파신호를 제거하는데 뛰어난 성능을 발휘함.

(3) 기름방울 측정

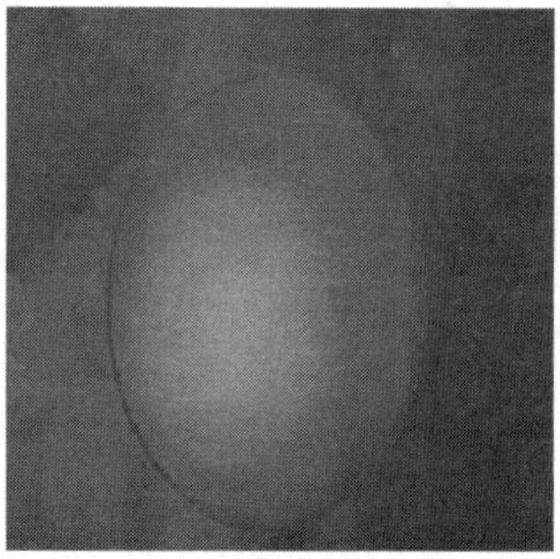

(a) HEI

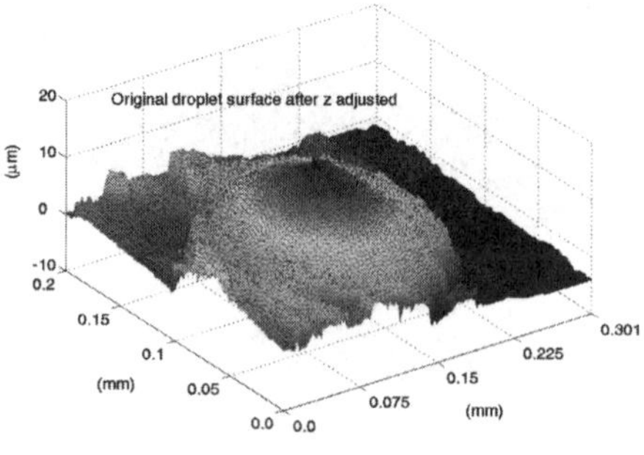

(b) 기름방울 형상

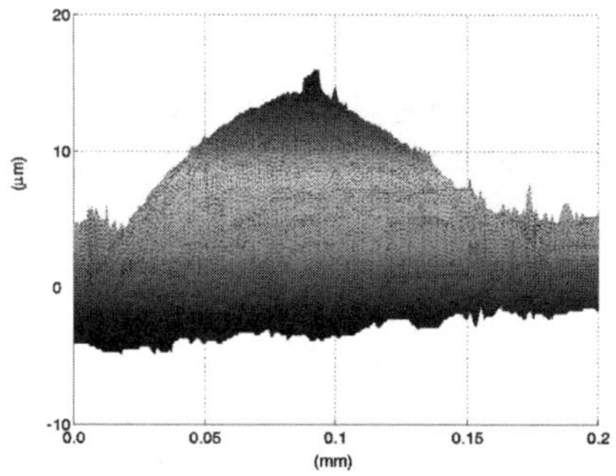

(c) x-단면

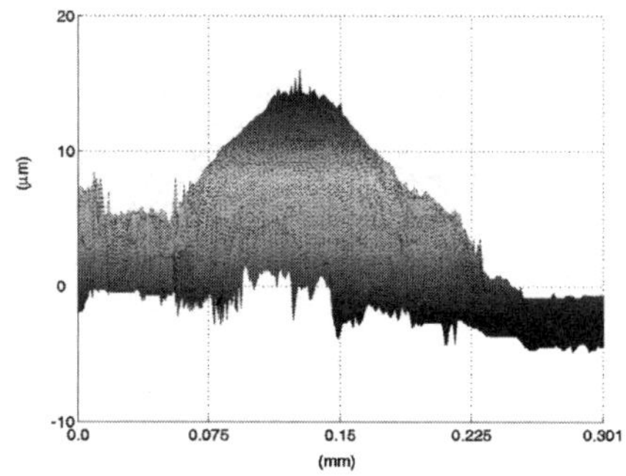

(d) y-단면

그림 7.13 웨이퍼 위의 기름방울의 구성 형상

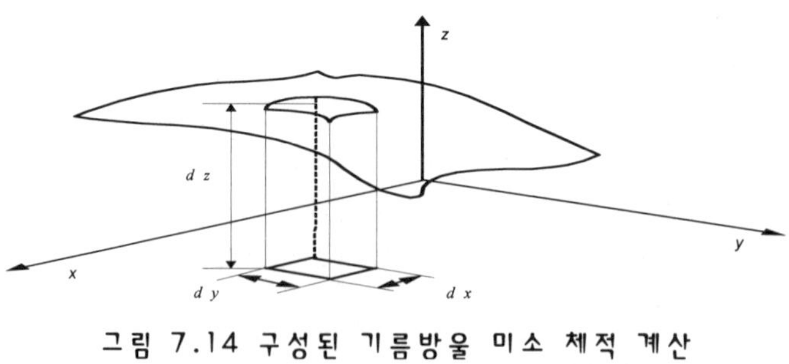

그림 7.14 구성된 기름방울 미소 체적 계산

웨이퍼 면에 뿌려진 기름방울의 형상을 비접촉식 측정을 할 수 있는 CLSM장치를 이용하여 표면을 표현하였고 기름방울의 표면 형상을 생성하여 3차원으로 구현함. 비접촉 장치로 데이터를 획득하는 기법과 웨이블렛 필터링 기법을 조합하여 기름방울 미소표면을 비접촉식으로 미크론 단위로 측정할 수 있고 이 비접촉식 형상 생성기법은 표면의 형상분석을 용이하게 할 수 있다.

구현된 3차원의 형상을 웨이블렛 필터링 기법을 이용하여 다양하고 부드러운 형상으로 다시 생성할 수 있고 이를 이용하여 기름방울의 체적도 계산하고 상당 기름방울 반경도 계산할 수 있다.

7.2.2 가공 시스템의 분석 및 신호처리의 기본적인 개념

1). 가공시스템의 고유진동수

시스템의 고유진동수를 구하는 방법은 일반적으로 시스템을 2차 모델링하여 구할 수 있다. 이 모델은 자유도진동계의 자유진동과 강제진동의 실험에서 동적인 특성을 조사하여 진동의 기본 개념을 이해하고 그 계측법을 습득한다.

$$m\frac{d^2x(t)}{dt^2}+c\frac{dx(t)}{dt}+k\,x(t)=f(t)$$

$$\omega_n=\frac{1}{2\pi}\sqrt{\frac{k}{m}}$$

2) FFT 및 라프라스변환을 이용한 처리법

time domain	frequency domain	s domain
$f(t)$	Fourier 변환 : $F(w)=\int_{-\infty}^{\infty}f(t)e^{-jwt}\,dt$	Laplace 변환 : $F(s)=\int_{0}^{\infty}f(t)e^{-st}\,dt$

3) 파라메트릭 처리법

파라메트릭 모델링과 스펙트럼

파라메트릭 모델링

$$(1+a_1z^{-1}+a_2z^{-2}+\ldots+a_nz^{-n})x(t)$$
$$=(1+b_1z^{-1}+b_2z^{-2}+\ldots+b_mz^{-m})a(t)$$

여기서,

$a_i,\ i=1,2,\cdots\ n$: 자동회귀변수,

$b_i,\ i=1,2,\cdots\ m$: 이동평균변수

$Z^{-1}X(t)=X(t-1),\quad Z^{-1}$: : 지연연산자,

$a(t)$: 백색잡음, E[a(t)] = 0

E[a(t)·a(t-u)] = $\sigma_\alpha \delta_v$ δ_v : Kronecker △함수

고유진동수

$$\varpi_i=\frac{1}{T_s}\sqrt{\frac{\left[\ln(\lambda_i\cdot\lambda_i^{\ *})^2\right]}{4}+\left[\cos^{-1}\left(\frac{\lambda_i+\lambda_i^*}{2\cdot\sqrt{\lambda_i\cdot\lambda_i^{\ *}}}\right)\right]^2}$$

감쇠비

$$\xi_i=\sqrt{\frac{\left[\ln(\lambda_i\cdot\lambda_i^{\ *})\right]^2}{\sqrt{\left[\ln(\lambda_i\cdot\lambda_i^{\ *})\right]^2+4\left[\cos^{-1}\left(\frac{\lambda_i+\lambda_i^*}{2\cdot\sqrt{\lambda_i\cdot\lambda_i^{\ *}}}\right)\right]^2}}}$$

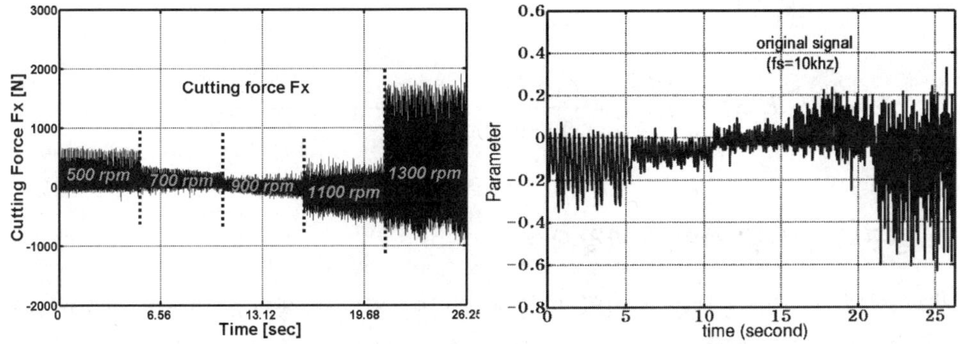

(a) 절삭력 Fx (b) 절삭력 Fy

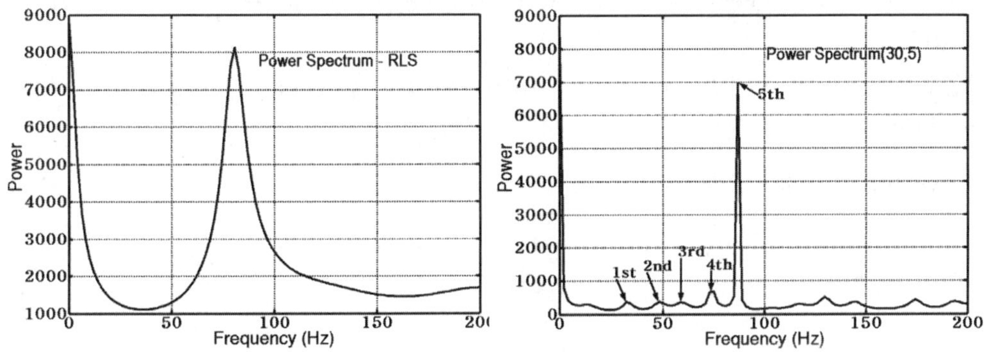

(c) 파워스펙트럼 분석

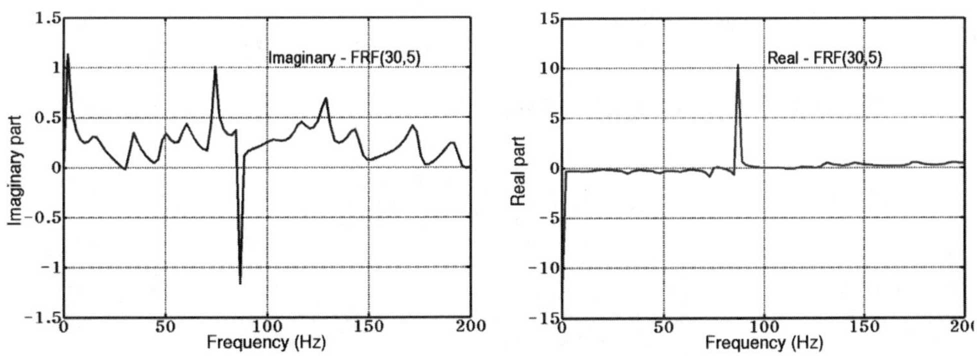

(d) 주파수 응답함수의 실수부와 허수부 분석

그림 7.15 원신호와 신호처리 결과

✹ 스펙트럼

$$H(z)=\frac{N(z)}{D(z)}=\frac{b_0+b_1z^{-1}+b_2z^{-2}+\ldots+b_mz^{-m}}{1+a_1z^{-1}+a_2z^{-2}+\ldots+a_nz^{-n}}$$

4) 공구와 공작물 사이의 마찰계수

가공 시에 공구와 공작물 사이의 마찰에 의하여 열이 발생되고 있으며 재료에 따라 이 마찰열에 따라 공작물에 상당한 영향을 준다. 따라서 이 마찰계수를 구하는 것이 가공 상태를 예측하는데 매우 중요하다. 마찰계수는 2차원 절삭에 기반을 두어 계산하고 있다.

참고문헌 4) 에 의하면 마찰계수를 구하는 방법은 우선 실험에 의하여 주분력(Fc), 배분력(Ft)을 구하여 이를 이용하여 구할 수 있다.

그림에서 마찰력과 수직항력은

$$F=R\sin\beta$$
$$N=R\cos\beta$$

이고, 주분력은

$$F_c=R\cos(\beta-\alpha)=\frac{wt_o\cos(\beta-\alpha)}{\sin\phi\cos(\phi+\beta-\alpha)}$$

주분력과 배분력을 측정할 수 있으면 마찰계수는

$$\mu=\tan\beta=\frac{F_t+F_c\tan\alpha}{F_c-F_t\tan\alpha}$$

이고 마찰각은

$$\beta=\tan^{-1}\left(\frac{F_t+F_c\tan\alpha}{F_c-F_t\tan\alpha}\right)$$

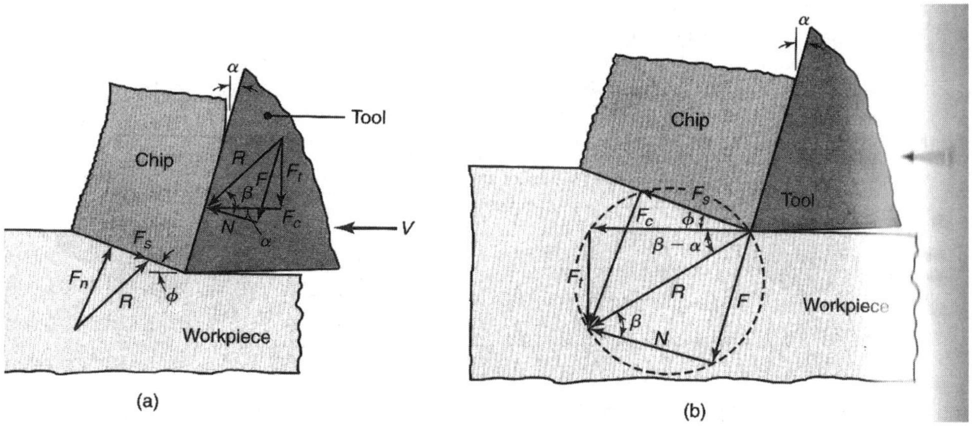

그림 7.16 2 차원 절삭 그림

을 이용하여 구할 수 있다.

같은 절삭조건이라 할지라도 마찰계수가 크게 계산이 되면 마찰열이 많이 발생되는 가공인 것을 예측할 수 있다.

5) 웨이블렛 처리법

$$W_{a,b}(t) = \int_{-\infty}^{\infty} f(t) \frac{1}{\sqrt{|a|}} \psi^*\left(\frac{t-b}{a}\right) dt$$

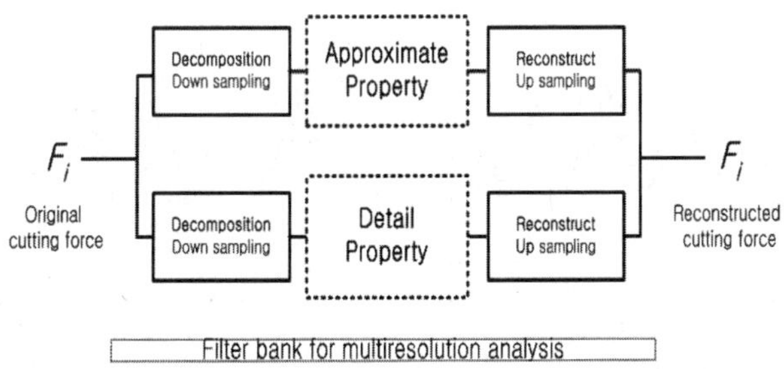

그림 7.17 웨이블렛 변환

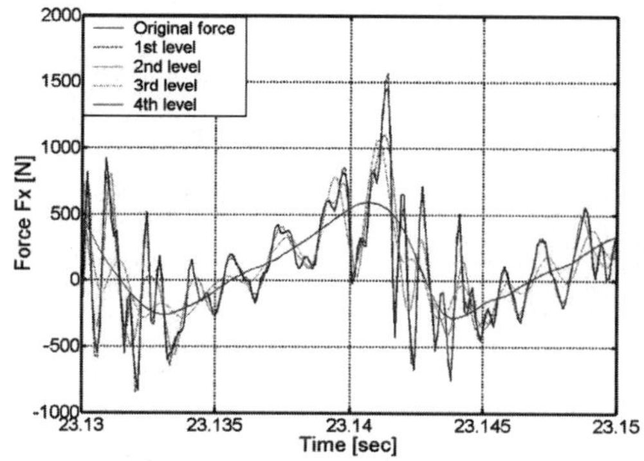

그림 7.18 절삭력의 웨이블렛 필터링 처리결과 (참고문헌 3, 6 내용 참조)

6) 프랙탈 보간처리법

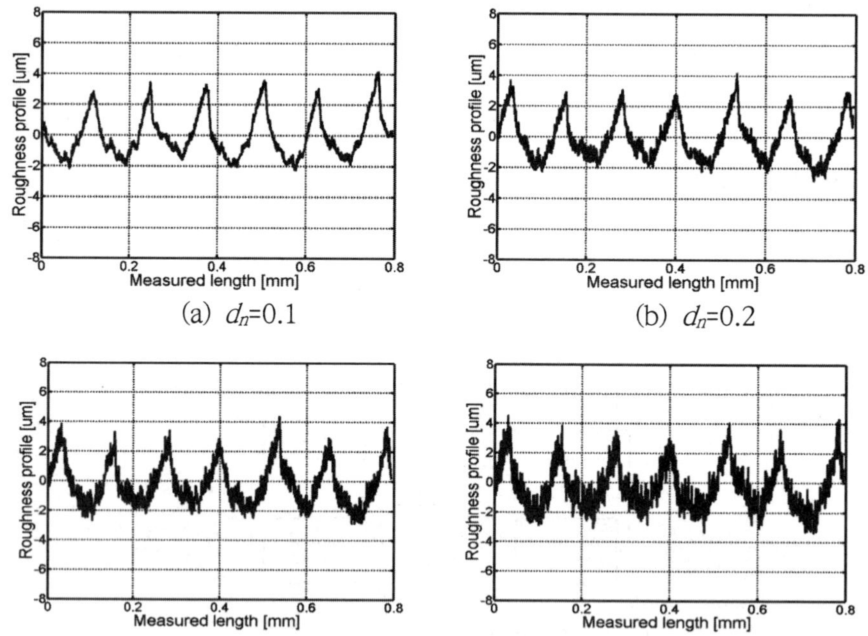

그림 7.19 스케일링 인자에 따른 절삭력 형상 (참고문헌 2 내용 참조)

$$W_n\begin{Bmatrix} \acute{x} \\ \acute{y} \end{Bmatrix} = \begin{bmatrix} a_n & O \\ c_n & d_n \end{bmatrix}\begin{Bmatrix} x \\ y \end{Bmatrix} + \begin{Bmatrix} e_n \\ f_n \end{Bmatrix}$$

7.3 실험방법 및 절차

7.3.1 공구동력계로 절삭력을 측정

그림 7.20과 같이 시스템을 구성하여 공구동력계로 절삭력신호를 측정하여 본다.

- 공작물을 준비한다.
- 그림 7.20과 같이 시스템을 구성한다.
- 공작기계의 스핀들 회전수, 이송, 절삭깊이 등을 결정한다.
- 가공하는 중에 공구동력계에서 나오는 신호를 관찰한다.
- 각 조건에서 나오는 절삭력을 분석한다.

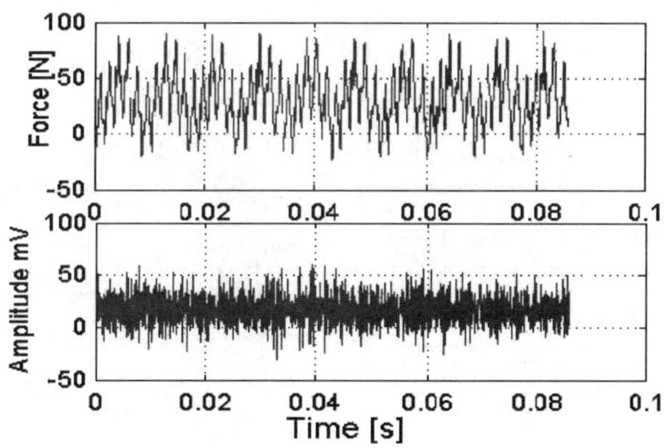

그림 7.20 측정된 엔드밀링 절삭력(상)과 가속도(하) 신호

7.3.2 절삭력을 이용한 공구 와 공작물 사이의 마찰계수 측정

- 공작물을 준비한다.
- 그림 7.21과 같이 시스템을 구성한다.
- 공작기계의 스핀들 회전수, 이송, 절삭깊이 등을 결정한다.
- 2차원 절삭을 수행하고 가공하는 중에 공구동력계에서 나오는 신호를 입수하여 분석하여 평균치, 최대치, 최소치 등의 값을 구한다.
- 각 조건에서 나오는 절삭력 평균치를 이용하여 마찰계수를 구한다.

$$\text{마찰계수} \quad \mu = \tan\beta = \frac{F_t + F_c \tan\alpha}{F_c - F_t \tan\alpha}$$

7.3.3 FRF(Frequency response function : 주파수 응답함수)를 구하기 위한 충격햄머 및 가속도계 신호의 측정

그림 7.21과 같이 시스템을 구성하여 가속도계로 가속도를 측정하여 본다.

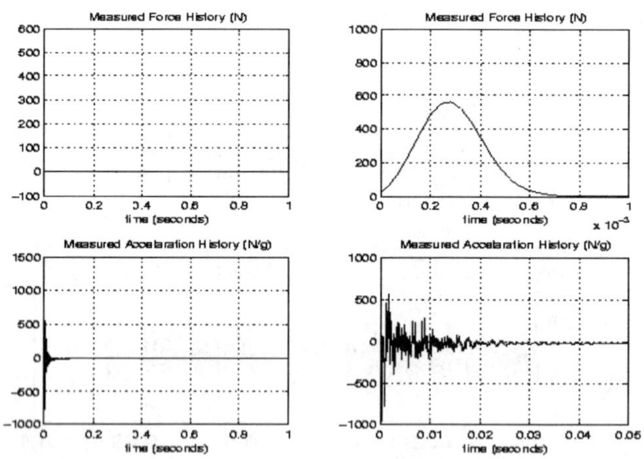

그림 7.21 측정된 임팩트 햄머력(상)과 가속도(하) 신호

- 가속도계를 부착하고 타격점을 결정한다.
- 충격 햄머로 타격하여 가속도를 측정한다.(두 신호는 주파수 응답곡선과 고유 진동수를 얻는데 사용된다.)
- 또 한편 실시간으로 가공 시 공작기계에서 나오는 가속도를 측정한다.
- 가공하는 중에 공구동력계에서 나오는 공구동력계 신호와 같이 가공시스템을 분석하는데 사용된다.
- 각 조건에서 나오는 가속도 신호를 분석한다.

7.3.4 현미경으로 형상을 측정

현미경으로 주어진 시편의 형상을 측정한다.

- 측정하려는 시험편을 현미경 위에 올려놓고 x, y, z 손잡이를 조절하여 초점을 맞추고 형상을 결정하여 이미지화 한다.
- 이미지화한 형상을 데이터로 저장하고 이 데이터는 각 알고리즘에 의하여 알맞은 형태로 가공되어 분석할 수 있다.

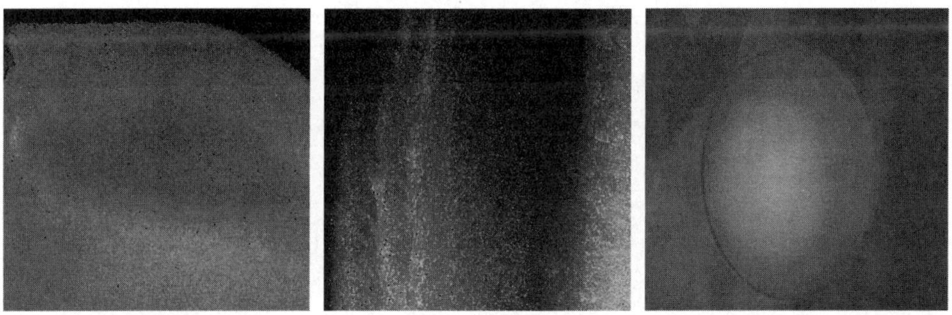

(a) 크레이터 마모　　(b) 가공면　　(c) 기름방울

그림 7.22 현미경으로 측정한 형상측정 결과

7.4 실험결과 및 정리

7.4.1 과제

다음 센서들의 1)종류 2)원리 3)응용방법 및 적용례를 정리하여 제출.

- 공구동력계
- 충격햄머(Impact Hammer) 및 가진기
- 가속도계
- 갭센서
- microphone
- 이미지처리 현미경

8

Chapter

유동저항 및 전열 특성

8.1 관로마찰

8.1.1 실험의 목적

유체 관로내의 주 손실 (major loss)은 장치의 일정한 면적을 갖는 직관부분에서의 마찰에 의한 손실을 의미하고, 부차적 손실 (minor loss)은 밸브나 티 엘보를 통한 유동손실과 곡관부, 밴드, 연결부 기타 배관부품 등 면적이 일정하지 않는 부분에서의 마찰에 의한 손실을 뜻한다. 본 실험의 목적은 유체관로내의 주손실과 부차적 손실을 관찰하고 손실의 측정법을 숙지하며, 그 의미를 이해하는 것이다.

8.1.2 이론적 배경

1) 관내 전체 수두손실

유동하고 있는 유체의 전 에너지는 운동에너지, 위치에너지, 압력에너지 등의 총합으로서, Bernoulli는 유동방향의 각 위치에서 계산한 전 에너지는 일정하다고 정의하였다.

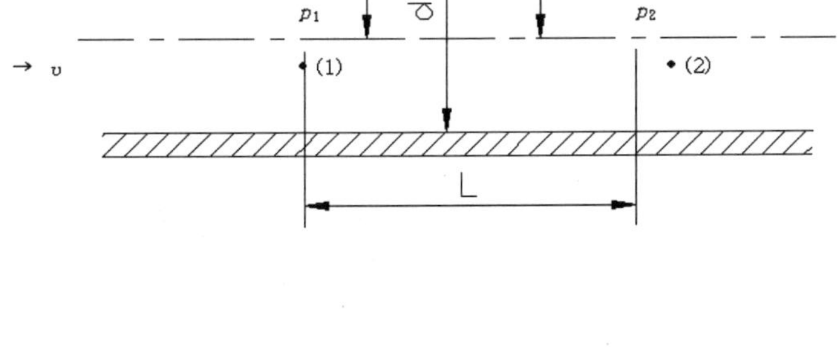

Bernoulli가 유도한 에너지 방정식은 유체가 유동 중에 에너지손실이 전혀 없는 것으로 가정하여 유도한 식으로서 실제에서는 적용하기가 어렵다. 그림에서 보는 바와 같이 관내에 유동되는 유체의 압력(에너지)는 단면(1)과 (2)사이를 유동하는 동안 $(p_1 - p_2)$ 만큼의 손실이 발생하나 Bernoulli의 정리에 의하면

$$\frac{p_1}{\gamma} + \frac{v_1^2}{2g} + z_1 = \frac{p_2}{\gamma} + \frac{v_2^2}{2g} + z_2 \quad , \quad \frac{p_1 - p_2}{\gamma} = \frac{v_2^2 - v_1^2}{2g}$$

이 되고, 또 관의 지름이 일정하므로 연속이론에 의하여 $v_1 = v_2$가 되어

$$\frac{p_1 - p_2}{\gamma} = \frac{v_2^2 - v_1^2}{2g} = 0$$

이 된다. 따라서 이 이론에 의하면 관내에 유동되는 유체는 유동거리에 관계없이 압력손실이 전혀 발생하지 않는 결과가 된다. 그러나 유동하는 모든 유체는 특별한 경우를 제외하고는 대부분이 난동에 의한 상호충돌과 점성에 의한 마찰의 영향으로 에너지 손실이 크게 발생하게 된다. 이러한 손실의 합을 h_L이라고 할 때 Bernoulli방정식은 다음과 같이 변형 되어야 한다.

$$\frac{p}{\gamma} + \frac{v^2}{2g} + z = h + h_L \tag{8.1}$$

관내의 전체 수두손실은 직관에서 점성에 의해 발생하는 주 손실($h_{L\,\mathrm{major}}$)과 다양한 파이프 요소에 의한 부차적 손실 ($h_{L\,\mathrm{minor}}$)로 구성되어 있다. 즉

$$h_L = h_{L\,\mathrm{major}} + h_{L\,\mathrm{minor}}$$

2) 주 손실

면적이 일정한 덕트 내의 마찰에 따른 주 손실에 대한 관계식을 유도하기 위해 파이프내의 완전히 발달된 유동에 대해 차원해석 및 에너지식을 이용하여 정리하면 관로내

의 마찰손실에 관해 적용 가능한 다음 식을 얻는다.

$$\triangle p = f\frac{\ell}{D}\frac{\rho V^2}{2} \tag{8.2}$$

여기서,

$\triangle p$: 압력강하
ℓ : 직선관의 길이 [m]
D : 직선관의 직경 [m]
V : 관내의 평균속도 [m]
f : 마찰손실계수

식 (8.1)로부터 정상 비압축성 유동에 대한 에너지 방정식은

$$\frac{p_1}{\gamma}+\frac{v_1^2}{2g}+z_1=\frac{p_2}{\gamma}+\frac{v_2^2}{2g}+z_2+h_L \tag{8.3}$$

이고, 직경이 일정 ($D_1 = D_2$ 따라서, $V_1 = V_2$)하고, 파이프는 수평 ($z_1 = z_2$) 이라고 가정하면, $\triangle p = p_1 - p_2 = \gamma h_L$이 되고, 이 식을 식 (8.3)에 결합하면

$$h_{L\,\mathrm{major}} = f\frac{\ell}{D}\frac{V^2}{2g} \tag{8.4}$$

이 된다. 식 (8.4)는 Darcy-Weisbach 방정식이라고 부르며, 완전히 발달되고, 정사, 비압축성인 파이프유동에 유효하며, 또한 파이프가 수평인 경우와 경사진 경우에도 유효하다. 반면 식 (8.3)은 수평한 파이프에만 유효하다.

3) 부차적 손실

본질적으로 모든 부품에 대한 수두손실정보는 무차원 형태로 주어지며, 실험자료에 의한다. 이러한 수두손실 또는 압력강하를 구하기 위해 가장 흔하게 쓰이는 방법은 다

음과 같이 정의되는 손실계수 K_L을 결정하는 것이다.

$$K_L = \frac{h_{L\,\mathrm{minor}}}{(V^2/2g)} = \frac{\triangle p}{\frac{1}{2}\rho V^2}$$

그러므로

$$\triangle p = K_L \frac{1}{2} \rho V^2 \tag{8.5}$$

또는

$$h_{L\,\mathrm{minor}} = K_L \frac{V^2}{2g} \tag{8.6}$$

8.1.3 관로 저항 실험

1) 실험 내용

(1) 속도 및 압력측정
(2) 주 손실수두 및 부차적 손실수두 계산
(3) 관 마찰계수 계산
(4) 손실계수 K_L 계산 및 손실계수 표에서의 값과 비교검토

2) 실험 장치

본 실험장비는 수조로부터 펌프에 의해 물이 공급되며 물은 회로를 지나 계측수조로 되돌아온다. 계측수조는 두 부분으로 나누어져 있고, 유량에 따라 레버식으로 되어있는 수동변환밸브를 이용하여 적당한 수조를 사용할 수 있도록 되어있다. 각 계측수조의 하단에는 레버식으로 된 배수밸브가 장착되어 있는데, 이 두 배수밸브는 서로 연결되어 있어서 하나가 닫히면 다른 것은 자동으로 열리도록 되어있다. 또 각 계측수조에는 유

그림 8.1 전체 실험장치 사진

량측정을 위한 수위계가 붙어있다. 또 실험장치의 회로 내에는 곳곳에 유로안내 밸브가 마련되어 있어서 이들을 개폐시킴으로써 실험하고자 하는 부분으로만 물이 공급되도록 조정 할 수가 있으며, 회로 내의 압력측정을 위해 수은액주계, 가압액주계, 파라핀-물/액주계가 준비되어 있다.

3) 실험방법 및 절차

(1)직관에서의 손실수두 측정

가) 전원을 넣는다.
나) 저수조에 물을 채우고, 밸브 ②, ⑤, ⑥, ⑦, ⑨를 모두 완전히 연다.
다) 기포를 제거한다.
라) 밸브로 유량을 조절하고, 밸브 ⑨로 방향을 조절한다.
마) 유량을 일정하게 한 후 직관 ⑩의 ㉒와 ㉓관의 수두차를 다관 manometer로 읽는다.
바) 유량을 4회 바꾸어서 실시한다.

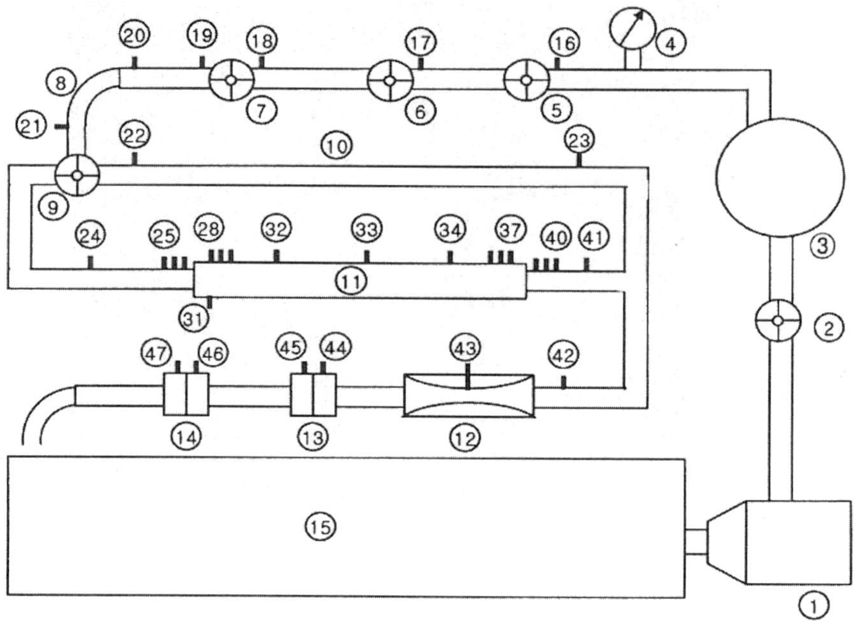

그림 8.2 실험장치 구성

① : 펌프 ② : 밸브 ③ : 필터 ④ : 압력게이지 ⑤~⑦ : 밸브 ⑧ : 곡관
⑨ : 밸브 ⑩ : 직관 ⑪ : 급확대, 급축소관 ⑫ : 벤튜리관 ⑬ : 오리피스 관
⑭ : 노즐 ⑮ : 저수조 ⑯ ~ ㊼ : 마노메터 밸브

(2) 부차적 손실수두 측정

① 전원을 넣는다.
② 저수조에 물을 채우고, 밸브 ②, ⑤, ⑥, ⑦, ⑨를 모두 완전히 연다.
③ 기포를 완전히 제거한다.
④ 밸브로 유량을 조절하고, 밸브 ⑨로 방향을 조절한다.
⑤ 유량을 일정하게 한 후 곡관 ⑨의 ⑳과 ㉑의 수두차를 다관 manometer로 읽는다.

⑥ 같은 유량으로 급확대, 급축소관 ⑪의 ㉔~㊶관의 수두차를 다관 manometer로 읽는다.
⑦ 같은 유량으로 벤튜리관 ⑫의 ㊷와 ㊸관의 수두차를 다관 manometer로 읽는다.
⑧ 같은 유량으로 오리피스 ⑬의 ㊹와 ㊺관의 수두차를 다관 manometer로 읽는다.
⑨ 같은 유량으로 노즐 ⑭의 ㊻과 ㊼관의 수두차를 다관 manometer로 읽는다.
⑩ 유량을 4회 바꾸어서 실시한다.

(3) 관로 내 유속측정

$Q = AV$에서 $V = Q/A$에 유량과 각각의 단면적을 대입해서 유속을 산출한다.

(4) 직관 및 부차적인 손실계산

실험에 의해 측정된 압력차를 이용하여 직관의 손실수두와 부차적인 손실수두를 계산한다.

(5) 관 마찰계수 계산

손실수두가 구해졌으면 식 (8.2), (8.4)를 이용하여 직관의 관 마찰계수를 구한다.

(6) 손실계수 K_L및 손실계수 표에서의 값과 비교검토

압력차나 손실수두를 통하여 식 (8.5)나 (8.6)을 통해 손실계수 K_L을 구하고 이 값을 실험자료에 의한 값과 비교 검토해 본다.

8.1.4 실험결과 data 및 정리

1) 직관

실험번호	직경 d(m)	길이 L (m)	온도계 t(℃)	면적유량 Q (m^3/h)	관 단면A (m^2)	유량 q (m^3/s)	유속 (m^2/s)	Δp(mmHg)	마찰손실수두 h (m)	마찰계수 f
1										
2										
3										
4										

2) 곡관

실험번호	직경 d(m)	온도계 t(℃)	면적유량 Q (m^3/h)	관 단면A (m^2)	유량 q (m^3/s)	유속 (m^2/s)	Δp(mmHg)	마찰손실수두 h (m)	손실계수 K_L
5									
6									
7									
8									

3) 급확대, 급축소관

실험번호	직경 d(m)	온도계 t(℃)	면적유량 Q (m^3/h)	관 단면A (m^2)	유량 q (m^3/s)	유속 (m^2/s)	Δp(mmHg)	마찰손실수두 h (m)	손실계수 K_L
9									
10									
11									
12									

4) 벤튜리관

실험 번호	직경 d(m)	온도계 t(℃)	면적유량 Q (m^3/h)	관 단면A (m^2)	유량 q (m^3/s)	유속 (m^2/s)	$\triangle p$(mm Hg)	마찰손실 수두 h (m)	손실계수 K_L
13									
14									
15									
16									

5) 오리피스

실험 번호	직경 d(m)	온도계 t(℃)	면적유량 Q (m^3/h)	관 단면A (m^2)	유량 q (m^3/s)	유속 (m^2/s)	$\triangle p$(mm Hg)	마찰손실 수두 h (m)	손실계수 K_L
17									
18									
19									
20									

6) 노즐

실험 번호	직경 d(m)	온도계 t(℃)	면적유량 Q (m^3/h)	관 단면A (m^2)	유량 q (m^3/s)	유속 (m^2/s)	$\triangle p$(mm Hg)	마찰손실 수두 h (m)	손실계수 K_L
21									
22									
23									
24									

8.2 물체의 외부유동

8.2.1 실험의 목적

유체의 운동을 나타내는 운동방정식은 매우 복잡하기 때문에, 한정된 경우 외에는 해석적인 해를 구하기 힘들다. 예를 들어 자동차나 항공기가 공기 중을 운동할 때 그 주위의 유동정보를 해석적으로 상세히 구할 수가 없다. 이때 실험적인 방법으로 물체 주위의 유동정보를 구해서 해석을 할 수 있다.

본 실험에서는 원통주위의 압력과 속도분포를 구하고, 항력을 추에 의한 측정법을 적용하여, 원기둥의 각도 변환에 따른 항력을 측정하고, 후류에서 속도분포에 의한 측정을 하여 비교한다.

8.2.2 이론적 배경

1) 항력 및 원통주위의 항력계수

항력은 운동방향에 평행하게 물체에 작용하는 힘의 성분이다. 유체역학에서 실험적 결과에 대한 필요를 검토하기 위해 점성, 비압축성 유체를 통해 속도 V로 움직이는 지름 d인 매끄러운 구에 대한 항력 D을 구하는 문제를 생각하자. 유체밀도와 점성은 각각 ρ와 μ이다. 다음과 같은 함수형태로 나타낼 수 있다.

$$D = f_1(d, V, \mu, \rho)$$

Buckingham 의 파이정리(Pi theorem)를 적용하면 2개의 무차원 매개변수를 다음과 같은 함수형태로 나타낼 수 있다.

$$\frac{D}{\rho V^2 d^2} = f_2\left(\frac{\rho V d}{\mu}\right)$$

d^2은 단면적 $(A = \pi d^2/4)$에 비례하므로 다음과 같이 쓸 수 있다.

$$\frac{D}{\rho V^2 A} = f_3\left(\frac{\rho V d}{\mu}\right) = f_3(Re) \tag{8.7}$$

비록, 식(8.7)은 구에 대하여 얻었지만, 방정식의 형태는 어떠한 물체 주위의 비압축성 유동에 대해서도 타당하다. Reynolds수를 나타내기 위해 사용된 특성길이는 물체의 모양에 따라 결정된다.

항력 D는

$$D = \frac{C_D A \rho V^2}{2}$$

항력계수 C_D는 다음과 같이 정의된다.

$$C_D = \frac{D}{\frac{1}{2}\rho V^2 A}$$

여기서, $\frac{1}{2}$은 (마찰계수를 정의한 방정식에서 사용된 것처럼) 잘 알려진 동압의 형태로 나타내기 위하여 삽입된 것이다. 그러면 식 (8.7)은 $C_D = f\ (Re)$ 로 쓸 수 있다.

여기서 우리는 항력에 대해 검토하는 과정에서 압축성과 자유표면효과에 대해선 고려하지 않았다. 이러한 인자들이 포함된다면 다음과 같은 함수 형태를 얻을 수 있을 것이다.

$$C_D = f\ (Re, Fr, M)$$

2) 원기둥 주위의 압력

유동장은 비압축성 및 비 회전이므로, 유동함수는 더해질 수 있다.

$$\psi = \psi_D + \psi_{uf} = -\frac{Asin\theta}{r} + U\ r\ \sin\theta$$

$$\phi = \phi_D + \psi_{uf} = -\frac{Acos\theta}{r} + U\ r\ \cos\theta$$

해당하는 속도성분들은 다음과 같이 구해진다.

$$V_r = -\frac{\partial\phi}{\partial r} = -\frac{Acos\theta}{r^2} + U\ \cos\theta$$

$$V_\theta = -\frac{1}{r}\frac{\partial\phi}{\partial r} = -\frac{Asin\theta}{r^2} + U\ \sin\theta$$

따라서 속도장은 다음과 같이 표시된다.

$$\overrightarrow{V} = V_r\hat{e_r} + V_\theta\hat{e_\theta} = \left(-\frac{Acos\theta}{r^2} + Ucos\theta\right)\hat{e_r} + \left(-\frac{Asin\theta}{r^2} - Usin\theta\right)\hat{e_\theta}$$

정체점들은

$$\overrightarrow{V} = V_r\hat{e_r} + V_\theta\hat{e_\theta} = 0$$

이 되는 위치에 있다. 그래서

$$V_r = 0 = -\frac{Acos\theta}{r^2} + Ucos\theta = \cos\theta\left(U - \frac{A}{r^2}\right)$$

$$V_r = 0 \quad , \quad r = \sqrt{\frac{A}{U}} = a \text{ 일 때 } V_r = 0$$

$$V_\theta = 0 = -\frac{Asin\theta}{r^2} - Usin\theta = -\sin\theta\left(U + \frac{A}{r^2}\right)$$

$$\theta = 0\ ,\ \pi \text{ 일 때 } V_\theta = 0$$

따라서, 정체점들은 (r, θ) = (a , 0) , (a , π) 이다.

유동은 비 회전이므로 두 점 사이에 Bernoulli 방정식을 적용할 수 있다. 먼 상류의 한 점과 원통표면상의 한 점 사이에 Bernoulli 방정식을 적용하면, 다음과 같다.

$$P = \frac{1}{2}\rho(U^2 - V^2)$$

$$\mathrm{r = a \rightarrow V^2 = V_\theta^2} = \left(-\frac{\mathrm{A}}{\mathrm{a}^2} - \mathrm{U}\right)^2 \sin^2\theta = 4U^2\sin^2\theta$$

또 $$A = Ua^2$$

$$P = \frac{1}{2}\rho\left(U^2 - 4U^2\sin^2\theta\right) = \frac{1}{2}\rho U^2\left(1 - 4\sin^2\theta\right)$$

이를 정리하면,

$$\frac{P}{\frac{1}{2}\rho U^2} = 1 - 4\sin^2\theta$$

된다.

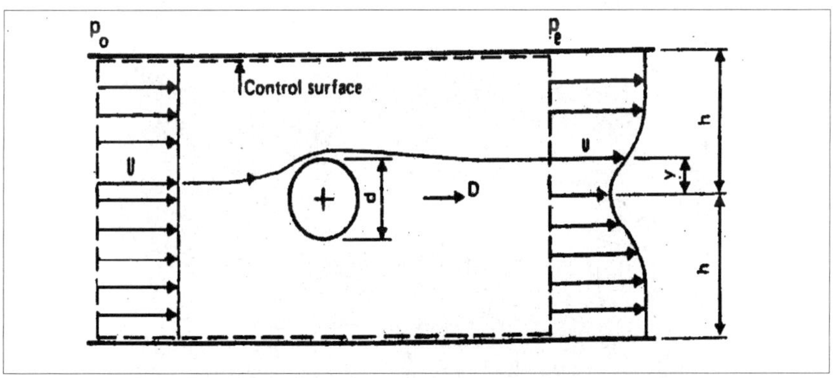

그림 8.3 원기둥 주위의 유동

8.2.3 실험 장치 및 방법

1) 실험 장치

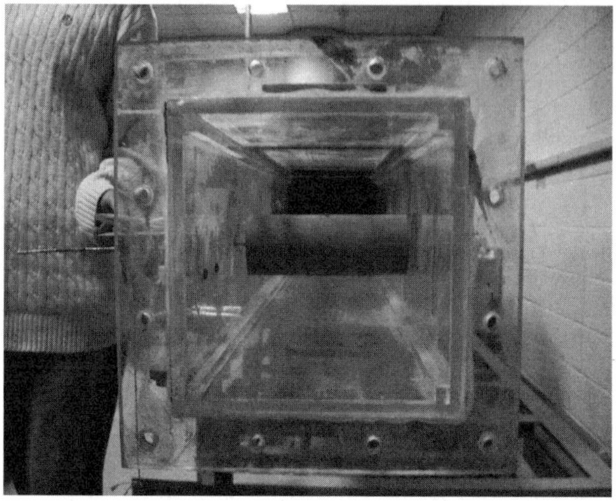

그림 8.4 실험장치의 실물도

그림 8.5 실험장치의 실물도

그림 8.6 실험장치의 실물도

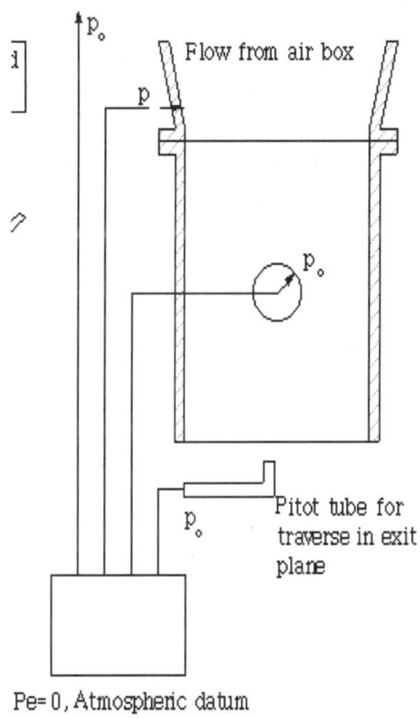

그림 8.7 실험장치 모형도

2) 실험 방법

(1)각도에 의한 측정

① 원기둥의 표면에서 동압을 측정하며, 정압은 마노미터의 다른 한쪽 고무튜브를 이용하여 측정한다.

② 각도기를 원기둥에 설치하고 5° 간격으로 각도를 변화시키면서 압력을 측정한다.

비고) 실제로 각도기는 검사체적에 설치되어 있어서 손으로 원기둥을 돌려서 각도를 조절한다.

(2) 원기둥 각도(위치)에 따른 압력분포 측정

측정 값 : 국소 압력과 주위 압력과의 차 p-p0

계산 값 : 무차원 압력 계수 $C_p = \dfrac{p - p_0}{\dfrac{1}{2}\rho U^2}$

이론 압력 분포 $A(1-4\sin^2\theta)$

→ 여기서 A=>(진폭으로서 최대 압력이 나타나는 0° 에서의 무차원 압력계수)

8.2.4 실험결과 data 및 정리

원기둥 주위의 압력분포					
각도 (θ)	압력차 $(p-p_0)$ mmH_2O	압력차 $(p-p_0)$ N/㎡	Cp	Cp*cosθ	각도 (라디안)
0					
5					
10					
15					
20					
25					
30					
35					
40					
45					
50					
55					
60					
70					
80					
90					
100					
120					
130					
140					
150					
160					
170					
180					

8.3 열전도 측정실험

8.3.1 실험의 목적

본 실험의 목적은 온도 측정 방법에 대한기본 이론을 학습하고 온도 측정 실험을 통하여 열 접촉을 하고 있는 두 물체사이의 온도차로 인하여 한 물체에서 다른 쪽 물체로 이동하게 되는 열에너지의 정령적인 관계를 정립하는데 있다. 또한 열전도율 측정에 관한 기초 실험을 통하여 온도와 열 이동에 관한 기본 개념을 확립하고, 열전도에 대한 이론과 응용력을 함양함으로서 많은 공학적인 문제해결에 도움을 주고자 한다.

8.3.2 이론적 배경

연속체내의 온도구배가 있게 되면 열은 그 구성성분을 따라 이동 할 수 있다. 이러한 열 흐름을 전도라 하며, Fourier 법칙에 따르면 열 플럭스(열속, heat flux)는 온도구배에 비례하고 열은 높은 곳에서 낮은 곳으로 흐르므로 그 구배의 부호는 (-)이다. 일차원적 열 흐름에 대한 Fourier 법칙은 다음과 같다.

$$\frac{dq}{dA} = -k\frac{dT}{dx}$$

Heat flux(q) = 열 전도도(k) × 온도구배($\frac{dT}{dx}$)

q = x 방향 열전도속도(J/sec or cal/sec)

A = 열흐름 방향에 수직인 전단면적(㎡)

dT/dx = x 방향 온도기울기 (온도구배)

k = 전도체의 열전도도(상수)(kcal/m·hr·℃)

열전도도는 좁은 온도범위에서는 일정한 값을 가지며, 큰 온도구간에서는 다음 식에 의해서 추정할 수 있다.

$$k = a + bT$$

여기서, a와 b는 실험상수이다.

일반적으로 t℃에서의 열전도도 k는 0℃에서의 열전도도k_0와 온도 t의 함수로서 근사적으로 다음 식으로 표시된다.

$$k = k_0(1 + aT)$$

온도계수 a는 물질에 따라 +(보온재) 또는 -(금속)값을 갖는다.

정상상태 열전도에서 식은 다음 식으로 나타낼 수 있다.

$$q = -kA\frac{dT}{dx}$$

이 식을 길이에 대하여 적분을 하면

$$q\int_{x_2}^{x_1}\frac{dx}{A} = (T_1 - T_2)\,k_0\left[1 + a\left(\frac{T_1 + T_2}{2}\right)\right]$$

여기서, 전열면적 A가 일정하고 온도범위 T1 ~ T2에서 열전도도의 평균값을 k로 표기하면

$$q = \frac{Ak\Delta T}{(x_2 - x_1)} = \frac{Ak\Delta T}{x}$$

이 식으로부터 대류, 복사에 의한 열전달이 없는 순수한 전도에 의한 고체의 열전도도를 구할 수 있다.

본 실험의 경우 열전도도를 알고 있는 기준관에 열전도도를 구하고자 하는 시험편을 삽입하는 방법이므로 기준관은 하첨자 r, 시험편은 하첨자 x로 표기하면

$$q = \frac{k_r A \Delta T_r}{x_r} = \frac{k_x A \Delta T_x}{x_x}$$

이 식에서 A는 일정하므로 k_x는 다음 식으로부터 구할 수 있다.

$$k_x = \frac{\Delta T_r}{\Delta T_x}\frac{x_x}{x_r}k_r$$

보통의 경우 기준관과 시험편의 접촉면은 아무리 밀착시켜도 공기 등에 의한 열전도 저항이 존재하게 되며 이의 보정이 필요하다. R_0는 접촉면저항, R_a, R_b는 두께가 x_a, x_b인 시험편 저항이라면 총 저항은

$$R'_a = 2R_0 + R_a \quad , \quad R'_b = 2R_0 + R_b$$

여기서 시험편 a, b는 재질은 동일하며, 두께만 다른 것이다.

따라서

$$R'_b - R'_a = R_b - R_a$$

여기서 저항은 $R = \frac{x}{kA}$ 이므로

$$R_b - R_a = \frac{1}{k}\frac{x_b - x_a}{A}$$

$$R'_a = \frac{1}{k_a}\frac{x_a}{A} \quad , \quad R'_b = \frac{1}{k_b}\frac{x_b}{A}$$

여기서 R'_a, R'_b는 각 시험편 저항과 접촉면 저항이다.

$$\frac{1}{A}\left(\frac{x_b}{k_b} - \frac{x_a}{k_a}\right) = \frac{x_b - x_a}{kA}$$

따라서 시험편의 실제 열전도도 k는

$$k = \frac{x_b - x_a}{\frac{x_b}{k'_b} - \frac{x_a}{k'_a}}$$

여기서

$$k'_a = \frac{\Delta T_r x_a}{\Delta T_a x_r} k_r \quad , \quad k'_b = \frac{\Delta T_r x_b}{\Delta T_b x_r} k_r$$

$$\Delta T_r = \frac{\Delta T_{1,2} + \Delta T_{2,3} + \Delta T_{3,4} + \Delta T_{7,8} + \Delta T_{8,9} + \Delta T_{9,10}}{6}$$

$$\Delta T_a = T_6 - T_7 \Delta T_b = T_4 - T_5$$

온도 측정 위치 1~10은 그림 8.8에 나와 있다.

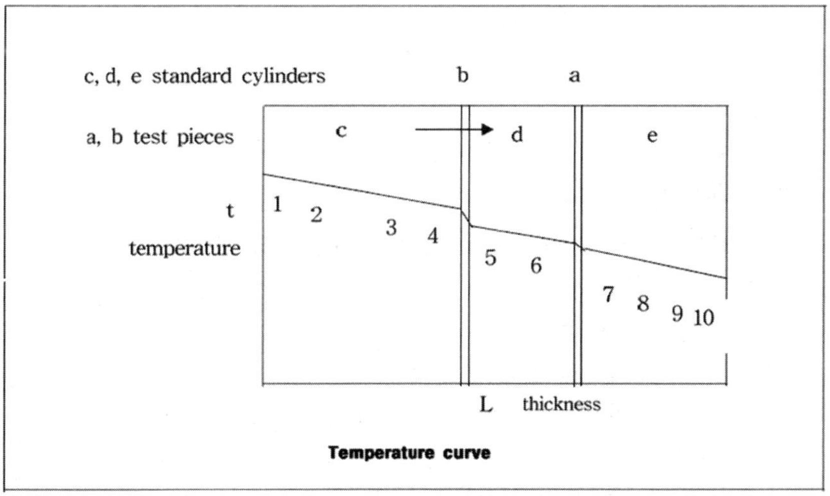

그림 8.8 온도 측정 위치

8.3.3 열전도 측정실험

1) 실험 장치

그림 8.9 전체 실험

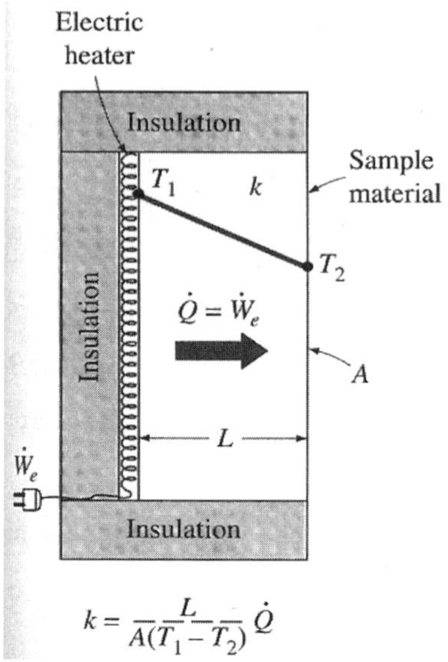

그림 8.10 실험장치 모형도

2) 실험 방법

(1) 온도 측정 실험

① 제어 패널 장치의 모든 스위치가 꺼져 있는지 확인한다.
② 주전원 스위치를 올려 준다.
③ 볼트미터의 지시가 정상인지 확인한다.
④ 전열기 전원 스위치를 올려준다.
⑤ 온도 제어기의 설정다이얼을 실험온도에 맞추어 준다.
⑥ 암페어미터의 지시 침이 올라가나 확인한다.
⑦ 항온장치가 정상인지 확인한다.

⑧ 온도측정 실험에 들어가기 전에 선택 스위치가 중복으로 들어갈 경우 측정값을 오차가 발생하므로 주의해야 한다.

⑨ 온도 측정 장치의 설정을 맞춘 후 시험편(a=4.0 mm, b=2.0 mm)을 장치에 각 각설치하고 냉각수를 유량계로 일정량 흘려보낸다.

⑩ 전원을 올린 후 전열기 스위치로 냉각수의 온도를 조절한다.

⑪ 온도 지시계의 온도가 100℃ 근처가 될 때 까지 기다린다.

⑫ 1번부터 10번까지 구리와 시편이 연결된 곳의 온도를 읽어서 low값과 high값의 평균을 내어 적는다. 1번과 2번 ,2번과 3번 … 이렇게 온도 차이를 구한다.

(2) 열전도율 측정

① 측정 값 : 시편 각 위치에서의 측정온도 $T_1 \sim T_{10}$

$$\text{평균온도}\ \Delta T_r = \frac{\Delta T_{1,2} + \Delta T_{2,3} + \Delta T_{3,4} + \Delta T_{7,8} + \Delta T_{8,9} + \Delta T_{9,10}}{6}$$

② 계산 값 : 실제 열전도도 k는

$$k = \frac{x_b - x_a}{\frac{x_b}{k'_b} - \frac{x_a}{k'_a}}$$

→ 여기서

$$k'_a = \frac{\Delta T_r\, x_a}{\Delta T_a\, x_r} k_r \quad , \quad k'_b = \frac{\Delta T_r\, x_b}{\Delta T_b\, x_r} k_r$$

$$\Delta T_a = T_6 - T_7 \qquad \Delta T_b = T_4 - T_5$$

8.3.4 실험결과 data 및 정리

시편	재질	길이 (m)	ΔT_a (℃) $\Delta T_a = T_6 - T_7$	ΔT_b (℃) $\Delta T_b = T_4 - T_5$	ΔT_r(℃)	실제 열전도율 (k)
a						
b						

8.4 실험결과 보고서 제출

같은 실험조의 학생들이라도 실험자료는 공유를 하되 보고서 작성과정의 내용은 각자 독자적으로 작성하여야 하며, 실험결과에 대한 고찰 내용이 학생들의 실험 점수에 가장 중요한 인자가 됨을 주의.

9
Chapter

1자유도 진동계의 수치실험

9.1 실험목적

9.2 이론적 배경

9.3 실험준비물 및 소요장비

9.4 실험방법

9.5 결과 및 보고서 작성

각종 기계 및 지지 구조물에 작용하는 동적 하중에 의해 발생하는 진동을 해석하고 진동을 줄이거나 진동으로부터 보호를 위한 설계 방법을 학습하는 것이 예비 엔지니어가 진동공학을 공부하는 주목적이라 할 수 있다. 현대 엔지니어들에게는 진동에 대한 지식을 이해하는 것이 매우 중요하다. 대부분의 기계설비들은 엔진이나 전동기로부터 동력을 공급받아 구동되고 있고, 이들은 종종 변동하는 동적인 힘을 일으켜 원치 않는 소음과 불편한 운동 또는 구조물의 파괴 등으로 이어질 수 있는 기계진동을 일으킨다.

- 9.1절에서는 수치실험의 목적을 기술 하고, 왜 필요한가를 살펴보기로 한다.
- 9.2절에서는 1자유도 진동계(1 degree of freedom system)의 자유진동 및 강제진동응답에 관한 기본적인 이론에 대해 설명한다.
- 9.3절에서는 실험을 위한 준비물 및 소요장비 등에 대하여 설명한다.
- 9.4절에서는 실험방법 및 절차에 대하여 설명한다.
- 9.5절에서는 주어진 실험과제에 대한 결과보고서 작성 내용에 대해 기술한다.

9.1 실험목적

최근 공학에서 널리 사용되는 프로그래밍의 도구인 MATLAB으로 코딩된 GUI 프로그램을 이용하여 1자유도 진동계의 응답을 시뮬레이션함으로써 1자유도 진동계의 특성들을 이해하도록 한다. 감쇠계와 비감쇠계 응답의 차이를 직접 시뮬레이션을 통해 시각적으로 이해하며, 자유진동과 강제진동의 응답을 파악하도록 한다. 또한 비선형 미분방정식으로 표현되는 운동방정식의 해를 수치적분법을 이용하여 풀이하여 그 진동형태를 이해한다.

9.2 이론적 배경

9.2.1 단진자(simple pendulum)의 자유진동응답

그림 9.1과 같은 단진자 모델에 대한 운동방정식은 다음과 같이 유도된다.

$$\ddot{\theta} = -\frac{g}{l}\sin\theta - c\dot{\theta} \tag{9.1}$$

여기서 l은 실의 길이, g는 중력가속도, c는 공기저항을 점성감쇠로 가정하여 나타낸 감쇠계수(damping coefficient)이다.

이 식은 2계 비선형 미분방정식으로, 각변위 θ가 매우 작다고 가정하면($\theta \ll 5°$), $\sin\theta \fallingdotseq \theta$로 되어 선형화하여 풀 수 있다. 여기서는 비선형 방정식을 그대로 고려하며, 따라서 수치적인 적분방법이 필요하다.

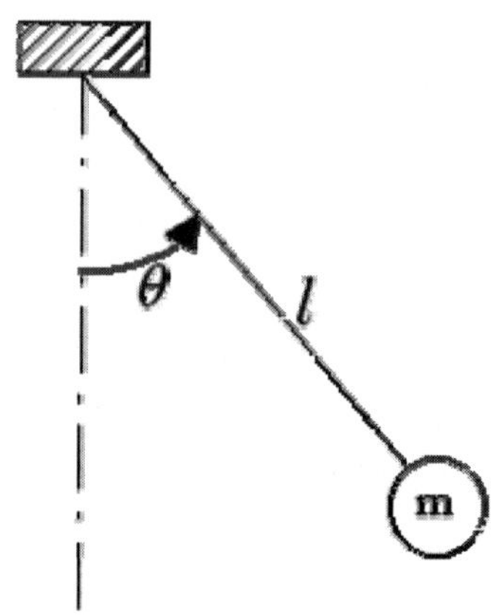

그림 9.1 단진자 모델

수치적분법에는 Euler법, Newmark법, Runge-Kutta법 등이 널리 이용되며, 여기서는 4차 Runge-Kutta법을 이용하여 시뮬레이션을 수행한다. Runge-Kutta법을 사용하기 위해 위의 2계 미분 방정식을 아래와 같이 1계 미분방정식의 형태로 바꿀 필요가 있다.

$$\dot{\theta} = \omega$$

$$\dot{\omega} = -\frac{g}{l}\sin\theta - c\omega \tag{9.2}$$

여기서, $y = \omega$ 라고 두면, 미분방정식은 $\dot{y} = f(y, t)$ 의 일반적인 형태로 바꿀 수 있고, $t = t_n$ 에서의 함수 값이 $y = y_n$ 으로 구해지면, 다음 스텝 $t = t_{n+1} = t_n + \Delta t$ 에서의 y_{n+1} 은 4차의 Runge-Kutta법에서는 다음 식으로 계산되어 진다. 즉,

$$y_{n+1} = y_n + \frac{k_1 + 2k_2 + 2k_3 + k_4}{6}\Delta t \tag{9.3}$$

단, $k_1 = f(y_n, t_n)$.

$$k_2 = f\left(y_n + k_1\frac{\Delta t}{2},\ t_n + \frac{\Delta t}{2}\right)$$

$$k_3 = f\left(y_n + k_2\frac{\Delta t}{2},\ t_n + \frac{\Delta t}{2}\right)$$

$$k_4 = f(y_n + k_3\Delta t,\ t_n + \Delta t)$$

9.2.2 1자유도계(스프링·질량·감쇠기)의 자유진동 응답

그림 9.2는 질량(m), 감쇠기(c), 스프링(k)으로 구성된 1자유도 계를 나타낸다. 운동방정식은 Newton의 운동 제2법칙을 적용하면, 다음과 같은 2계 동차 미분방정식의 형태로써 나타낼 수 있다.

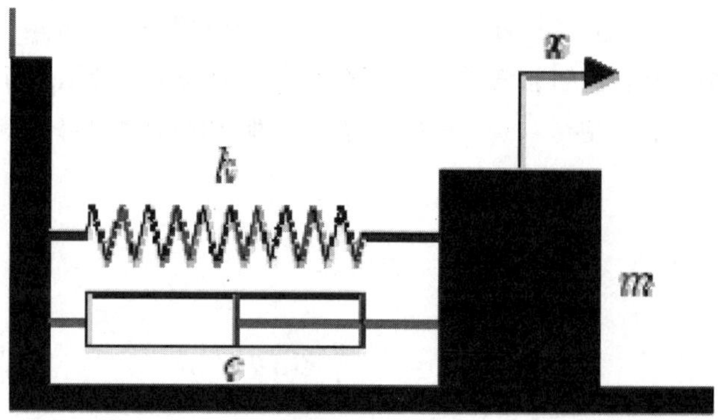

그림 9.2 스프링·질량·감쇠기의 1자유도계 모델

$$m\ddot{x}+c\dot{x}+kx=0 \tag{9.4}$$

미분 방정식 (4)의 해가 그림 9.2의 1자유도계의 변위나 속도와 같은 응답이 되기 때문에 진동 해석을 위해서는 미분방정식을 풀어서 해를 구해야 된다. 특성 방정식을 구하기 위해서 $x=e^{st}$ 라고 놓고 미분 방정식에 대입하면, 다음과 같은 특성 방정식을 구할 수 있다.

$$ms^2+cs+k=0 \tag{9.5}$$

동차 미분방정식의 해의 형태는 특성 방정식의 해에 따라 좌우되는데 특성 방정식의 해를 구해보면 다음과 같이 된다.

$$s=\frac{-c\pm\sqrt{c^2-4mk}}{2m}=-\frac{c}{2m}\pm\sqrt{\frac{c^2}{2m}-\frac{k}{m}} \tag{9.6}$$

여기에서 $\sqrt{\ }$ 안의 값인 $c^2/2m-k/m$를 0으로 하는 c의 값을 임계 감쇠 계수(c_c : critical damping coefficient)라고 하고, 과도상태에서 진동의 형태를 좌우하는 요소가 된다. 따라서 임계감쇠계수는

$$c_c=2\sqrt{mk}=2m\omega_n \tag{9.7}$$

가 된다. 여기서, ω_n은 비감쇠 고유진동수($\omega_n = \sqrt{k/m}$)이다.

그리고 감쇠계수와 임계감쇠계수의 비를 감쇠비(damping ratio) ζ라고 하고, 과도상태에서 진동의 형태를 결정하는 기준이 된다. 감쇠비는

$$\zeta = \frac{c}{c_c} = \frac{c}{2m\omega_n} = \frac{c}{2\sqrt{mk}} \tag{9.8}$$

이고, 특성 방정식의 해를 감쇠비로 나타내면 다음과 같다.

$$s = -\frac{c}{2m} \pm \sqrt{\frac{c^2}{2m} - \frac{k}{m}} = (-\zeta \pm \sqrt{\zeta^2 - 1})\omega_n \tag{9.9}$$

위의 감쇠비의 크기에 따라 응답은 아래의 3가지로 나뉘어 진다.

1) 부족 감쇠계(underdamped system):

$0 < \zeta < 1$인 경우이며, 특성 방정식의 해는 $s = -\zeta\omega_n \pm i\sqrt{1-\zeta^2}\,\omega_n$인 복소수 형태로 되고, 따라서 계의 응답은 진동을 하며 시간에 따라 점차 감소하게 된다. 초기조건 ($t = 0$: $\dot{x}(0) = \dot{x}_0$, $x(0) = x_0$)을 적용한 최종적인 해를 구하면 다음과 같다.

$$x(t) = e^{-\zeta\omega_n t}(x_0 \cos\omega_d t + \frac{\dot{x}_0 + \zeta\omega_n x_0}{\omega_d} sin\omega_d t) = Xe^{-\zeta\omega_n t}\sin(\omega_d t + \phi) \tag{9.10}$$

여기서, $\omega_d (= \sqrt{1-\zeta^2}\,\omega_n)$는 감쇠 고유진동수(damping natural frequency),

$$X = \sqrt{(x_0)^2 + (\frac{\dot{x}_0 + \zeta\omega_n x_0}{\omega_d})^2}, \ \tan\phi = \frac{x_0\omega_d}{\dot{x}_0 + \zeta\omega_n x_0}$$

2) 임계 감쇠계(critically damped system):

$\zeta = 1$인 경우로서 특성 방정식이 중근 $s = -\omega_n$을 가지고 계의 응답이 진동하지 않고 빠르게 소멸하며 응답은 다음 식으로 표현된다.

$$x(t) = x_0 e^{-\omega_n t} + (\dot{x}_0 + \omega_n x_0) t e^{-\omega_n t} \tag{9.11}$$

3) 과감쇠계(overdamped system):

$\zeta > 1$인 경우로서 특성 방정식의 해가 서로 다른 2개의 실근 $s = (-\zeta \pm \sqrt{\zeta^2 - 1})\omega_n$을 가지고, 계의 응답은 진동을 하지 않고 느리게 소멸한다.

$$x(t) = \frac{\dot{x}_0 + (\zeta + \sqrt{\zeta^2 - 1})\omega_n x_0}{2\sqrt{\zeta^2 - 1}\,\omega_n} e^{(-\zeta + \sqrt{\zeta^2 - 1})\omega_n t}$$

$$- \frac{\dot{x}_0 + (\zeta - \sqrt{\zeta^2 - 1})\omega_n x_0}{2\sqrt{\zeta^2 - 1}\,\omega_n} e^{(-\zeta - \sqrt{\zeta^2 - 1})\omega_n t} \tag{9.12}$$

9.2.3 1자유도계의 강제진동 응답

강제진동은 외부로부터 가진력이 작용하는 경우로 초기 시간 동안에는 변위나 속도와 같은 초기조건에 의해 계의 응답이 좌우되지만, 앞의 자유 진동에서 나타내었듯이 자유진동의 응답은 시간이 지나면 소멸되기 때문에 어떤 시간 이후부터는 외부에서 작용한 가진력에 의해 계의 응답이 좌우된다. 결국 강제진동의 응답은 초기 조건에 의한 자유진동 응답과 가진력에 의한 정상상태 응답의 합의 형태로 나타나게 된다.

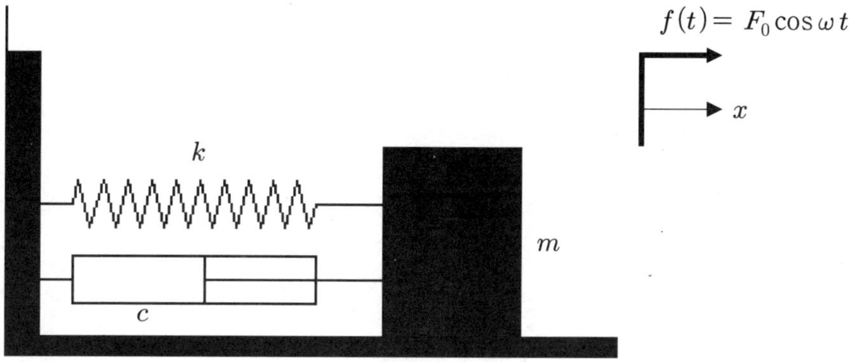

그림 9.3 1자유도 강제진동계

그림 9.3은 조화함수 형태의 가진력 $f(t) = F_0 \cos\omega t$가 작용하는 m, c, k로 이루어진 1자유도계를 나타낸다.

운동 방정식을 구하기 위해 Newton의 운동 제 2 법칙을 적용시키면, 다음과 같은 비동차 미분 방정식을 구할 수 있다.

$$m\ddot{x} + c\dot{x} + kx = f(t) = F_0 \cos\omega t \tag{9.13}$$

1) 과도응답(transient solution)

$0<\zeta<1$인 부족 감쇠계라고 하면, 과도 응답은 자유응답에서 보인 것과 같이 다음과 같다.

$$x_t(t) = e^{-\zeta\omega_n t}(c_1 \cos\omega_d t + c_2 \sin\omega_d t) \tag{9.14}$$

2) 정상상태응답(steady state solution)

복소수 방법을 이용해서 정상상태 응답을 구하기 위해서 운동 방정식을 복소수 형태로 나타낸다. 즉,

$$m\ddot{x}+c\dot{x}+kx=f(t)=F_0\cos\omega t=\mathrm{Re}\left\{F_0 e^{i\omega t}\right\} \tag{9.15}$$

여기에서 $x(t)=Xe^{i\omega t}$ 라고 하고(입력이 조화함수이면 출력도 조화함수가 된다), 운동 방정식에 대입한 후 정리하면

$$(k-m\omega^2+c\omega i)Xe^{i\omega t}=F_0\, e^{i\omega t} \tag{9.16}$$

이므로 진폭 X는 다음과 같다.

$$|X|=\frac{F_0}{\sqrt{(k-m\omega^2)^2+(c\omega)^2}}=\frac{\delta_{st}}{\sqrt{(1-r^2)^2+(2\zeta r)^2}} \tag{9.17}$$

여기서 진동수비 $r(=\omega/\omega_n)$은 고유진동수에 대한 가진주파수의 비를, $\delta_{st}(=F_0/k)$는 정적 처짐을 의미한다. 위상각 $\tan\psi=2\zeta r/(1-r^2)$이면, 정상 상태 응답은 다음과 같다.

$$x(t)=x_s(t)=Xe^{i(\omega t-\psi)}=X\cos(\omega t-\psi) \tag{9.18}$$

3) 전체 응답

전체 응답은 과도응답과 정상상태 응답의 합의 형태로 나타나므로

$$x(t)=x_t(t)+x_s(t)$$

$$=e^{-\zeta\omega_n t}(c_1\cos\omega_d t+c_2\sin\omega_d t)+X\cos(\omega t-\psi)] \tag{9.19}$$

단, c_1, c_2는 초기조건에 의해 결정되는 적분 상수이다.

여기에서 초기 조건 $x(0)=x_0$, $\dot{x}(0)=\dot{x}_0$을 대입하면,

$$c_1=x_0-X\cos\psi$$

$$c_2 = \frac{\dot{x}_0 + \zeta\omega_n(x_0 - X\cos\psi) - \omega X\sin\psi}{\omega_d} \qquad (9.20)$$

9.3 실험준비물 및 소요장비

1) Pentium III 이상의 개인용 컴퓨터(PC)

2) 첨부되어 있는 Matlab GUI 실행 파일

- mck1dof.exe(스프링-질량-감쇠계의 진동 시뮬레이션용)
- pen1dof.exe(단진자 수치 시뮬레이션용)

9.4 실험방법

9.4.1 단진자의 자유진동 실험

pen1dof.exe를 실행시키면, 그림 9.4와 같은 초기화면이 나타난다.

그림 9.4에서 왼쪽 위에 단진자의 모델이 보이며, 아래에는 시간에 따른 응답을 각도로서 표시한다. 오른쪽에 입력하는 파라미터들의 의미는 다음과 같다.

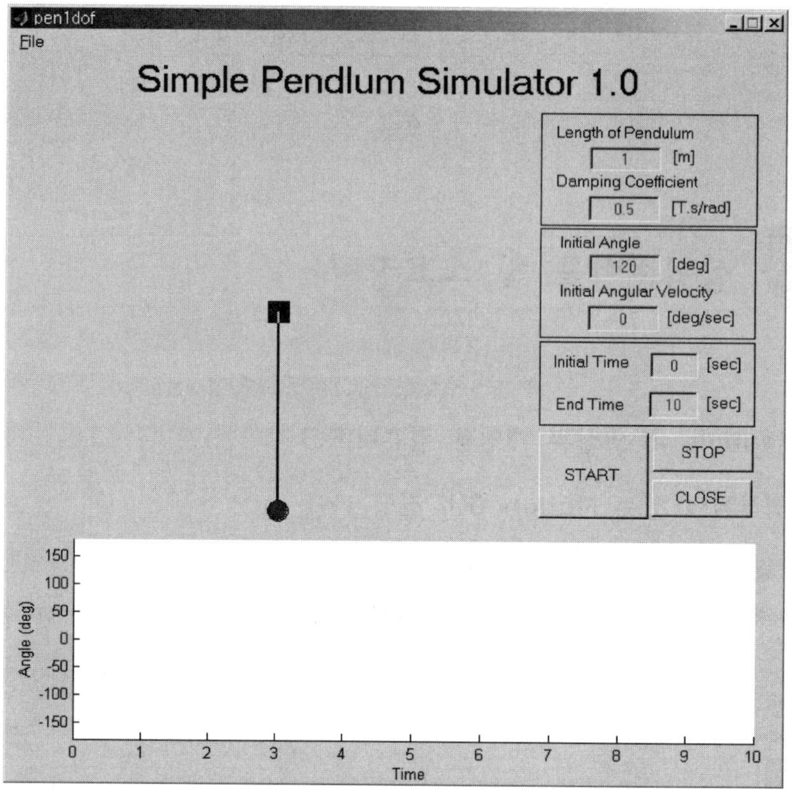

그림 9.4 단진자 시뮬레이터 초기화면

- Length of Pendulum : 단진자의 길이 (m)
- Damping Coefficient : 점성감쇠 값 (N·s/rad)
- Initial Angle : 초기 각도 (deg)
- Initial Angular Velocity : 초기 각속도 (deg/s)
- Initial Time : 시뮬레이션 시작 시각(s)
- End Time : 시뮬레이션 종료 시각(s)

이상의 파라미터들을 입력하고 'START' 버튼을 누르면 시뮬레이션이 시작된다. 도중에 중지하기를 원하면 'STOP' 버튼을 누르면 되며, 재설정 시에는 다시 설정 값을 바꾼 후에 'START 버튼을 클릭한다.

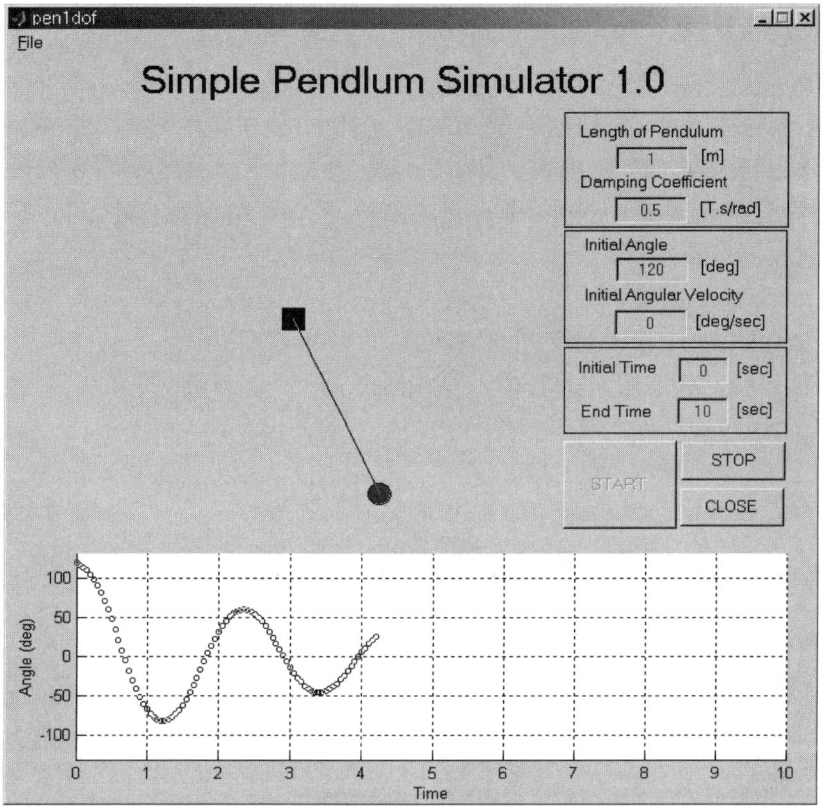

그림 9.5 단진자의 시뮬레이션 과정

'CLOSE' 버튼을 누르면 시뮬레이션을 끝내고 창이 닫히게 된다. 그림 9.5는 'START' 버튼을 누른 후의 시뮬레이션이 수행되고 있는 임의 순간을 나타낸다.

이상을 참조하여 다음과 같은 사항들에 대해서 시뮬레이션을 수행하고, 1자유도 자유진동계의 진동형태를 고찰하도록 한다.

1) 초기조건을 변화시키면서 운동의 형태를 파악한다.
2) 감쇠의 크기를 조절하면서 진동의 형태를 비교한다.

9.4.2 스프링·질량·감쇠계의 진동 수치 실험

mck1dof.exe를 실행시키면 그림 9.6과 같은 초기화면이 나타난다.

그래픽 창에서 왼쪽 그림 9.6은 스프링과 감쇠기 및 질량이 있는 1자유도계 스프링의 형상을 나타내며, 왼쪽 아래는 시간에 따른 응답의 크기를 나타내어주는 그래프이다. 오른쪽에 여러 가지 파라미터를 변화시킬 수 있도록 설정창이 있으며, 그 파라미터들의 의미는 다음과 같다.

- Mass(M) : 질량 (N)
- Stiffness(K) : 스프링의 강성 (N/m)
- Damping(C) : 감쇠기의 감쇠 크기(N·s/m)
- Initial Disp(Xo) : 초기 변위 (m)

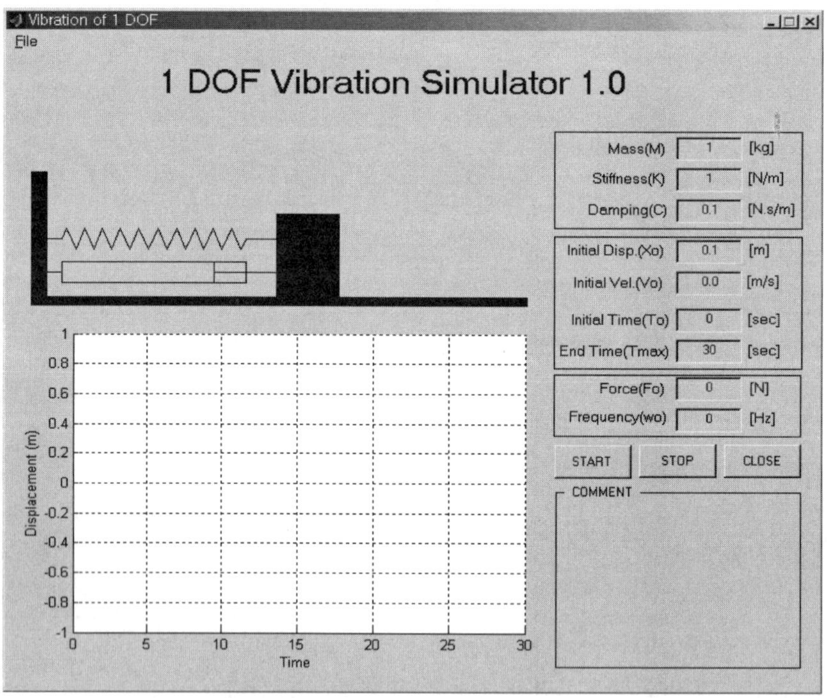

그림 9.6 스프링-질량-감쇠기의 1자유도계의 시뮬레이션 창

- Initial Vel(Vo) : 초기 속도 (m/s)
- Initial Time(To) : 원하는 시뮬레이션 시작 시각
- End Time(Tmax) : 원하는 시뮬레이션 종료 시각
- Force(Fo) : 정현파 외력의 편진폭 크기 (N)
- Frequency(wo) : 정현파 외력의 진동수 (Hz)

위에서 'Damping(C)' = 0으로 입력하면 비감쇠 응답을 구하여 주며, 'Force(Fo)` = 0으로 입력하면 자유진동 응답을 의미한다.

모든 입력이 끝난 후 'START' 버튼을 누르면 시뮬레이션이 시작된다. 도중에 중지하기를 원하면 'STOP' 버튼을 누르면 되며, 다시 설정 값을 바꾼 후에 'START 버튼을 클

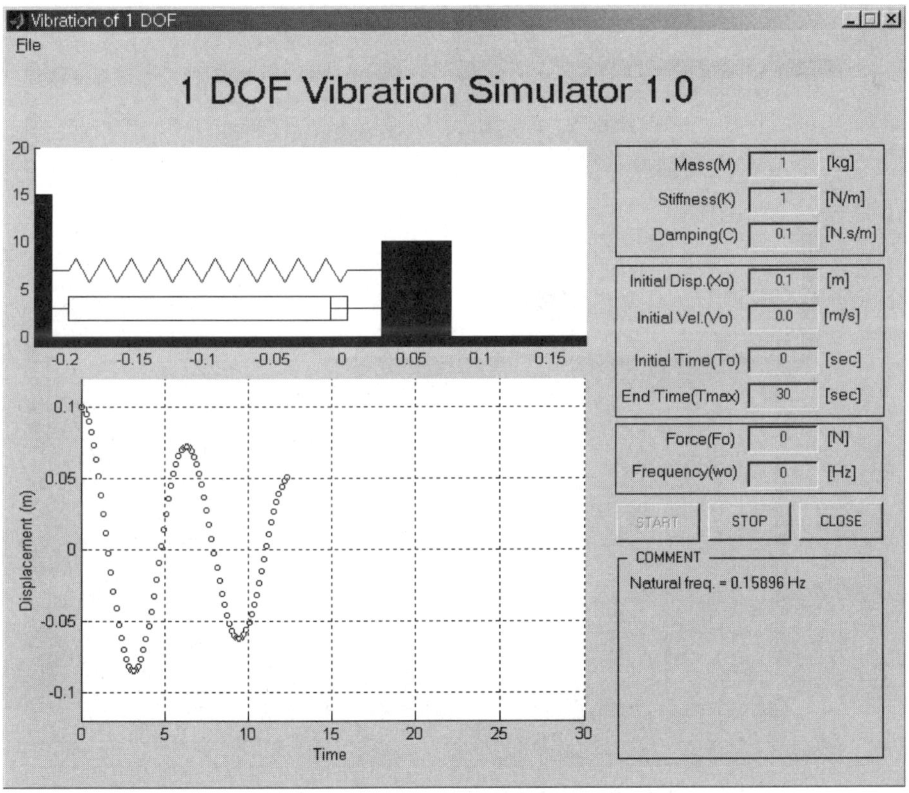

그림 9.7 시뮬레이션 화면

릭하면 된다. 'CLOSE' 버튼을 누르면 시뮬레이션을 끝내고 창이 닫히게 된다. 그림 9.7은 'START' 버튼을 누른 후의 시뮬레이션이 수행되고 있는 과정을 나타낸 그림이다.

시뮬레이션을 수행할 때, 그림 9.8과 같이 운동의 주기가 전체 시간에 비해서 너무 짧아 운동의 형태를 알아보기 힘든 경우에는, 'Initial Time (To)'와 'End Time(Tmax)'의 값들을 조정하여 시뮬레이션 시간 구간을 줄여서 시도하면 응답의 형태를 정확하게 파악할 수 있다(그림 9.9).

또한 이 시뮬레이터를 이용해 진동계의 시뮬레이션을 수행할 때 주의해야 할 점은, 이 시뮬레이터를 통해 질량이 움직이는 시간은 실제의 시간과는 다르며, 시간의 개념은 왼쪽 그래프 상에서 나타난 시간을 참조하여야 한다. 또한 컴퓨터의 사양에 따라서 스프링이 움직이는 속도가 달라질 수 있다.

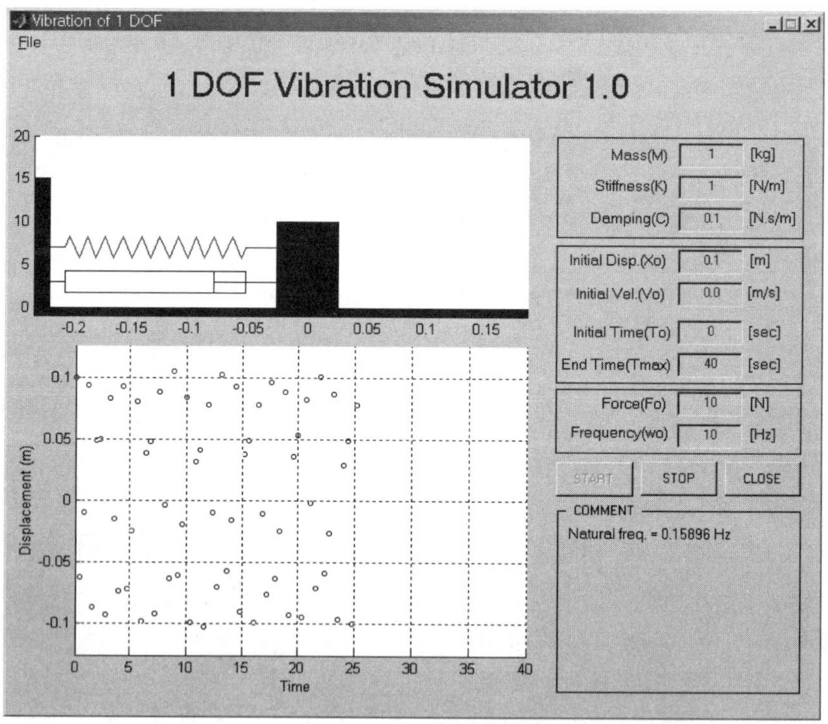

그림 9.8 시뮬레이션 시간이 너무 긴 경우

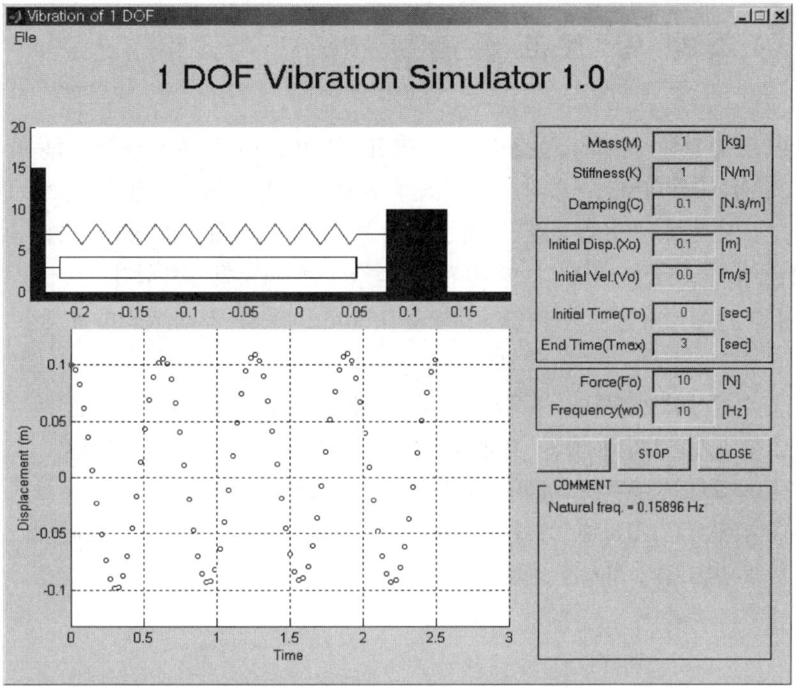

그림 9.9 적절한 시간 구간의 경우

위의 설명을 참조하여 아래와 같은 사항들을 직접 시뮬레이션 해본다.

1) 비감쇠계에 대한 자유진동 응답의 형태를 파악한다.
2) 비감쇠계의 자유응답 그래프로부터 고유진동수를 계산한다.
3) 감쇠계(감쇠계수 $\neq$ 0)에서 3가지 감쇠의 형태(부족감쇠, 과감쇠, 임계감쇠에 따른 자유진동의 형태를 파악한다.
4) 비감쇠와 감쇠계에서의 강제진동의 응답의 특성을 비교·분석한다.
5) 외력 진동수를 변화시키면서 응답의 크기를 비교한다.
6) 감쇠의 크기를 변화시키면서 외력진동수의 크기와 응답의 크기의 관계를 비교한다.

9.5 결과 및 보고서 작성

이 실험을 통해서 실제의 실험장치를 통한 실험이 아닌 컴퓨터를 이용한 모의실험(simulation)을 수행하였다. 가장 일반적인 1자유도 진동계인 단진자와 스프링-질량-감쇠기 모델에 대해서 자유진동과 강제응답(정현파가진)을 시뮬레이션 하여 봄으로서, 1자유도 진동계의 운동의 형태와 여러 가지 특징들을 파악할 수 있다.

이 실험을 마무리하면서 아래와 같은 중요한 요점들을 분석·정리하여 보고서로서 제출한다.

1) 수치실험으로부터 구해진 고유진동수를 이론치와 비교하시오.
2) 감쇠의 크기에 따른 자유진동 응답의 특성을 비교 설명하시오.
3) 외력의 진동수를 변화시키면서 응답의 크기를 비교하시오.
4) 3)에서 감쇠비에 따라서 주파수에 대한 응답의 크기를 그래프를 그리고 그 특징을 분석하시오.

10
Chapter

충격가진 시험 (Impact Excitation Test)

기계나 구조물의 고유진동수와 진동모드는 그 진동계의 동특성을 예측하거나 이해하는 데 매우 중요한 요소이다. 계의 주요 동특성은 아래와 같다.

- 고유진동수, 공진 주파수(resonant frequency)
- 모드 형상(mode shape)
- 감쇠(damping)

따라서 진동시험을 하는 가장 중요한 목적은 진동계의 동특성을 파악하여, 설계에 반영함으로서 계의 안정성을 확보하고, 진동의 근본 원인을 찾아내어 허용범위 내로 저감하거나 제거하는 것이다. 이 장에서는 고유진동수를 파악하기 위한 실험적 방법의 하나인 충격 가진 시험에 대해서 살펴본다.

- 10.1절에서는 충격가진 시험의 목적을 기술하고, 왜 시험이 필요한가를 살펴보기로 한다.
- 10.2절에서는 충격가진 시험을 위한 기본적인 이론에 대해 설명한다.
- 10.3절에서는 시험방법 및 절차 등에 대하여 설명한다.
- 끝으로, 10.4절에서는 주어진 실험과제에 대한 결과보고서 작성 요령에 대하여 기술한다.

10.1 실험목적

측정된 응답신호의 크기는 주어진 가진력(excitation force)의 주파수에 따라서 변화될 수 있다. 외부에서 가해진 가진력의 주파수가 진동계의 공진주파수 또는 고유진동수에 근접할수록 응답신호는 증폭된다.

고유진동수에서는 외부로부터 임의의 가진력이 가해졌을 때, 응답의 크기가 매우 커지게 된다. 즉, 가진 주파수가 공진주파수에 가깝게 되면, 종종 악영향을 발생한다. 이러한 이유 때문에, 피로 파괴를 유발하는 과도한 진동은 궁극적으로는 구조물이 파괴에 이를 수 있게 한다. 공진주파수에서 진동계의 변형된 모양(굽힘, 비틀림 등)은 가진 주파수에 따라서 달라지고, 이들 변형된 모양을 모드 형상(mode shape)이라고 한다.

구조물의 감쇠(damping)는 외부로부터의 가진력이 제거됐을 때, 얼마나 빨리 구조물의 진동이 줄어드는지에 대한 정보를 제공한다. 모드해석(modal analysis)에는 측정 단계와 해석 단계 모두를 포함하여 지칭한다. 구조물을 임팩트해머 또는 가진기와 같은 장비를 이용해서 가진력을 부가한다. 이를 실험에 의한 모드해석(experimental modal analysis)라고 부른다. 모드시험을 위한 장비로는 가진력과 이에 의해 발생하는 진동 가속도를 측정하는 힘 변환기(force transducer)와 가속도센서(Accelerometer), 아날로그 신호를 디지털신호로 변환하기 위한 AD변환기 또는 Front-End 장비, 데이터를 확인하고 분석하기 위한 PC가 필요하다.

전통적인 모드해석을 보완하기 위한 방법으로 작동 중 모드해석(operational modal analysis)이 있다. 가진력을 부가하지 않고, 구조물이 실제 작동하는 상태에서 측정하기 때문에 응답신호만을 측정하여 분석하는 방법이다. 경계조건 또는 구조물의 형상 때문에 가진력을 부가할 수 없는 경우에 사용되며, 주요 응용 분야는 차량, 비행기, 풍력발전기, 대형 건물 및 교량 등이다. 모드해석을 수행하면, 구조물이 어떻게 진동하고 있는지 알 수 있다. 모드해석은 다음과 같은 목적으로 사용될 수 있다:

1) 문제해결

- 진동 문제의 근본 원인을 찾는다.

2) 시뮬레이션과 예측

- 구조물 물성치의 감도를 빨리 찾는다.
- 구조물 물성치 변경에 따른, 결과를 모니터링 한다.

3) 설계 최적화

- 소음/진동 목표를 만족할 수 있는 설계를 수행한다.
- 부품의 성능을 향상시키고, 진동을 감소시킨다.
- 재설계된 시스템을 빠르게 평가할 수 있다.

4) 진단과 모니터링

- 생산라인에 있는 제품과 고객이 사용하고 있는 제품에 대한 품질 확인에 사용된다.

5)모드해석의 장점으로는 다음을 들 수 있다.

- 좀 더 좋은 성능의 제품을 만드는데, 경쟁 우위를 가진다.
- 시재품의 개수를 줄일 수 있다.
- 흡/차음재를 저감할 수 있다.
- 개발 사이클을 짧게 할 수 있다.
- 제품 리콜 수를 줄여준다.
- 판매된 제품에 대해 빠르게 대응하게 한다.

10.2 이론적 배경

10.2.1 과도 가진(Transient Excitation)

과도 가진으로서 신호처리에 있어서 동일한 원리를 사용하는 형태는

1) Burst 신호의 짧은 구간(랜덤 또는 정현)
2) 급격 정현 sweep (또는 chirp, 입력 신호에 의해 생성되는 소리 뒤)
3) 해머 타격으로부터의 충격

등이 있다. 1)과 2) 방법은 주기적인 방법과 랜덤방법에서처럼 가진기에 부착이 필요하다. 방법 3)은 해머 또는 유사한 Impactor 장치를 사용하며 구조물에 영구적으로 부착되지는 않는다. 이러한 모든 신호에서 공통되는 원리는 가진과 그에 따른 응답이 측정된 단 하나의 샘플 내에 완전히 포함되는 것으로서 그 특징을 그림 10.1에 나타내었다.

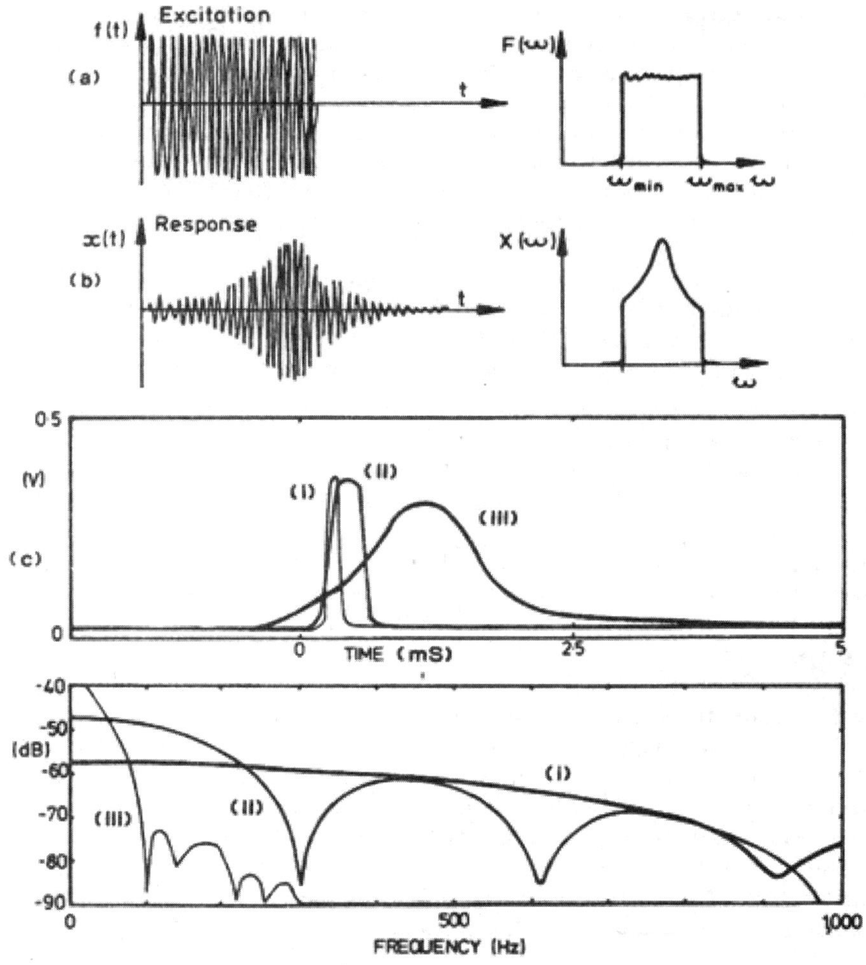

그림 10.1 가진에 대한 신호와 스펙트럼: 전형적인 과도시험 데이터

실제로 과도시험을 한 번 이상 반복하고 최종의 결과를 얻기 위하여 평균화하는 것이 일반적이다. 하지만 측정은 아래의 원리에 기초한다. 즉, 주파수응답함수(frequency response function, FRF) $H(\omega)$는 응답 $X(\omega)$와 가진 신호 $F(\omega)$의 간단한 푸리에변환(Fourier transforms) 비율 $H(\omega) = X(\omega)/F(\omega)$로부터 유도될 수 있다. 그들의 차이점은 과도 가진 신호의 정확한 형태와 반복 적용의 특성에 있다. 신호의 Burst 형태에서

는 가진이 (규칙적이거나 랜덤처럼) 연속신호인 것처럼 분석된다. 그리고 평균화를 위하여 한 번 직후 또 한 번의 계속적인 샘플을 취한다. Chirp 및 충격 가진에 대해서는 다음 샘플로 넘어가기 전 각각의 개별적인 샘플이 수집되고 처리된다. 그 후에 평균화를 실시하는데, 신호를 취할 것인지 취하지 않을 것인지를 결정한 후에 실시한다.

1) Burst 가진 신호

Burst 가진 신호는 연속적인 신호의 짧은 부분으로 구성되어 있다. 이는 정현파, 정현소인(sine sweep) 또는 랜덤 신호가 될 수도 있다. 그 후 0의 출력이 뒤따른다. 그 응답은 과도적인 증가(build-up)후에 감소가 이어진다. Burst 랜덤 가진과 응답의 예를 그림 10.2에 나타내었다. Burst의 기간(duration)은 작동자의 제어 하에 있다. 이는 이상적인 신호처리조건을 제공하기 위하여 선택된다. 응답신호는 측정기간의 끝에 감소되어 사라지도록 하는 것이 필수적이다. 만약 이 조건이 충족되지 않으면(burst가 너무 길), 누설오차(leakage errors)가 발생할 것이다. 또한 만약 주기의 끝 훨씬 이전에 사라진다면(burst가 너무 짧음), 신호의 질이 떨어질 것이다.

최종의 측정은 연속주기 또는 랜덤 신호처럼, 여러 개의 샘플을 평균화한 결과가 될 것이다. Burst 정현 가진의 경우에는 각각의 샘플은 동일할 것으로 기대된다. 그래서 평균화는 신호들에 있어서 잡음(noise)을 제거하는 역할만을 하는 것이다. 하지만 Burst 랜덤의 경우에는 각각의 개별적인 Burst는 다른 것과 다를 것이다. 그래서 이런 경우에는 임의적으로 변화하는 거동을 평균화하는 요소가 있다. 이 특징은 시험 구조물에 있어서 미약한 비선형의 존재에 측정을 향상시키는 것으로 보인다.

2) Chirp 가진

Chirp는 짧은 기간신호로 구성되고 그림 10.2(c)에 나타난 형태를 가진다. 이는 그 옆에 나타난 것과 같은 응답을 나타낸다. Chirp의 주파수 범위는 그림 10.2에서 나타난 것처럼 소인(sweep)의 시작과 끝에 의해 정확하게 선택될 수 있다. Burst 신호에서처럼, 가진의 기간은 신호처리를 위한 조건을 최적화하기 위하여 조절되어질 수 있다.

다른 경우에서와 같이, 최종의 측정은 일반적으로 여러 번의 반복된 샘플을 평균한 결과가 될 것이다.

3) 충격 가진

해머 타격은 그림 10.3(d)에 나타낸 두 그림과 같은 입력과 응답을 나타낸다. 분석의 관점에서 보면, 이것과 앞의 Chirp 가진과 매우 유사하다. 가장 큰 차이점은 Chirp가 입력의 크기와 주파수영역을 잘 조절할 수 있다는 것과 더 큰 진동에너지를 입력할 수 있다는 것이다. 그림 10.2(c)에 나타난 것처럼 Chirp 또는 Burst 신호의 스펙트럼은 급격한 정현 소인(rapid sweep) 또는 협대역 랜덤신호(narrow band random signal)의 시작과 끝 주파수 사이의 구간 내에서 엄격히 제어될 수 있다는 것이다.

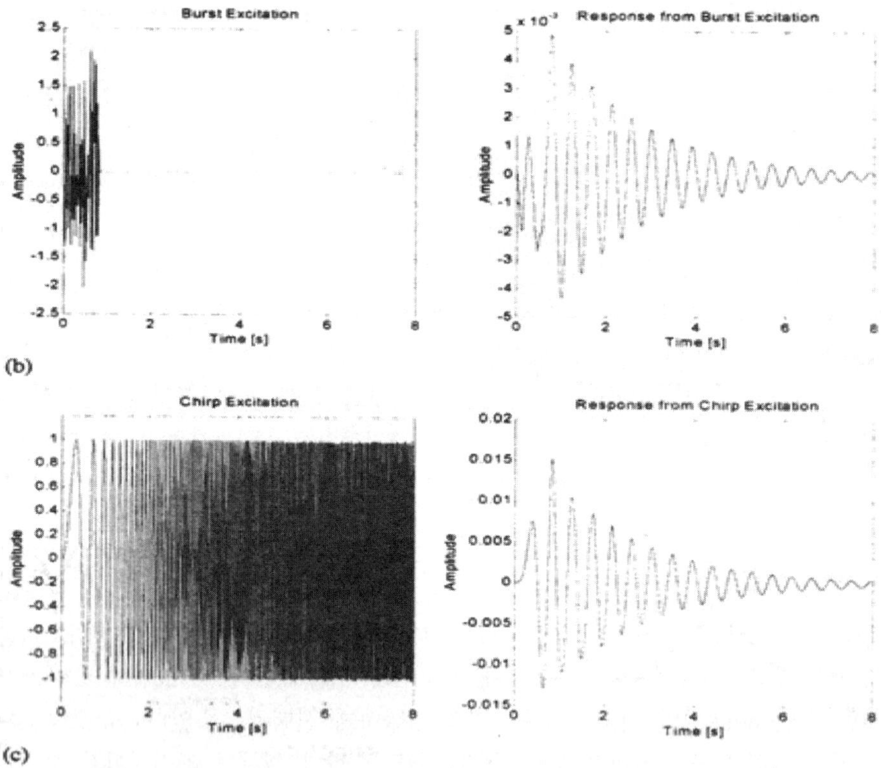

b) Burst 가진과 응답신호, c) Chirp 가진과 응답신호

그림 10.2 가진에 대한 신호와 스펙트럼

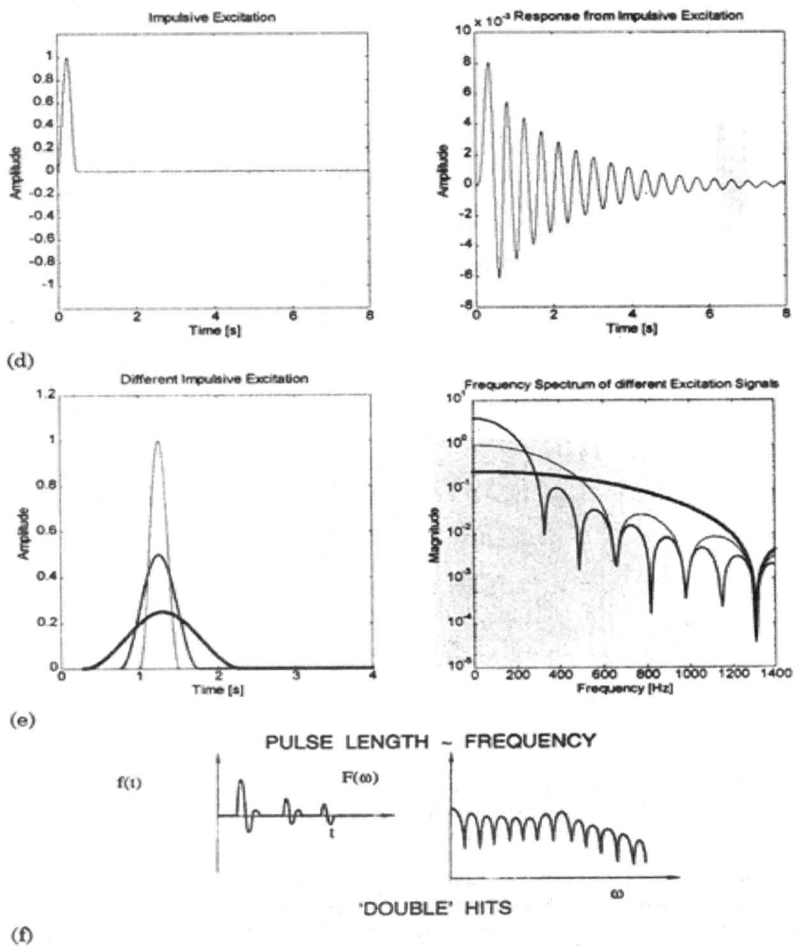

(d) 충격 가진과 응답신호, (e) 다른 충격가진 신호,
(f) 이중 충격(double-hit)의 경우에 대한 신호 및 스펙트럼

그림 10.3 가진에 대한 신호와 스펙트럼

비록 해머 타격의 스펙트럼도 재료에 의해 조절될 수 있지만(뒤에 언급됨) 제어하기는 더 어렵다. 그러나 1차 차단(cut- off) 주파수 아래의 영역에서 해머 팁(tip)과 구조

물 접촉의 강성에 의해 야기되는 힘 신호의 스펙트럼은 그림 10.3(e)에 나타난 것처럼 매우 평평하다.

해머 가진을 사용하는데 있어서 종종 직면하는 실제적인 곤란은 이중 충격(double-hit)의 스펙트럼이다. 어떤 구조물에서는 해머 타격에의 응답에 있어서 구조물의 움직임이 빨라 사용자가 해머를 미처 제거하기도 전에 구조물이 되돌아와 해머 팁에 바운딩될 수 있다는 것이다. 그런 경우에 대해서는 그림 10.3(f)에 예시로 도시된 것처럼 가진 스펙트럼은 특정 주파수들에 대하여 구멍(holes)이 있는 것처럼 보인다. 자세히 관찰해보면 이는 최초 충격과 리바운딩 사이의 시간차(time gap)에 의해 유도됨을 알 수 있다. 스펙트럼에서의 그러한 구멍은 본질적으로 문제가 되지는 않는다. 하지만 측정의 나중 단계에서는 오차가 있는 결과를 나타낼 수 있다. 나중 단계란 그림 10.3에서처럼 0(또는 잡음) 응답레벨과 영(또는 잡음) 힘 레벨의 비율이 계산되는 구간을 말한다.

과도 신호의 모든 이러한 경우에 필요한 푸리에 분석을 수행하기 위한 가정이 있다. 즉 단일 사건(과도 입력 및 출력)으로부터 얻어지는 결과는 준주기 절차(quasi-periodic process)의 한 주기를 나타내는 것으로 간주될 수 있다는 것이다. 다시 말하면 정확이 동일한 입력이 첫째이후 T초 후에 적용된다고 하면(T는 과도사건의 기간(duration)이고 측정의 주기이다), 실제 측정의 T초 구간에서 얻어진 것과 정확하게 동일한 응답이 관찰된다는 것을 의미한다. 이 가정은 그림 10.4에 도시되어 있다. 이는 다음과 같다.

(1) (a)에서의 가진 펄스는 분명히 가정을 만족한다.
(2) (b)에서의 응답 이력 또한 가정을 만족한다. 그러나
(3) (c)에서의 응답 이력은 가정을 만족하지 않는다. 적어도 샘플길이를 정의하는데 사용되는 주기 T에 대해서는 그렇다.

일단 의사(pseudo) 주기성의 필요한 조건들이 만족스럽게 충족되면 입력 힘 신호 $F(\omega_k)$와 응답신호 $X(\omega_k)$ 양쪽에 대하여 이산 푸리에 급수묘사가 얻어질 수 있다. 주파수 응답함수는 다음으로부터 계산될 수 있다.

$$H(\omega_k) = \frac{X(\omega_k)}{F(\omega_k)}$$

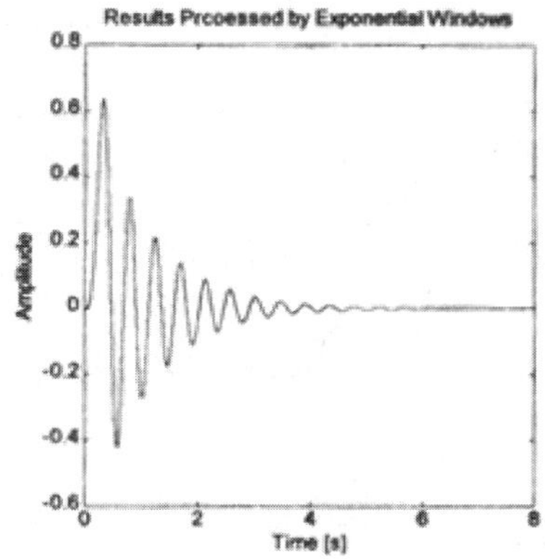

(e) 지수 윈도우에 의해 처리된 결과

그림 10. 4 의사 주기(pseudo-periodic) 함수와 같은 충격가진

힘 신호는 랜덤 가진에 대한 것과 같은 방법으로 취급될 수 있다. 일반적으로 스펙트럼 분석기는 과도 가진을 측정하는 데는 반드시 사용되어야 한다.

10.2.2 충격 가진에 사용되는 해머

기계나 구조물의 고유진동수는 그 시스템의 동적 거동을 예측하거나 이해하는 데 대단히 중요한 요소이다. 따라서 진동시험을 하는 가장 중요한 목적은 시스템의 고유진동수를 구하는 데 있다. 어떤 시스템이나 구조물에 가진력을 가하는 장치로는 가진기와 충격해머(impact hammer) 등이 있는데, 충격해머는 부가질량(mass loading) 효과를 피할 수 있고 가진기보다 훨씬 신속하게 사용할 수 있다. 충격해머는 머리 부분에 힘 변환기(force transducer)가 내장되어 있으며, 구조물을 타격하여 임펄스를 가함으로써 넓은 범위의 주파수 대역에 걸쳐서 구조물을 가진시키는 데 사용된다. 최대충격력은 해머의 머리 부분 질량과 충격속도에 거의 비례하며 머리 부분에 있는 로드 셀을 통하여 충격력을 측정한다.

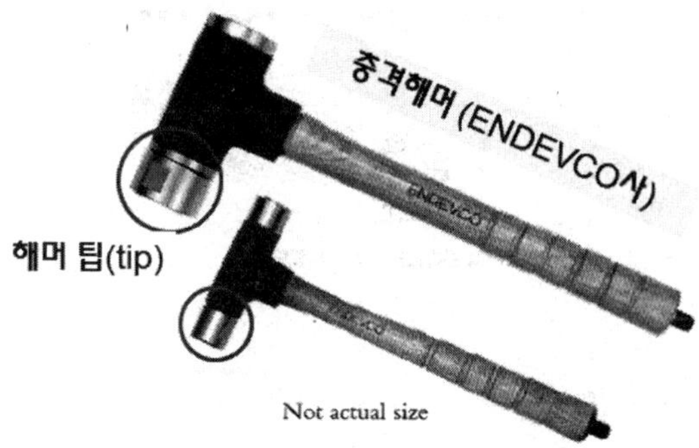

(a)

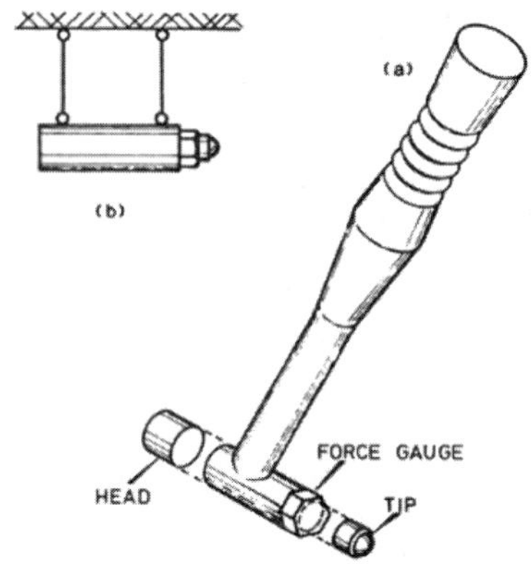

(b)

그림 10.5 Impactor와 hammer의 상세도

그림 10.5는 Impactor와 Hammer의 상세도를 나타낸다. 로드 셀(load cell) 또는 힘 변환기(force transducer)는 Impact hammer에 의해 감지되는 힘의 크기를 탐지한다. 힘의 크기는 구조물에 가하는 것과 반대방향이고 크기는 같다고 가정되어 진다.

그림 10.5(a)는 손으로 이용할 수 있도록 손잡이가 있는 것을 나타낸다. 그림 10.5(b)에서처럼 매달아 사용하거나 스프링으로 부하를 주는 장치로도 구성될 수 있다. 기본적으로, 충격의 크기는 Hammer head의 크기와 구조물을 칠 때 그것이 움직이는 속도에 비례한다.

10.2.3 충격가진 시험 절차

그림 10.6과 10.7은 각각 충격가진 시험 장면 및 데이터 분석 장비를 나타낸다. 충격가진 시험을 수행하는 절차는 다음과 같다. 먼저 측정하고자 하는 대상물에 가속도계(accelerometer)를 그림 10.6과 같이 부착한다. 시험 대상물(그림 10.6에서는 Steel)에 충격해머로 가진하면 가속도계는 가속도에 비례하는 전기신호를 발생하는데 그 신호가 약할 경우 증폭기(amplifier)를 사용하여 증폭할 수 있다. 증폭된 가속도 신호는 분석기로 케이블(cable)을 통하여 전달된다.

그림 10.6 충격가진 시험 장면

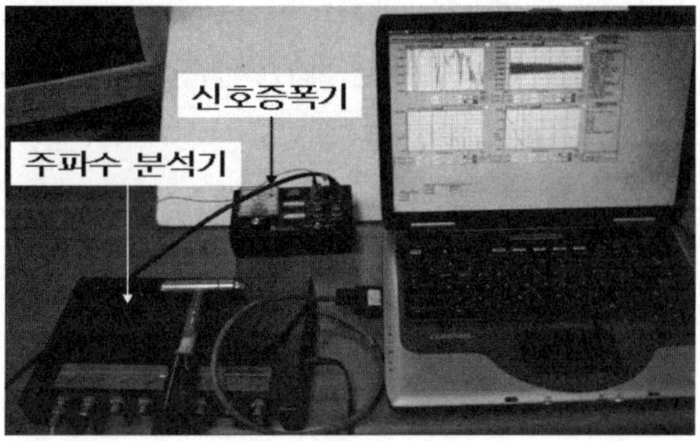

그림 10.7 충격시험 데이터 분석 장비

한편 충격해머 힘(force) 신호는 케이블을 통하여 분석기로 전달되거나 가속도 신호와 마찬가지로 증폭기를 통과할 수 있다. 그림에서 잘 나타나지는 않았지만, 여기에서는 분석기와 직접 연결되었다.

10.2.4 시간 및 주파수 응답 특성

그림 10.8은 충격해머에 의한 시간 및 주파수응답을 나타내는데, 충격력은 유한한 시간(T) 동안 지속됨을 보여준다(그림 10.8(a)). 충격이 작용하는 순간을 확대(zooming)

하여 그린 그림 이다. 이상적인 경우라면 충격이 1회만 있어야 하지만, 그림 10.8 (a)에서는 다시 한 번 충격이 가해졌음을 알 수 있다. 그림 10.8(b)에서 보는 바와 같이 주파수 응답은 모든 주파수 영역에 걸쳐 평탄하지 않고, 주파수의 주기적 형태를 갖는다. 펄스의 폭과 주파수응답의 형태는 해머와 구조물의 질량 및 강성에 따라 다르다. 구조물의 강성이 크고 해머의 질량이 작을 경우에는 해머 끝단의 강성에 의해 주파수 스펙트럼의 형태와 차단주파수 ω_c가 결정된다. 차단주파수는 충격해머에 의해 가진되는 가장 높은 주파수를 뜻한다. 그림 10.8(b)에 나타낸 것처럼 차단주파수(cutoff frequency) ω_c는 주파수응답의 크기가 최대치로부터 대략 10~20 dB 정도 떨어지는 지점에서의 주파수 값을 뜻한다. 따라서 구조물에 ω_c 이상의 모드를 가진 할 만큼 충분한 에너지를 공급할 수 없기 때문에 ω_c 이하를 유효가진 주파수로 한다.

분명히 이런 형태의 펄스는 차단 주파수이상의 주파수 영역에서 진동을 발생시키는 것은 비교적 비효율적이다. 최초의 차단 주파수와 펄스 지속시간(T_c)사이에는 직접적인 관계가 있다. 그러므로 차단 주파수를 높이기 위해서는 펄스 지속시간이 줄어들어야 한다. 달리 표현하면 접촉표면의 경도(hardness)가 아닌 강성(stiffness)과 Impactor head의 질량과 관련이 있을 수 있음을 볼 수 있다. 재료의 강성이 더 높을수록 펄스 지속시간이 줄어들 것이고 충격에 의한 유효한 주파수 영역은 더 높아질 것이다. 동일한 원리로 Impactor 질량이 작을수록 유효한 주파수 영역은 높아진다.

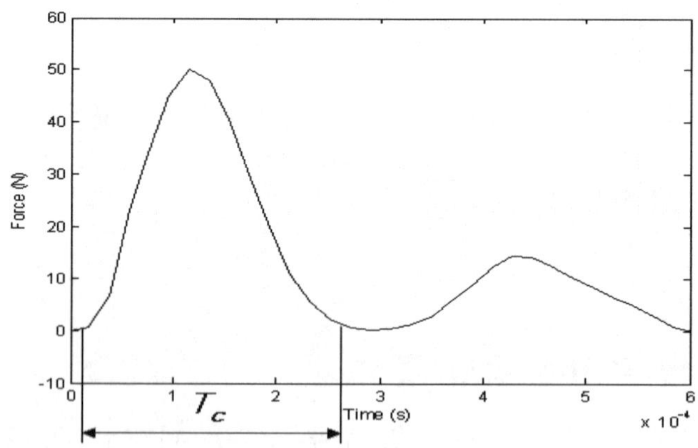

(a) 시간이력 (반 정현(half-sine) 형태)

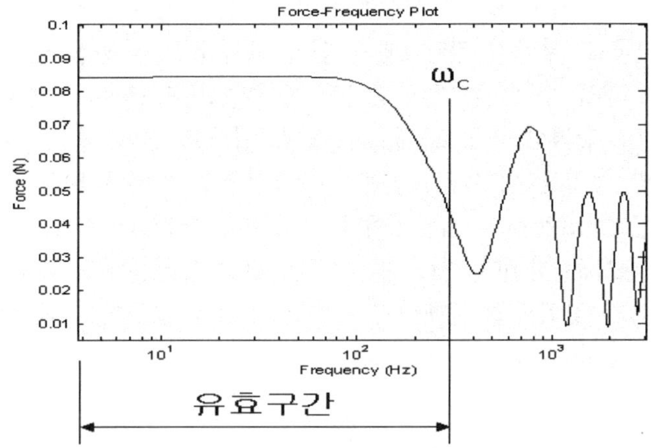

(b) 주파수 스펙트럼

그림 10. 8 펄스폭 Tc 및 유효가진 주파수(ω c) 범위

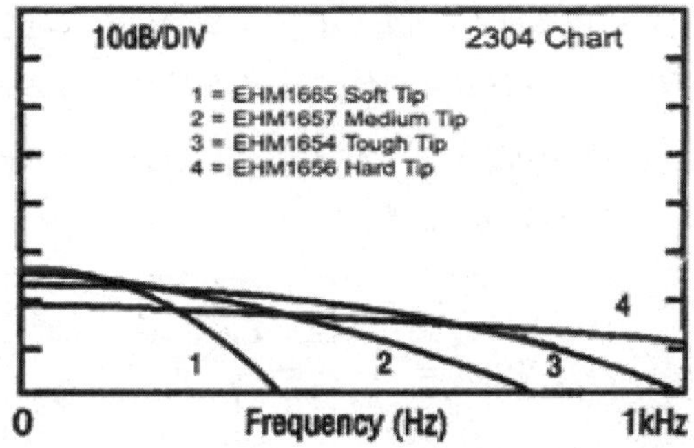

그림 10.9 Impactor 팁의 강성에 따른 유효한 주파수 비교

여러 가지의 해머 팁(tip)을 이용함으로써 원하는 주파수영역을 얻을 수 있다. 그림 10.9는 Impactor의 팁에 따른 유효주파수 영역을 나타내고 있다. 그림 10.9에서는 번호가 낮을수록 Soft한 특성으로 유효한 주파수 영역 또한 상대적으로 가장 낮음을 알 수 있다. 기대하는 주파수 영역을 커버할 수 있는 가능한 강성이 낮은 팁(Soft tip)을 사용하면 그 영역 내에 모든 에너지를 투입할 수 있으므로 더 효과적이다. 강성이 높으면 유효주파수 영역이 넓어지므로 기대하는 주파수영역이 낮아도 되는 경우에는 충

격에너지가 분산되므로 상대적으로 충격에너지의 손실이 발생한다.

충격해머가 간편하고 부가적 질량효과가 없긴 하지만 모든 관심 있는 주파수 범위에서 적절한 응답을 얻을 수 있을 만큼 충분한 에너지를 구조물에 가하지 못할 수 있다. 그리고 국부적인 큰 충격력이 구조물을 파손시킬 염려도 있다. 충격 시 크기는 약간씩 달라도 무난하지만 동일한 위치와 표면에 수직방향으로 가해야 하는 주의가 요구된다. 또한 여러 번의 충격(multiple impact)이나 해머 바운스(hammer bounce)는 신호처리에 어려움을 야기하므로 피해야 한다. 이와 같은 단점이 있음에도 불구하고 충격해머는 가진기보다 사용하기 간편하고 휴대하기 쉬우면 비교적 저렴하기 때문에 널리 쓰이고 있는 유용한 가진 장치이다.

10.2.5 1자유도 시스템에 대한 FRF 데이터의 표현과 성질

1자유도의 리셉턴스 주파수 응답함수(FRF, receptance frequency response function) $a(\omega)$는 조화(harmonic) 변위응답과 조화 힘 사이의 비(ratio)로서 정의된다. 이 비는 진폭비($|a(\omega)$)와 두 정현각(θ_a) 사이의 위상각이 있으므로 복소수이다.

출력(output) 량으로 응답 속도 $\mathrm{v}(t)$ $(=\dot{x}(t))$를 선택하면 다른 FRF, 즉 모빌리티(mobility)를 다음 식과 같이 정의할 수 있다.

$$Y(\omega) = \frac{Ve^{i\omega t}}{Fe^{i\omega t}} = \frac{V}{F} \tag{10.1}$$

그러나, 정현진동을 고려할 때 변위와 속도 사이에는 간단한 관계를 가진다. 왜냐하면

$$x(t) = Xe^{i\omega t}$$

그리고

$$\mathrm{v}(t) = \dot{x}(t) = Ve^{i\omega t} = i\omega Xe^{i\omega t}$$

그러므로

$$Y(\omega) = \frac{V}{F} = i\omega\frac{X}{F} = i\omega\alpha(\omega) \tag{10.2}$$

또한

$$|Y(\omega)| = \omega|\alpha(\omega)|$$

그리고

$$\theta_Y = \theta_\alpha + 90^\circ$$

모빌리티는 리셉턴스와 밀접한 관계가 있다. 동일하게 가속도 $a(t)$를 응답 파라미터로 사용할 수 있다. 이 경우, 세 번째 FRF 파라미터인 이너턴스(inertance) 또는 액셀러런스(accelerane)는 다음과 같다.

$$A(\omega) = \frac{A}{F} = -\omega^2\alpha(\omega) \tag{10.3}$$

이들은 중요한 FRF 형태이다. 이들 함수를 역으로 정의함으로써 다른 FRF를 표현하면,

$$\left(\frac{\text{force}}{\text{displacement}}\right): \text{“Dynamic Stiffness”}$$
$$(k-\omega^2 m)+(i\omega c) \text{ 또는 } (id) \tag{10.4}$$

$$\left(\frac{\text{force}}{\text{velocity}}\right): \text{“Mechanical Impedance”}$$

$$\left(\frac{\text{force}}{\text{acceleration}}\right): \text{“Apparent Mass”}$$

후자의 3가지 FRF는 특별한 경우를 제외하고는 잘 사용되지 않는다. 다자유도 계에서 부적절하게 사용될 경우에 혼란과 에러가 발생할 수 있기 때문이다.

표 10.1 주파수 응답함수(FRF)의 정의

응답 파라미터, R	표준 FRF, R/F	역 FRF, F/R
변위	Receptance Admittance Dynamic compliance Dynamic flexibility	Dynamic stiffness
속도	Mobility	Mechanical impedance
가속도	Accelerance Inertance	Apparent mass

표 10.1은 FRF의 파라미터를 정리하였고, 표에서와 같이 다양한 이름이 사용될 수 있다.

참고로 표준 FRF는 주로 $H(\omega)$로, 역 FRF는 $Z(\omega)$로 표현한다.

10.2.6 강제응답 해(Forced Response Solution): FRF 특성

구조물이 동일한 주파수, ω로 동시에 정현가진 되는 경우를 고려해보자. 그러면

$$\mathrm{f}(t) = \mathrm{F}e^{i\omega t}$$

해는 다음 식과 같은 형태로 존재한다고 가정할 수 있다.

$$\mathrm{x}(t) = \mathrm{X}e^{i\omega t}$$

여기서 F와 X는 시간에 독립적인 복소 진폭의 $N \times 1$벡터이다.

운동의 방정식은 다음과 같이 된다.

$$(\mathrm{K} - \omega^2 \mathrm{M})\mathrm{X}e^{i\omega t} = \mathrm{F}e^{i\omega t} \tag{10.5}$$

또는 미지의 응답에 대한 해를 풀기 위하여 재배열하면

$$X = (K - \omega^2 M)^{-1} F \tag{10.6a}$$

이는 다음과 같이 표현될 수 있다.

$$X = \alpha(\omega) F \tag{10.6b}$$

여기서 $\alpha(\omega)$는 계에 대하여 $N \times N$ 리셉턴스(receptance) FRF 행렬이고, 계의 응답모델(response model)을 구성한다. 리셉턴스 FRF 행력에서 일반적인 요소, $\alpha_{jk}(\omega)$는 다음과 같이 구성된다.

$$\alpha_{jk}(\omega) = \left(\frac{X_j}{F_k}\right);\ F_m = 0;\ m = 1,\ N; \neq k \tag{10.7}$$

이는 각각의 리셉턴스 FRF를 나타낸다.

식 (10.6)에 적절한 값을 대입함으로써 의 요소들에 대한 값을 결정하는 것이 가능하다. 그러나 이것은 각각의 주파수에서 계 행렬의 역(inversion)을 포함한다. 이는 다음과 같은 여러 가지의 단점을 가진다.

- 이는 고차(large-order) 계에 대하여 고가가 된다(큰 N).
- 만약 몇 개의 개별 FRF 표현만이 필요하다면 비효율적이다.
- 이는 다양한 FRF 성질의 형태에 대해 어떠한 통찰력도 제공하지 않는다.

그 외 여러 가지의 이유로 다양한 FRF 파라미터를 유도하기 위하여 다른 수단들이 이용된다. 이는 공간 특성(spatial properties)이 아닌 계에 대한 모드 특성을 사용한다.

식 (10.6)은 다음과 같이 쓸 수 있다.

$$(K - \omega^2 M) = \alpha(\omega)^{-1} \tag{10.8}$$

양 변의 앞에 Φ^T를 곱하고 뒤에 Φ를 곱하면

$$\Phi^T (K - \omega^{2M}) \Phi = \Phi^T \alpha(\omega)^{-1} \Phi$$

또는

$$\left[\left(\overline{\omega_r^2} - \omega^2\right)\right] = \Phi^T \alpha(\omega)^{-1} \Phi \tag{10.9}$$

이는 다음과 같이 된다.

$$\alpha(\omega) = \Phi \left[\left(\overline{\omega_r^2} - \omega^2\right)\right]^{-1} \Phi^T \tag{10.10}$$

이 등식으로부터 리셉턴스 행렬 $\alpha(\omega)$가 대칭임이 분명하다. 이는 상반성의 원리(principle of reciprocity)로서 많은 구조물 특성에 적용된다. 이것이 암시하는 것은

$$\alpha_{jk} = (X_j / F_k) = \alpha_{kj} = (X_k / F_j)$$

식 (10.10)은 각각의 FRF 파라미터 $\alpha_{jk}(\omega)$를 계산하는 것을 가능하게 한다. 결과적인 표현은 Φ의 j번째 행과 Φ^T의 k번째 열의 대각행렬을 곱함으로써 얻어진다.

$$\alpha_{jk}(\omega) = \sum_{r=1}^{N} \frac{(\phi_{jk})(\phi_{kr})}{\overline{\omega_r^2} - \omega^2} = \sum_{r=1}^{N} \frac{(\psi_{jk})(\psi_{kr})}{m_r\left(\overline{\omega^{2_r}} - \omega^2\right)} \tag{10.11}$$

또는

$$\alpha_{jk}(\omega) = \sum_{r=1}^{N} \frac{{}_rA_{jk}}{\overline{\omega_r^2} - \omega^2}$$

이는 식 (10.6a)의 직접 역행렬(direct inverse)보다 훨씬 간단하고 많은 정보를 포함한다. 여기서 새로운 파라미터 ${}_rA_{jk}$는 모드상수(modal constant)라고 부른다. 이 경우에는 특정한 리셉턴스 연결 좌표 j와 k에 대하여 모드 r 에 대한 것이다.

10.3 실험방법 및 절차

10.3.1 분석기 설정(FFT Analyzer Set-up)

1) 평균화 수(Number of average)

데이터를 취득하는 과정에서 노이즈(noise)를 제거할 목적으로 평균화하는 숫자를 말하며 일반적으로 5~10회 정도로 한다. 평균화를 많이 할수록 정확한 값을 얻을 수 있다.

2) 트리거(Trigger)

충격시험에서 트리거를 설정하면 어떤 크기이상의 충격신호가 입력되어야만 신호를 취득하고, 그렇지 않으면 대기상태로 있게 된다. 또한 이미 설정한 범위보다 더 큰 신호가 입력되면, overload가 되어 그 신호는 취득되지 않게 된다. 이 경우에는 충격신호 취득의 설정범위를 더 크게 조정하거나 더 약하게 타격해야 한다.

3) 샘플링(Sampling)

사용자가 확인하고자 하는 주파수(Hz)의 최대범위, 증분량(increment), 데이터 취득 시간 및 데이터 수 등을 설정할 수 있다. 그림 10.2의 실험에 대하여 표 10.2와 같은 값으로 설정을 하였다. 표에서 2,048개를 0.2667초 동안 취득하므로, 초당 7,680개를 취득하는 것이다. 즉, 7,680 Hz로 Nyquist 주파수로 샘플링을 한 것이다. 샘플링 주파수를 2.56으로 나누어서 최대 주파수를 구할 수 있다.

표 10.2 충격 시험시의 분석기 설정 값

데이터 취득 수	2,048	주파수 분해능	3.75 Hz
데이터 취득 시간(s)	0.2667	Force 신호	Rectangular window
최대 주파수 (Hz)	3,000	가속도 신호	Exponential window

4) FFT 처리를 위한 창(Window)

많은 경우에 있어서 누설(leakage)문제에 대한 가장 실제적인 해답은 창의 사용을 포함한다. 다른 문제의 부류(class)에 대하여 여러 범위의 다른 창이 있다.

창은 푸리에 변환을 실시하기 전에 시간 신호에서 약속된 형상(prescribed profile)을 씌우는 것이다. 형상 또는 창(windows)은 일반적으로 시간의 함수, $w(t)$로 나타난다. 분석된 신호는 $x^{'}(t)=x(t)\cdot\omega(t)$가 된다.

모든 경우에 있어서 창의 적용에 의한 신호의 감소에 대해서 보상하기 위하여 크기 조절(rescaling)이 필요하다. 그러나 만약 응답과 가진 신호가 동일한 창을 사용한다면 결과는 단지 FRF 비를 계산하는 데만 사용된다. 그럴 경우에는 크기 조절은 필요하지 않다. 어떤 경우에 있어서는 주의가 필요한데 특별히 과도시험에 대해서이다. 왜냐하면 2개의 신호는 달리 취급되고 두 채널에 대하여 다른 창을 사용하는 것이기 때문이다.

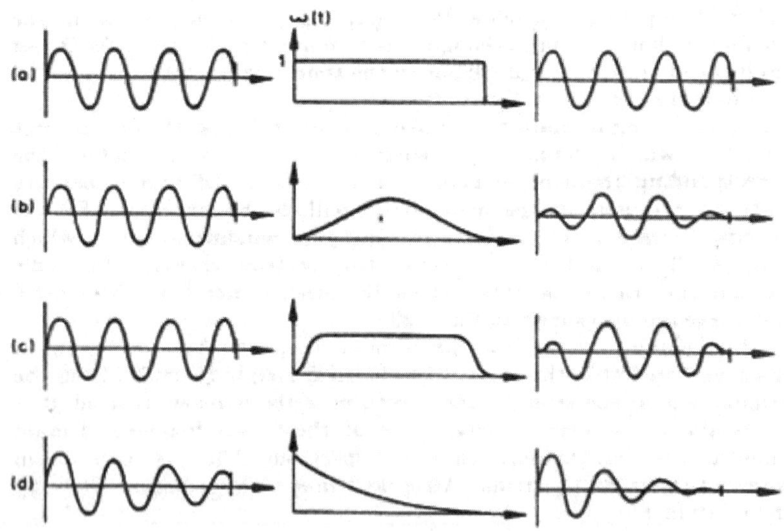

(a) Boxcar, (b) Hanning, (c) Consine-taper, (d) Exponential

그림 10. 10 창의 여러 형태

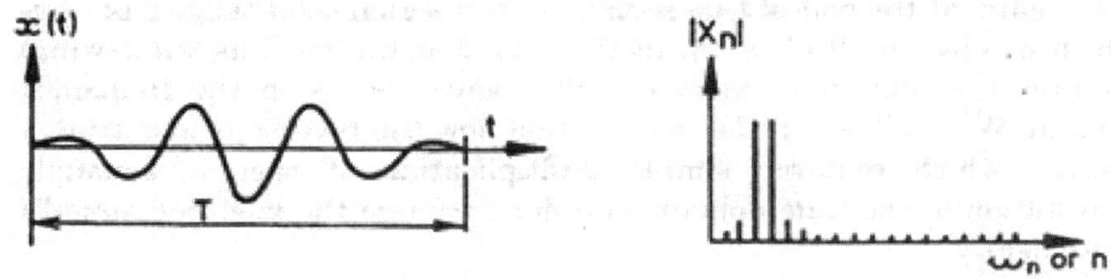

그림 10. 11 이산 푸리에 변환에서 Hanning 창의 효과

푸리에 변환계산을 수행하기 전에 시간영역에 창을 적용하는 효과를 보였다. 주파수 영역에서도 동일한 절차를 거침으로써 창 적용의 효과를 확인할 수 있다. 하지만 시간 영역에서 실시했던 것처럼 직접 곱하는 것보다는 더 복잡하다. 두 가지의 조사를 병행하는 것이 유용한 역할을 한다.

창 $\omega(t)$ 즉, 시간 함수의 푸리에 변환을 하는 것과 대응하는 주파수 영역함수 $W(\omega)$를 정의하는 것은 간단하다. $\omega(t)$가 연속이므로 그 스펙트럼 $W(\omega)$ 역시 연속이 될 것이다. Hanning 창($\omega(t) = 0.5(1 - \cos(2\pi t/T))$)의 경우에는 그림 10.11에 보인 것과 같은 스펙트럼을 얻는다. 다른 일반적인 창을 사용함으로써 유사한 스펙트럼을 얻을 수 있고 그림 10.12에서 보인 것과 같은 스펙트럼을 얻을 수 있다.

창을 적용한 신호의 스펙트럼을 정의할 필요가 있다. 이는 원래의 신호 스펙트럼에 단순히 창의 스펙트럼을 곱함으로써 얻을 수 있는 것은 아니다. 대신에 이들 두 주파수 영역 양의 합성(convolution)을 수행할 필요가 있다. 출력 스펙트럼 $X'(\omega)$는 입력 스펙트럼 $X(\omega)$와 창 $W(\omega)$의 함수로 표현될 수 있다.

$$X'(\omega) = X(\omega) * W(\omega)$$

여기서 *는 합성절차를 나타낸다.

시간영역에서 곱을 포함하는 신호처리는 주파수영역에서 동일한 절차를 수행하기 위하여 합성을 필요로 한다. 역으로 스펙트럼의 간단한 곱은 변형된 신간의 시간 이력을 보기 위하여 시간영역에서 적분을 필요로 한다.

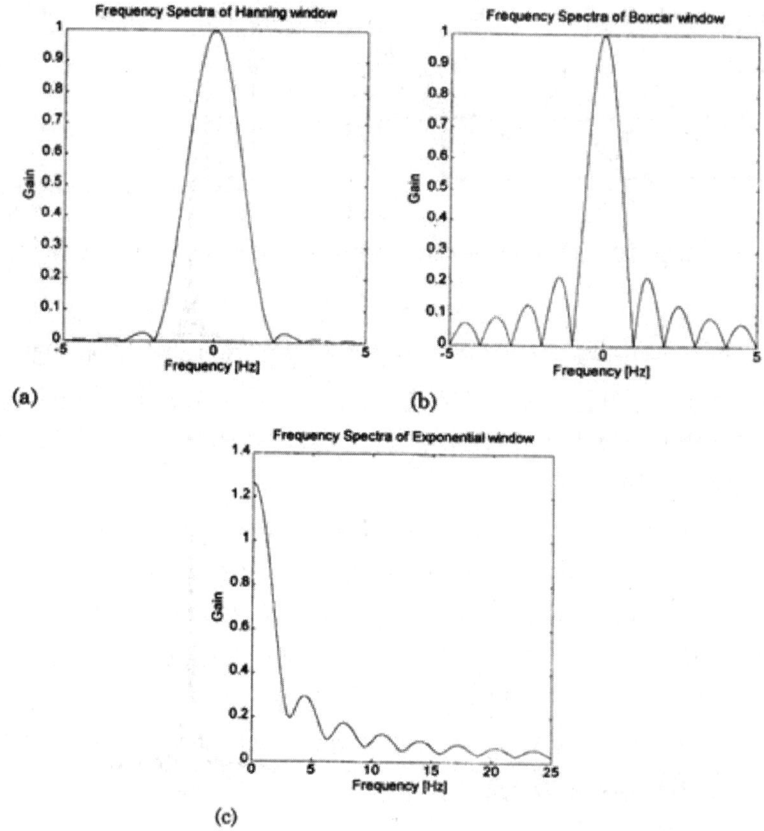

(a) Hanning, (b) Boxcar, (c) Exponential

그림 10.12 여러 창의 주파수 스펙트럼

충격시험에서는 응답 및 충격에 창을 사용하는데 이는 FFT 누설(leakage) 오차를 줄이기 위한 것이다. FFT 이론은 데이터 취득블록 내에서 분석될 신호가 주기적인 것으로 가정한다. 그렇지 않을 경우에는 어떤 정해진 주파수에서 에너지가 주위의 주파수로 들어와서 주파수 크기(spectral amplitude)의 부정확성을 야기한다. 창 함수를 사용함으로써 FFT가 수행되기 전에 각 데이터 프레임의 끝에 있는 데이터의 크기(amplitude, magnitude)를 줄일 수 있으므로 누설오차는 줄일 수는 있지만 완전히 제거하지는 못한다.

정상상태의 신호를 분석하는 데는 일반적으로 Hanning 창이 사용되는데 이는 주파수의 정확성을 제공하지만 어느 정도의 크기의 오차가 있다. 충격시험의 응답신호와 같은 과도적인 데이터에 대하여는 Exponential 창이 흔히 사용된다. Exponential 가중치 함수는 블록의 시작에서는 거의 1이고 끝에서는 비록 데이터가 자연적으로 감소하기 전이라도 거의 0에 근접하도록 만든다. 만약 데이터가 블록 내에서 자연적으로 낮은 크기로 감소한다면, 블록의 끝에서 매우 낮은 크기로 가중치를 설정함으로써 신호 대 잡음비(S/N, signal-to-noise ratio)를 향상시킬 수 있다. 한편 충격신호에 대한 창은 Rectangular 창이 흔히 사용되고 프레임 주기의 비율로서 시작과 끝을 명시할 수 있다.

10.3.2 측정 및 타격

그림 10.13은 축(shaft)의 고유진동수를 측정하기 위하여 측정 대상물을 고무줄에 매달아 양단을 free-free 상태로 설치하여 충격 시험을 실시하는 장면이다. 그림 10.14은 고유진동수를 규명하는 절차를 나타낸 Flowchart이다. 충격시험을 실시할 때, 가장 먼저 하는 일은 센서를 측정 대상물에 부착하는 것이다. 이 때 센서의 질량은 측정대상물 질량의 1/10이상이 되지 않도록 한다. 왜냐하면, 센서의 질량이 그 이상이 되면 고유진동수의 값에 영향을 주기 때문이다.

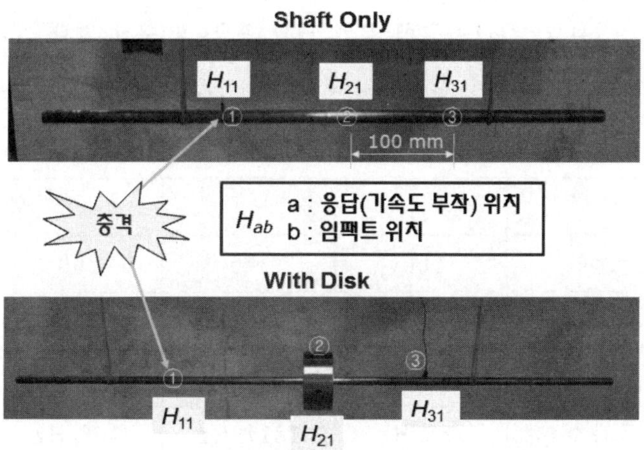

그림 10.13 강제 봉에 대한 충격 및 응답 위치

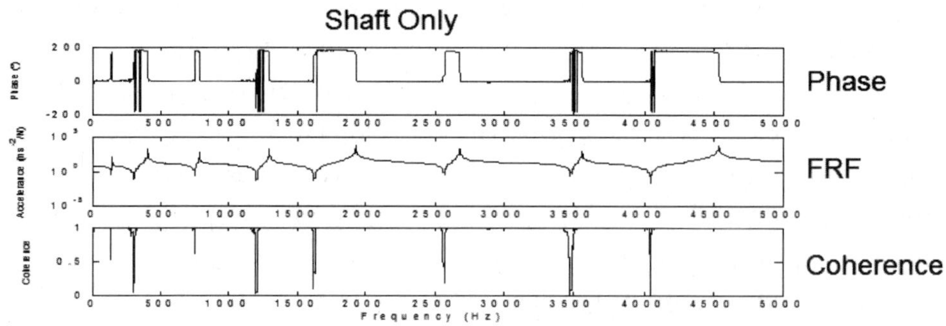

(a) 축 요소만의 응답 결과

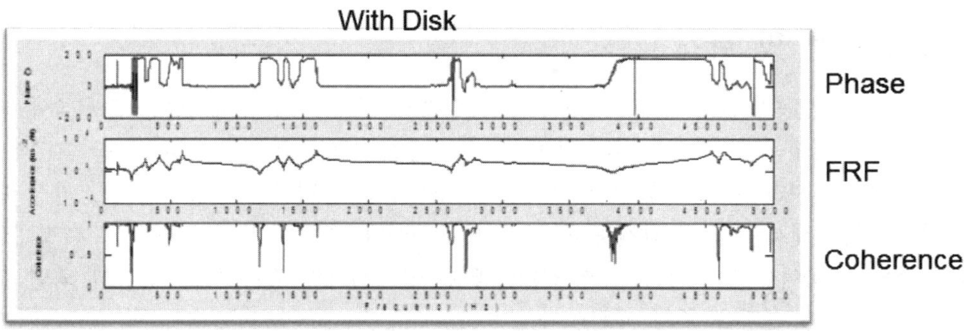

(b) 축과 원판에서의 응답 결과

그림 10.14 강제 봉에 대한 충격 및 응답 결과

표 10.3 축계 요소에 따른 고유진동수의 변화

	축 요소		축, 원판 요소	
축 길이(mm)	560	365	560	365
1차 공진 주파수	146 Hz	340 Hz	102 Hz	142 Hz
2차 공진 주파수	402 Hz	933 Hz	309 Hz	229 Hz
3차 공진 주파수	785 Hz	1817 Hz	406 Hz	946 Hz

10.4 실험결과 및 정리

10.4.1 실험결과 보고서 포함 사항

실험결과 보고서에는 적어도 다음과 같은 정보가 필히 포함되어야 한다.

1) 측정 시료의 치수 및 형상 정보
2) 센서 부착 위치
3) 주파수 응답 함수(FRF)
4) 주파수 응답 함수의 위상 정보(phase)
5) 기여도 함수(coherence)
6) 축 요소 변화에 따른 고유진동수의 변화에 대한 설명

10.4.2 실험결과 보고서 제출

같은 실험조의 학생들이라도 실험 자료는 공유를 하되 보고서 작성 과정의 내용은 각자 독자적으로 작성하여야 하며, 실험결과에 대한 고찰 내용이 학생들의 실험 점수에 가장 중요한 인자가 됨에 주의한다.

11

Chapter

I-CA카메라와 Physics View를 이용한 <구심력> 및 <관성모멘트> 측정실험

문제 해결을 위해 사용되는 이론식을 인위적으로 제작된 실험기구를 통해 적용할 수 있으며, 이론식의 성립을 확인하고 보다 실제적인 문제에도 응용할 수 있는 실력을 배양한다. 물리학 실험을 통해 재료의 힘과 물리상수가 가지는 관계를 직접 보면서 탐구하고 흥미를 유발 시키며, 효과적인 학습이 이뤄지도록 한다.

11.1 실험목적

회전하는 원판의 관성모멘트를 역학적 에너지 보존법칙을 이용하여 측정한다. 원운동하는 물체에 작용하는 힘을 측정하고 이 힘이 회전속도 및 회전반경과 어떤 관계가 있는지를 실험으로 알아내어 원운동에서 유도되는 관계와 비교하고, 차이가 있을 경우 그 원인을 검토한다.

11.2 이론적 배경

11.2.1 관성모멘트

회전축을 중심으로 회전하는 물체가 계속해서 회전을 지속하려고 하는 성질의 크기를 나타낸 것이다. 외부에서 힘이 작용하지 않는다면 관성모멘트가 클수록 각속도가 작아지게 된다.

관성모멘트는 관성능률(慣性能率)이라고도 하며, 회전하는 물체가 그 때의 상태를 유지하려고 하는 에너지의 크기를 말한다. 관성모멘트는 I로 표시하고, 단위는 kg·㎡이다.

회전운동을 병진운동과 비교하였을 때, 회전운동에서의 관성모멘트는 병진 운동에서의 질량과 유사한 성질을 갖는 물리량이다. 회전하는 물체가 회전을 계속하려는 성질인

회전 관성은 물체의 전체 질량과 질량 분포 상태에 따라 달라진다. 따라서 관성 모멘트는 물체가 외부의 토크에 얼마나 민감하게 반응하는지를 나타내는 양으로서, (각 입자의 질량)×(입자로부터 회전축까지의 거리)^2 를 모두 더한 값으로 정의한다.

다시 말해, 물체의 운동에서 강체를 작은 입자들의 모임이고, 이 강체가 각속력 W로 고정된 z축에 대해 회전하는 경우를 생각하자. 강체를 구성하는 각 입자의 질량 $m_1, m_2, m_3 \cdots$ 이 회전축으로부터의 거리를 $r_1, r_2, r_3 \cdots$ 라고 할 때,i번째 입자의 운동에너지는 다음과 같다.

$$K_i = \frac{1}{2} m_i v_i^2 \qquad (11.1)$$

또한, 회전 강체의 전체 에너지는 각 입자의 운동 에너지의 합이므로, 회전 강체의 운동에너지는 다음과 같다.

$$K_R = \frac{1}{2}(\sum_i m_i r_i^2)\omega^2 = \frac{1}{2} I\omega^2 \qquad (11.2)$$

여기에서 W^2은 강체 내의 모든 입자에 대해 같으므로, 괄호 안의 양을 관성모멘트로 정의하고 I로 표시한다. 관성모멘트는 축 둘레의 질량 분포에 따라 정해지는데, 강체의 질량이 회전축으로부터 떨어져서 분포하고 있을수록 크다. 플라이휠의 주변부를 크게 하는 것은 이 관성모멘트를 크게 하기 위한 것이다.

또한, 회전 강체의 전체 회전에너지는 외부로부터 힘이 작용하지 않는 한 변하지 않으므로, 회전 도중에 관성모멘트가 변화하면 각속도가 변한다는 것을 알 수 있다. 관성모멘트는 강체를 매달아 여기에 진동을 가함으로써 측정할 수 있는데, 형태가 간단한 경우에는 계산에 의해서도 구할 수 있다. 관성모멘트의 개념은 고전적인 강체뿐만 아니라 분자나 변형된 원자핵의 회전에 대해서도 중요하다.

관성모멘트는 건축 구조물의 하중빔과 같은 구조물의 탄성도의 특성을 결정하는데 중요하게 이용된다. 이와 같이 관성 모멘트는 회전 상황에서 뿐만 아니라 비회전의 상황에서도 자주 이용되는 물리량이다.

11.2.2 실험에 적용되는 원리

그림 11.1은 관성 모멘트 측정 개략도를 보여준다. 질량 m인 추가 정지 상태로부터 시간 t 동안 거리 h만큼 낙하하면서 원판을 회전시키면 역학적 에너지 보존 법칙에 의해 처음 에너지와 나중에너지가 같게 되므로

$$mgh = \frac{1}{2}mv^2 + \frac{1}{2}Iw^2 \tag{11.4}$$

이다. 즉, 좌변은 추가 낙하하기 전의 포텐셜에너지(potential energy)이며, 우변은 추가 낙하하면서 생긴 병진운동에너지와 원판의 회전운동에너지의 합이다. 추가 정지 상태에서 낙하하면서 등가속도 운동을 하므로,

$$v = v_0 + at\,(v_0 = 0) \tag{11.5}$$

이면,

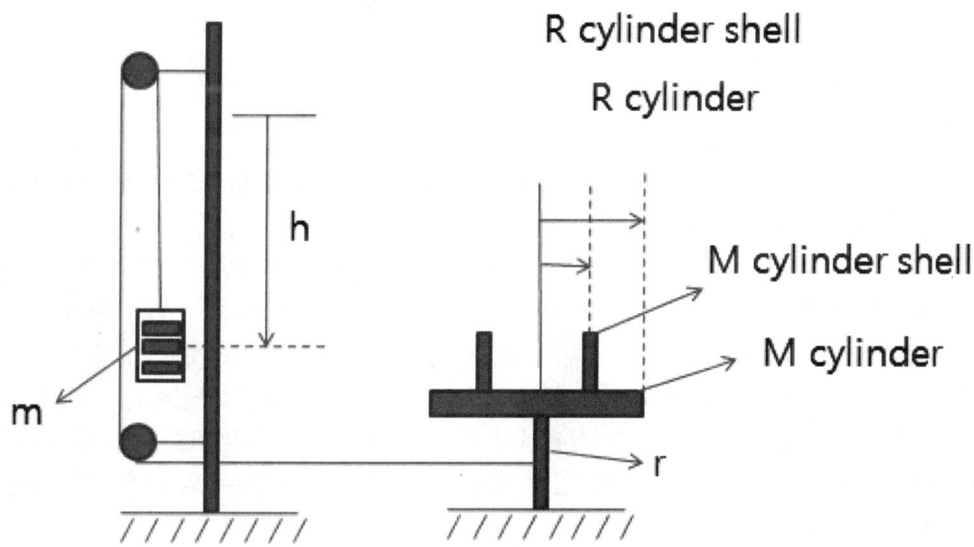

그림 11.1 관성모멘트 측정 개략도

$$v = at\,, h = \frac{1}{2}at^2\,(a = \frac{2h}{t^2}) \tag{11.6}$$

이다. 한편 회전체 각속도의 정의로부터

$$\omega = \frac{v}{r} \tag{11.7}$$

식(11.4)에 식(11.6), (11.7)을 대입하면, I 는 다음과 같이 된다.

$$I = mr^2 \frac{(g-a)}{a} \tag{11.8}$$

실험으로부터 구한 I 값과 아래의 이론값을 비교해 본다.

- Cylinder : $I_z = \frac{1}{2}mr2$ (11.9)
- Cylinderical Shell : $I_z = mr2$ (11.10)

11.2.3 구심력

구심력(求心力, centripetal force)은 원운동에서 운동의 중심 방향으로 작용하여 물체의 경로를 바꾸는 힘이다.

원운동은 등속도 운동이 아니므로, 뉴턴의 운동 제1법칙에 따르면 원운동을 하고 있는 물체에는 계속해서 변위의 방향을 바꾸는 방향으로 힘이 작용하고 있다. 이러한 힘을 구심력이라고 한다. 구심력은 물체의 속도 벡터에 수직으로 작용하므로, 물체의 속도의 방향만을 변화시키고 속도의 크기는 변화시키지 않는다. 또한 구심력은 물체와 물체의 운동의 중심을 잇는 선과 그 작용선이 항상 평행하므로, 구심력에 의한 돌림힘은 0이 된다. 따라서 구심력 외에 다른 힘이 작용하지 않는 등속 원운동의 경우, 각운동량 보존 법칙이 성립한다.

원운동을 하는 관찰자는 구심력과 정반대 방향의 힘이 자신에게 구심력과 같이 작용하여 힘의 평형을 이룬다고 생각한다. 이렇게 구심력에 반대되는 방향으로 작용된다고 생각하는 가상의 힘을 원심력이라고 한다.

등속 원운동에서, 주기

$$T = \frac{2\pi r}{v} \tag{11.11}$$

이다. 그리고 속도 벡터가 a의 가속도로 방향을 바꾸어 다시 처음의 방향으로 돌아오는 데 걸리는 시간도 T이기 때문에,

$$T = \frac{2\pi v}{\alpha} \tag{11.12}$$

이기도 하다. 이 두 식을 연립하면

$$\frac{r}{v} = \frac{v}{\alpha} \tag{11.13}$$

가 되고 정리하면

$$a = \frac{v^2}{r} \tag{11.14}$$

가 된다. 뉴턴의 운동 법칙에 따라 F=ma이므로, 구심력

$$F = m\frac{v^2}{r} \tag{11.15}$$

임을 알 수 있다.

11.2.4 실험에 적용되는 원리

그림 11.2 는 구심력 측정 실험 개략도를 보여준다. 질량 m인 물체를 반경 R인 원주에서 일정속력 v로 운동하도록 하기 위해서는 이 물체에 그 원의 중심을 향해 힘을

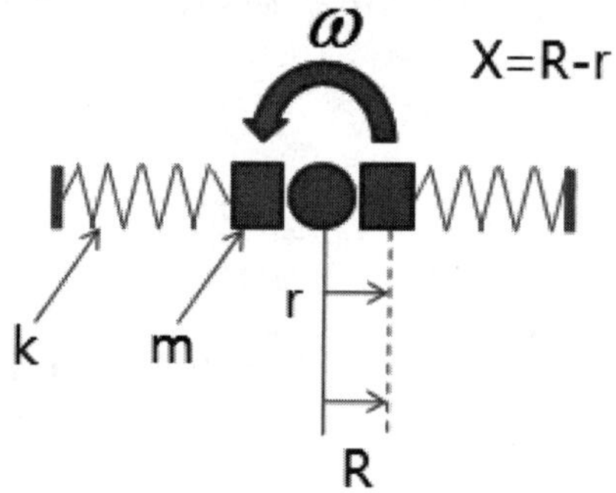

그림 11.2 구심력 측정 실험 개략도

가해야 한다. 이 힘을 구심력 이라 하며 F로 표시되는 데 질량 m 과 속력 v로 다음과 같이 표현 가능하다.

$$F = m\frac{v^2}{r} \tag{11.16}$$

단위 시간당 회전수 및 각속력을 각각 f 및 ω라 하면 이들은 다음과 같은 관계를 갖는다.

$$v = \omega r = 2\pi f r \tag{11.17}$$

따라서 구심력 F를 속력 대신 f 또는 ω로 표현할 수 있다.

$$F = 4\pi^2 m r f^2 = m r w^2 \tag{11.18}$$

구심력을 스프링 힘과 같게 나오는지 비교하여 본다.

11.3 실험방법 및 절차

11.3.1 실험기자재

본 관성모멘트 및 구심력 측정 실험에서 사용되는 시험장비는 그림 11.3 ~ 11.12와 같이 구성되고, 장비 전체 구성은 그림 11.10과 같다.

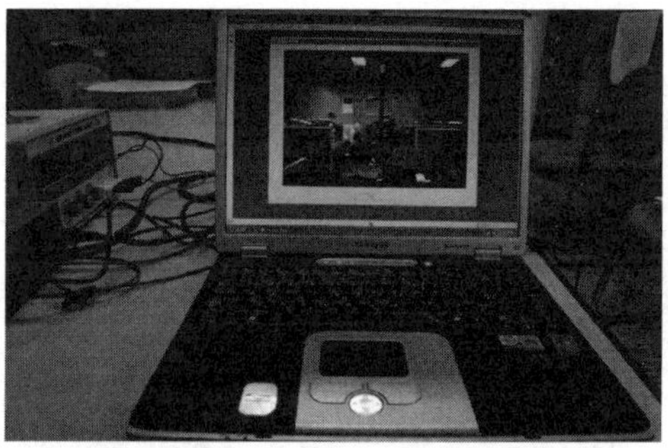

그림 11.3 I-CA Physics view

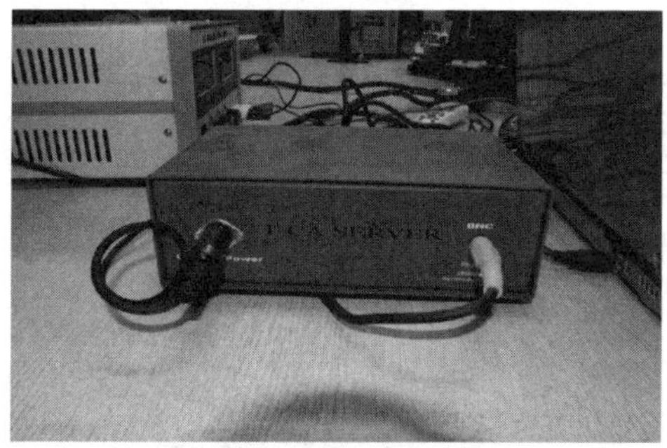

그림 11.4 I-CA Server

그림 11.5 관성모멘트 측정 기구

그림 11.6 DC Regulated Power Supply

그림 11.7 I-CA 카메라(Kocom 260X)

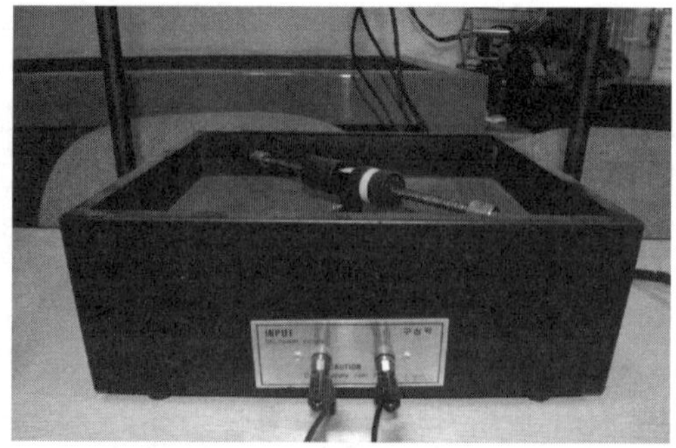

그림 11.8 구심력 측정 기구

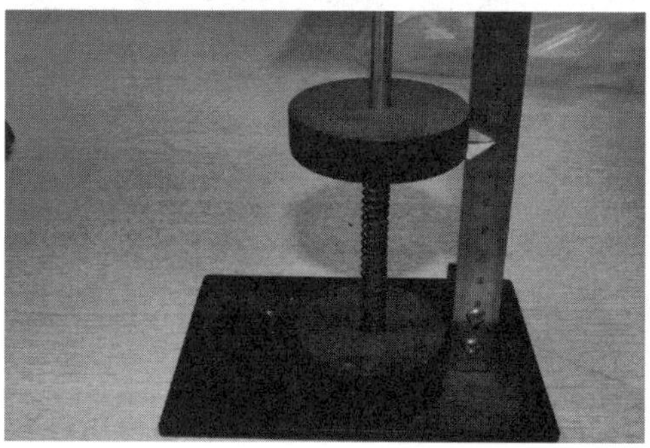

그림 11.9 용수철 상수 측정 도구

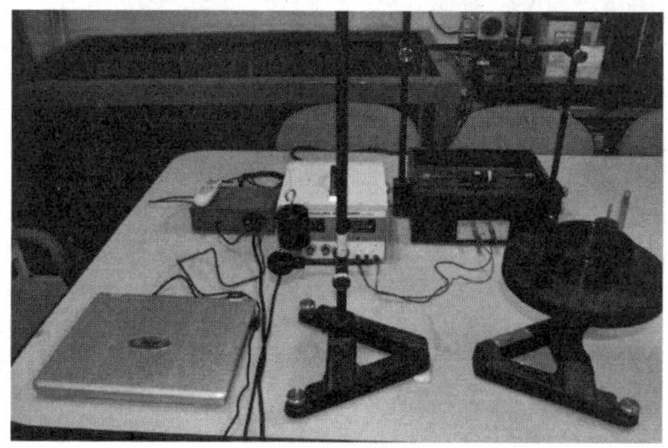

그림 11.10 전체 실험 장치 구성

그림 11.11 질량추

그림 11.12 형광봉

11.3.2 관성모멘트 측정 실험방법

먼저 1개의 질량추를 넣고 원판을 돌려 추의 위치가 상단 도르레 부근에 오도록 하며, 운동분석 프로그램 Physics view와 I-CA 카메라를 이용하여 물체의 운동을 PC에 저장한다. Physics view를 이용하여 분석 절차에 따라 낙하시간 및 거리를 추출한다. 100g 짜리 질량추의 갯수를 2~3개까지 늘려가며 총 세번의 실험을 통하여, 추질량의 변화가 실험 결과에 영향을 주는지 검토한다.

- m : 낙하체 질량
- h : 낙하체 낙하거리
- r : 실이 감기는 반경
- R cylinder : 원판 반경
- R cylinder shell : 원통 반경
- M cylinder : 원판 질량
- M cylinder shell : 원통 반경

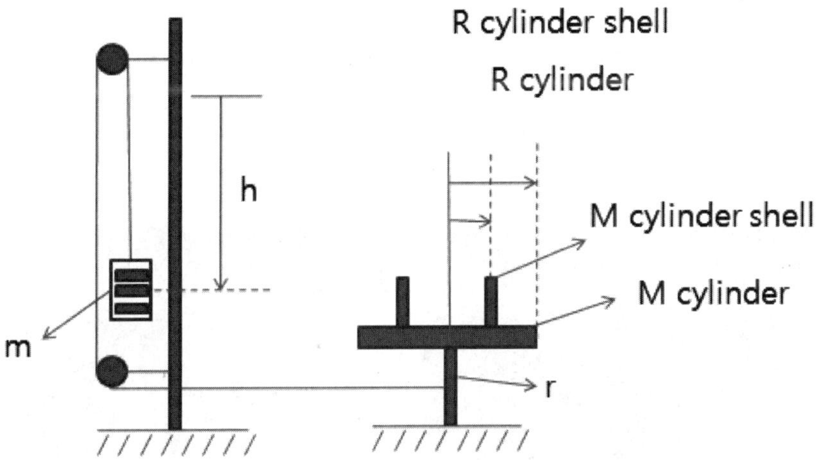

그림 11.13 관성모멘트 측정 개략도

표 11.1 실험 상수

m(kg)	r(m)	R cylinder (m)	R cylinder shell(m)	M cylinder (kg)	M cylinder shell(kg)
0.06+추갯수*0.01	0.01	0.12	0.06	1.734	1.414

11.3.3 관성모멘트 측정 실험절차

전체 시험장치를 그림 11.13과 같이 구성한다. 질량추 1개를 넣고, 실험 참여 학생 중 1명을 보조자로 지정하여 물체가 상단 도르레 근처까지 올라가도록 원판을 돌려 실이 감기도록 하고 잡고 있도록 한다. PC에서 Physics view를 실행한다. 그림 11.14와같이 카메라 설정을 누른다. 카메라의 영상이 나타나게 되며, 물체가 낙하하는 운동이 화면에 다 담겨질 수 있도록 카메라와 측정기구 사이의 거리를 정하도록 한다. 카메라 유선 리모컨의 줌과 인을 이용하여 미세 조정을 한다. 미세 조정을 완료하고 카메라 설정을 종료하면, 화면캡쳐 준비를 마치게 된다. 그림 11.15와 같이 화면캡쳐를 실행하고, 그림 11.16처럼 데이터를 저장할 장소를 물으면, 지정을 하고 캡쳐시작을 누른다. 그 다음 물체가 낙하하도록 잡고 있던 원판을 놓도록 한다.

물체가 낙하 했다가, 다시 튀어 오르면 화면캡쳐를 종료한다. 영상은 30 fps로 저장되며 완료되면 그림 11.17과 같이 좌표계 설정을 누른다. 그림 11.18처럼 위치를 물으면 저장했던 파일명을 선택하고 열기를 누른다.

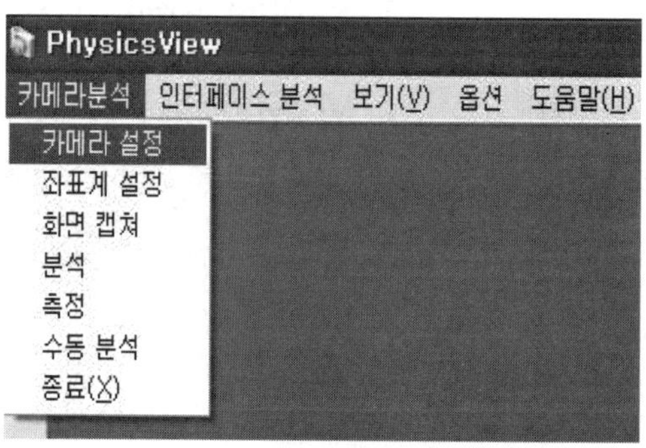

그림 11.14 카메라 설정

그림 11.15 화면캡쳐

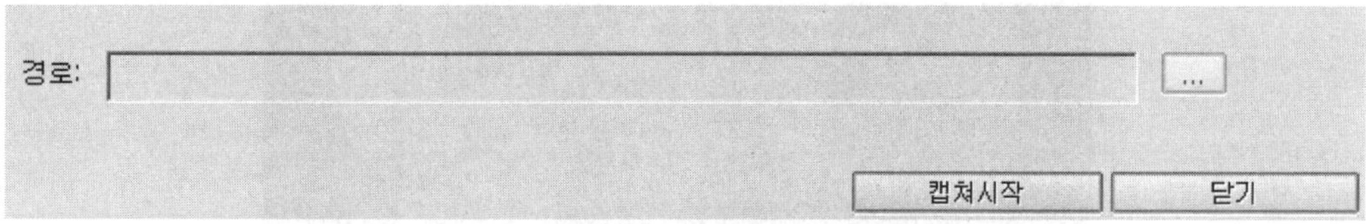

그림 11.16 경로지정

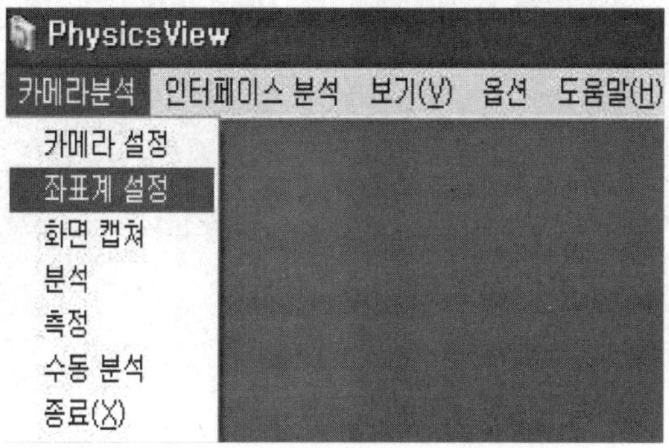

그림 11.17 좌표계 설정

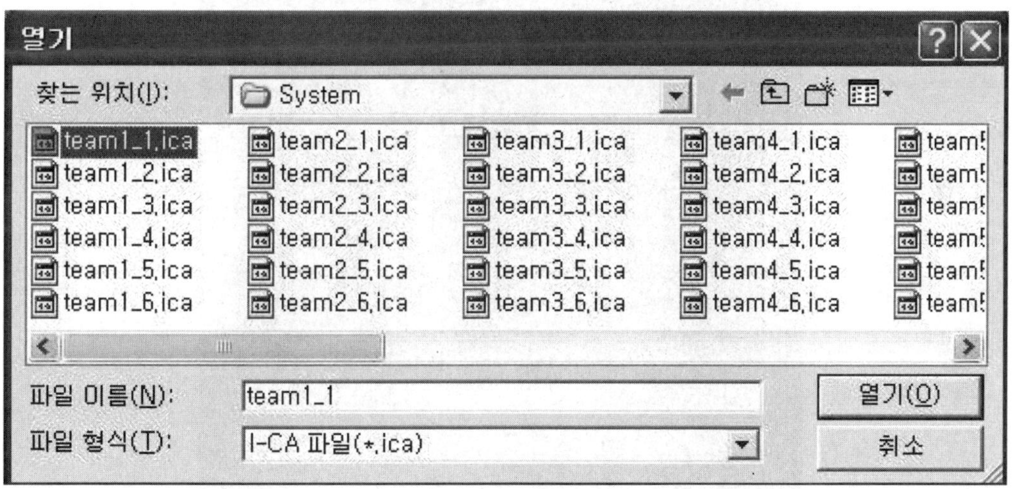

그림 11.18 파일열기

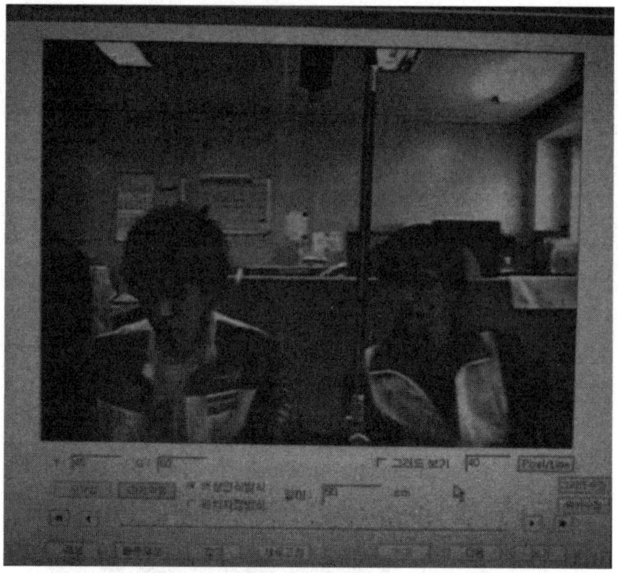

그림 11.19 그리드 크기 변환 설정

그림 11.20 좌표계 원점 설정

그림 11.19는 케메라로 찍은 기구의 모니터 영상표현 단위인 Pixel을 실제 사용할 수 있는 단위로 변환시키는 과정이다. 메뉴의 시작점을 누르고 기구 상단의 형광 테이프를 클릭한다. 마지막 점을 누르고 하단의 테이프를 클릭한다. 길이 50 cm 임을 확인하고, 다음을 클릭한다.

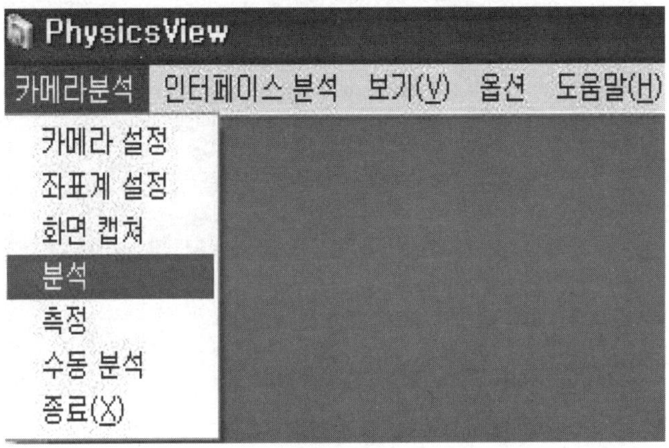

그림 11.21 카메라 분석

그림 11.22 분석할 시작 프레임

그림 11.23 분석할 마지막 프레임

다음은, 그림 11.20처럼 기준점 위치를 정해 주도록 한다. 여기서는 형광봉의 아래 부분을 기준점으로 선택하였다. X,Y 축을 나타내는 수직, 수평선이 표시되는 것을 볼 수 있다. 형광봉이 화면에 수직하게 나올수록 결과의 오차를 줄일 수 있으므로 이에 주의한다. 좌표계 설정을 마치면, 그림 11.21과 같이 분석을 실행한다. 그림 11.17과 같이 좌표계 설정을 마친 파일을 불러온다.

그림 11.22처럼 저장영상으로부터 낙하시작 프레임을 찾고 다음을 클릭한다. 낙하되기 이전의 프레임이 많이 포함되면 될수록, 분석 시간이 길어 질 수 있다.

그림 11.23처럼 낙하지점에 도달한 프레임을 찾고 다음을 클릭한다.

다음은 분석할 피사체의 색상을 지정한다. 낙하물체 아래 빨간색을 클릭하고, 그림 11.24처럼 표시되면 다음을 클릭한다. 지정한 피사체 색상의 위치는 분석하는 동안 추적된다.

피사체 지정을 마치면 그림 11.25와 같이 분석시작을 클릭한다.

그림 11.26은 물체의 낙하 궤적으로 분석을 마치면 자동 생성된다.

그림 11.24 피사체1 지정

그림 11.25 피사체1의 운동 분석

그림 11.26 피사체1의 운동 궤적

표 11.2는 낙하 물체의 시간에 대한 좌표값을 보여주며 낙하시간은 10.333초, 낙하거리는 0.46 m 임을 알 수 있다. 0~0.2초까지 y좌표가 같으므로 시작시간을 0.2초로 할 수 있으나, 정밀한 값을 구하려는 것이 아니며, 사람에 의한 실험을 하기 때문에 오차는 자연 발생하게 된다.

11.3.4 구심력 측정 실험방법

먼저 그림 11.27과 같이 회전봉에 물체와 스프링을 구심력 측정 장치에 차례로 구성한다. DC전원 공급장치의 전류를 4.4 A로 고정시키고 전압을 17 v에 맞춘다. I-CA 카메라와 Physics view를 이용하여 2~3 초 동안 영상저장을 한다.

표 11.2 피사체1의 위치와 시간

Time(s)	x좌표	y좌표
0.000	-7.680	48.851
0.033	-7.554	48.851
0.066	-7.680	48.851
0.100	-7.680	48.851
0.133	-7.680	48.851
0.166	-7.680	48.851
0.200	-7.680	48.851
0.233	-7.806	48.725
0.266	-7.932	48.725
0.300	-7.806	48.725
0.333	-7.806	48.725
0.366	-7.806	48.725
0.400	-7.932	48.725
0.433	-7.932	48.725
0.466	-7.680	48.599
0.500	-7.680	48.599
0.533	-7.680	48.599
0.566	-7.680	48.473
0.600	-7.554	48.473
0.633	-7.554	48.473
0.666	-7.554	48.473
0.700	-7.680	48.473
~~		
9.500	-7.050	8.562
9.533	-7.050	8.184
9.566	-7.050	7.932
9.600	-7.050	7.680
9.633	-7.050	7.428
9.666	-7.050	7.177
9.700	-6.924	6.925
9.733	-6.924	6.673
9.766	-6.924	6.421
9.800	-6.924	6.169
9.833	-6.924	5.918
9.866	-6.924	5.666
9.900	-6.924	5.288
9.933	-6.924	5.036
9.966	-6.924	4.784
10.000	-6.798	4.407
10.033	-6.798	4.155
10.066	-6.672	4.029
10.100	-6.672	3.651
10.133	-6.672	3.399
10.166	-6.798	3.148
10.200	-6.798	2.896
10.233	-6.798	2.770
10.266	-6.547	2.644
10.300	-6.547	2.644
10.333	-6.672	2.644

- m : 물체 질량
- r : 회전 중심에서 물체까지 초기 거리 상수
- R : Physics view 에서 측정하는 물체까지의 거리
- X : 스프링 변위
- k : 스프링 상수
- ω : 각속도

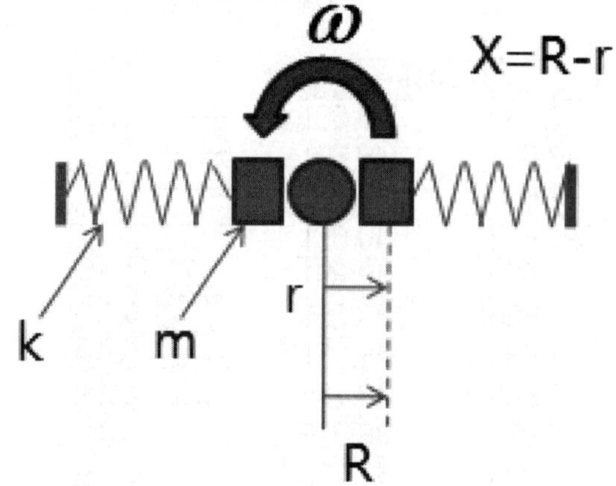

그림 11.27 구심력 측정 실험 개략도

표 11.3 시험상수

m(kg)	r(m)
0.2	0.01

11.3.5 구심력 측정 실험절차

전체 시험 장치를 그림 11.27과 같이 구성한다. 형광봉을 화면에 수평하게 나오도록 그림 11.28과 같이 놓는다. 카메라 설정을 통해 측정장치가 잘 보이도록 하고, DC 전원 공급장치의 전류와 전압을 동시에 올려준다. 전류는 4.4 A에 맞추고 전압은 17 v에 맞춘다. 관성모멘트 측정과 같은 방법으로 Physics view를 실행하여 영상을 저장한다. 저장을 마치면 좌표계설정을 이용하여 그림 11.28과 같이 형광봉의 길이를 입력한다.

좌표계의 기준점을 지정한다. 그림 11.29에서는 형광봉 좌측 끝으로 정했다.

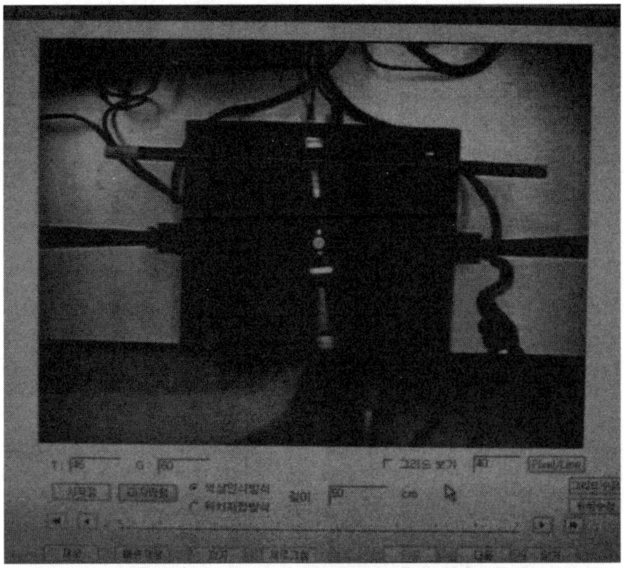

그림 11.28 그리드 크기 변환 설정

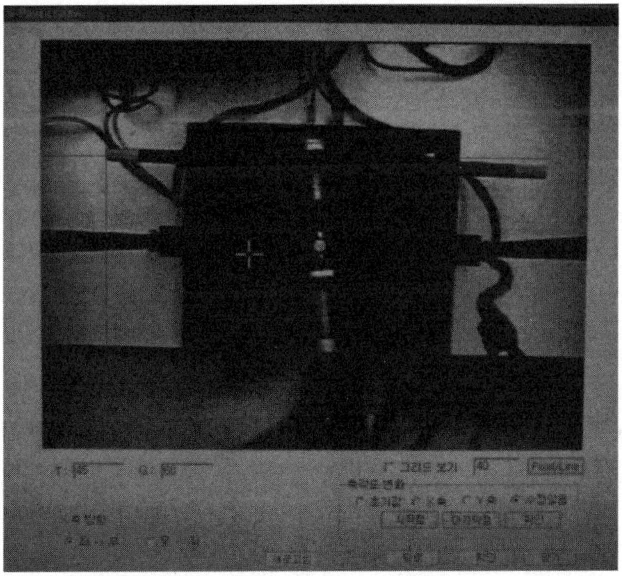

그림 11.29 좌표계 원점 설정

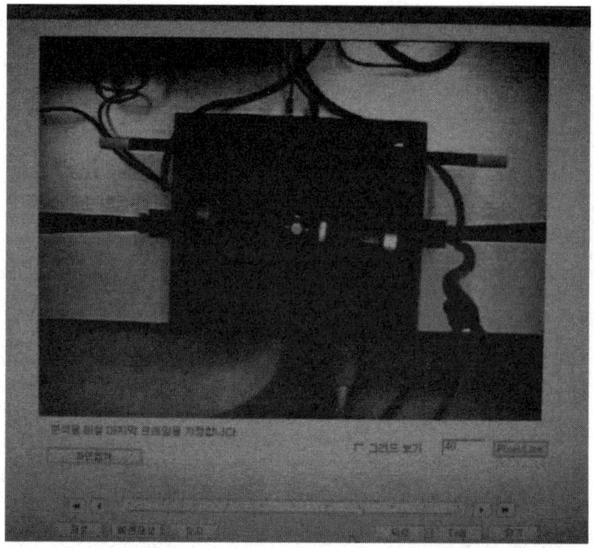

그림 11.30 분석 시작과 마지막 프레임

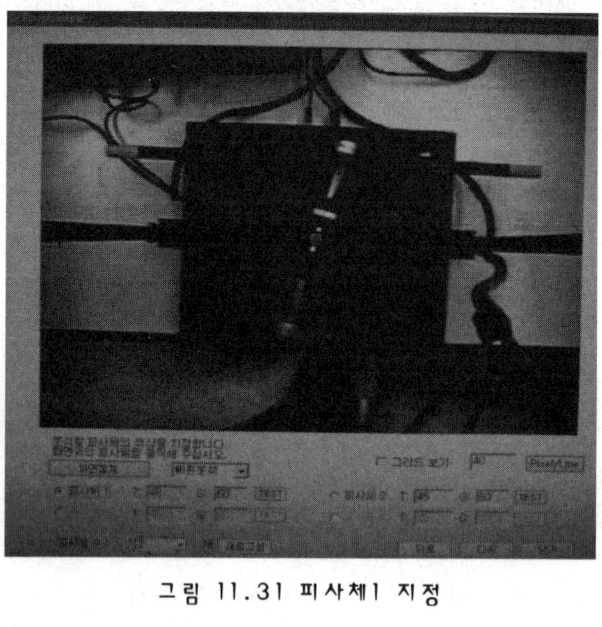

그림 11.31 피사체1 지정

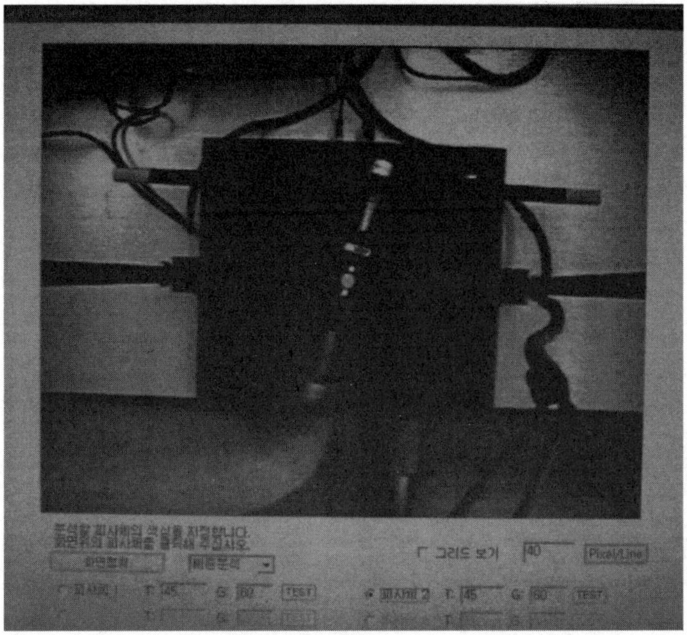

그림 11.32 피사체2 지정

메뉴에서 분석을 클릭하고, 그림 11.30의 화면에서 시작과 마지막 프레임을 차례로 입력한다.

다음은 분석할 피사체의 색상을 지정한다. 피사체1은 그림 11.31처럼 회전중심의 형광색을 지정한다.

피사체2를 지정하기 위해, 그림 11.32처럼 피사체2 단추를 클릭하고 질량체의 형광띠를 클릭한다.

그런 다음, 그림 11.33과 같이 화면이 나타나면 영상 분석을 시작한다.

영상분석을 마치면 그림 11.34 와 같이 궤적 점이 그려진 사진을 볼 수 있다.

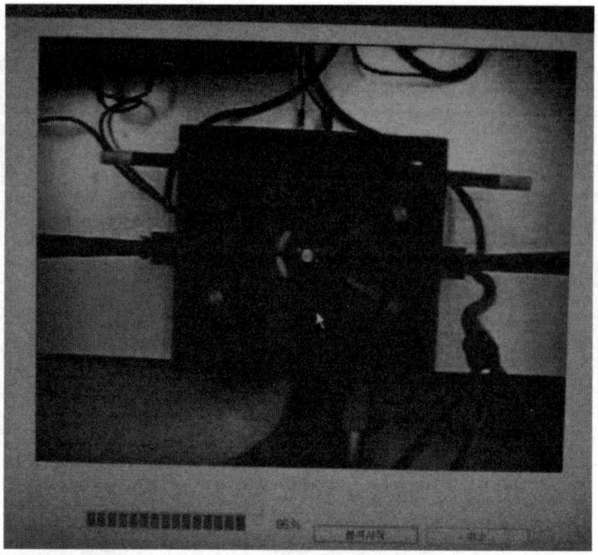

그림 11.33 피사체1,2의 운동분석

그림 11.34 피사체1,2의 운동궤적

표 11.4 피사체1,2의 위치와 시간

Time(s)	x1좌표	y1좌표	x2좌표	y2좌표
0.000	25.929	-10.977	27.392	-7.736
0.034	25.929	-10.977	24.151	-7.736
0.067	25.929	-10.977	22.478	-10.768
0.100	25.929	-10.977	24.151	-13.905
0.134	25.929	-10.977	27.392	-14.009
0.167	25.929	-10.873	29.274	-11.500
0.200	25.929	-10.977	28.961	-9.200
0.234	25.929	-10.977	26.556	-7.527
0.267	25.929	-10.977	23.629	-8.154
0.300	25.929	-10.977	22.583	-11.605
0.334	25.929	-10.873	24.569	-14.009
0.367	25.929	-10.977	27.706	-13.800
0.400	25.824	-10.977	29.379	-11.082

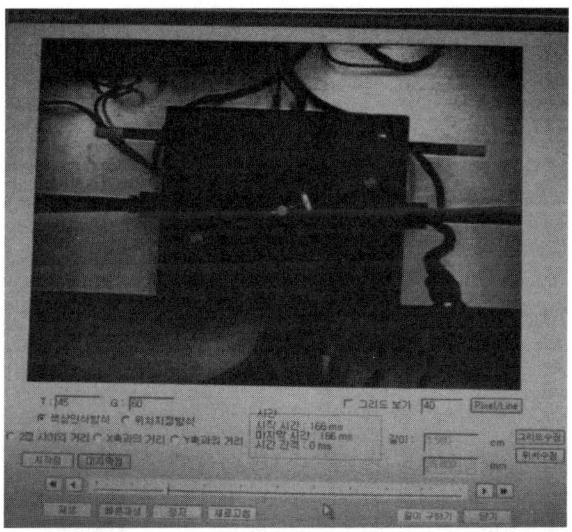

그림 11.35 피사체1,2의 거리구하기

표 11.4는 결과 화면으로 피사체1,2의 시간에 대한 좌표를 보여주고 있다. 화면 하단의 거리구하기를 클릭하고 스프링 변위를 구하기위해 하단의 거리구하기를 클릭한다.

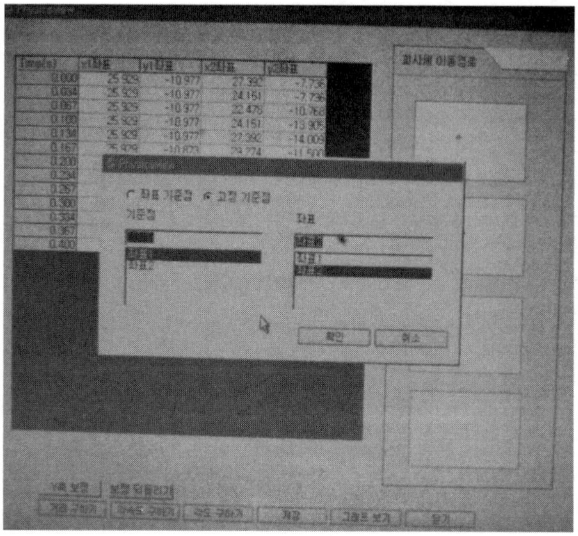

그림 11.36 각속도 구하기

표 11.5 피사체2의 각속도

Time(ms)	원점 X(cm)	원점 Y(cm)	좌표 X(cm)	좌표 Y(cm)	각(rad)	각속도(rad/s)
0.000	25.929	-10.977	27.392	-7.736	0.000	0.000
0.000	25.929	-10.977	24.151	-7.736	0.926	27228.986
0.000	25.929	-10.977	22.478	-10.768	1.009	30561.919
0.000	25.929	-10.977	24.151	-13.905	1.086	32895.705
0.000	25.929	-10.977	27.392	-14.009	0.995	29273.302
0.000	25.929	-10.873	29.274	-11.500	0.936	28361.716
0.000	25.929	-10.977	28.961	-9.200	0.715	21679.287
0.000	25.929	-10.977	26.556	-7.527	0.861	25320.491
0.000	25.929	-10.977	23.629	-8.154	0.863	26164.818
0.000	25.929	-10.977	22.583	-11.605	1.073	32504.931
0.000	25.929	-10.873	24.569	-14.009	0.976	28708.052
0.000	25.929	-10.977	27.706	-13.800	0.971	29424.332
0.000	25.824	-10.977	29.379	-11.082	0.979	29680.613

그림 11.35처럼 시작점은 회전중심의 형광점, 마지막점은 물체의 형광띠를 클릭하고 길이 구하기를 클릭하면 오른편에 cm, mm단위로 길이를 표시해 준다.

그림 11.36 하단의 각속도 구하기를 클릭하고 고정 기준점 방식을 선택한다. 좌측에는 좌표1,우측에는 좌표2가 되도록 만들어 준 다음 확인을 클릭한다.

표 11.5를 보면 측정된 각속도가 일정하지 않기 때문에, 값 5개를 평균하고 이 값을 각속도로 한다. 한편 측정된 각속도가 실제보다 1000배 크게 나타나기 때문에 1/1000을 곱해서 계산하도록 하여야 한다.

11.4 실험결과 제출

1) 실험명:

I - CA 카메라와 Physics View 를 이용한 ' 구심력 측정 ' 및 ' 관성모멘트 측정 실험.

2) 실험목표 : 실험을 통한 이론식 검증

1) 구심력 측정 시험에서 얻은 결과를 이론식에 적용하여 식이 맞는지 검증한다.
2) 관성모멘트 측정 시험에서 얻은 결과를 이론식에 적용하여 식이 맞는지 검증한다.

3) 결과보고서 제출 :

1) 구심력 측정 실험 결과보고서
2) 관성모멘트 측정 실험 결과보고서

실험시 학생 인원수에 맞춰 아래 실험결과 보고서 양식을 나눠주고 제출 받도록 한다.

11.4.1 지능기계공학 실험

1)실험명

I - CA 카메라와 Physics View 를 이용한 ' 구심력 측정 ' 및 ' 관성모멘트 측정 ' 실험.

2) 실험목표: 실험을 통한 이론식 검증

(1) 구심력 측정 시험에서 얻은 결과를 이론식에 적용하여 식이 맞는지 검증한다.
(2) 관성모멘트 측정 시험에서 얻은 결과를 이론식에 적용하여 식이 맞는지 검증한다.

3) 실험순서

(1) 기구작동
(2) I-CA 고속카메라를 이용하여 기구 운동을 캡쳐하여 저장한다.
(3) Physics View를 이용하여 저장된 파일을 불러들이고, 필요한 물리데이터를 추출한다.
(4) 측정된 실험값을 이용하여 구심력 과 관성모멘트를 구하는 이론식에 적용하고 맞는지 검증한다.

4) report 작성

(1) 구심력 측정 실험

스프링 힘 : F=kx

구심력 : F=mrw^2

(2) 관성모멘트 측정 실험

에너지 보존 수식 : $mgh = \frac{1}{2}mv^2 + \frac{1}{2}Iw^2$

$h = \frac{1}{2}at^2, v = at, w = \frac{v}{r}$

* Mass Moments of Inertia

Cylinder : $I_z = \frac{1}{2}mr2$

Cylinderical Shell $I_z = mr2$

지능기계공학실험 실습 보고서 I

(실험명: 구심력 측정 실험 결과보고서)

담당교수: **학번:** **성명:** **점수:**

▸ 구심력 측정 실험 결과

	x(m)	r(m)	w(rad/s)
v=17			
v=19			
v=21			

▸ 이론식 검증

★ 실험 소감

지능기계공학실험 실습 보고서 II

(실험명: 관성모멘트 측정 실험 결과보고서)

담당교수: **학번:** **성명:** **점수:**

▸ 관성모멘트 측정 실험 결과

	h(m)	a(m/s^2)	v(m/s)	w(rad/s)
m=0.16kg				
m=0.26kg				
m=0.36kg				

▸ 이론식 검증

★ 실험 소감

12

Chapter

다구치 방법
(Taguchi Method)

12.1 다구치 방법

12.2 다구치 방법의 적용

12.3 실험결과 및 정리

실험을 해본 경험이 있는 사람이라면 실험을 어떻게 계획하고 수행해야 하는지 하는 문제를 고민해본 경험이 있으리라 생각한다. 실험을 계획하는데 있어서 먼저 살펴보아야 하는 것은 실험변수나 조건이다. 즉 실험인자는 무엇이며, 각 인자의 수준을 몇 등급으로, 어떻게 설정하는지 하는 문제가 있다. 또 실험 결과 또는 반응치를 무엇으로 대표하며 어떻게 측정하는가 하는 문제도 있다. 인자와 수준, 반응치의 문제가 결정되면 실제 실험을 어떻게 수행할까 하는 계획을 세워야 하는데 적은 횟수의 실험으로 반복효과와 신뢰성이 있는 실험을 계획하는 것이 중요하다. 여기에서 실험이란 실제 실험장치나 설비를 이용하는 것 이외에 수치적 계산도 포함될 수 있다. 만약 인자의 수가 많다거나 각 인자의 수준이 많아지면 당연히 실험횟수도 증가하게 되는데, 모든 조합의 실험을 수행하는데 있어서 경비와 노력 그리고 시간이 많이 드는 문제를 다구치(Taguchi)방법과 관련하여 다루고자 한다.

다구치 방법은 품질 최적화 개념을 도입한 다구치 겐이치(田口玄一) 박사에 의해 개발된, 직교배열표를 이용한 실험계획법의 변형이다. 1980년 다구치 박사가 미국 Bell연구소에서 반도체에 관한 생산기술 개발을 지도하여 대성공을 거둔 것이 미국에서 다구치 방법이 폭발적으로 보급되는 계기가 되었고 현재는세계적으로 확산되어있다. 다구치 방법은 자연의 유일한 해를 찾으려는 목적보다는 품질과 비용의 최적해를 구하려는 의도에서 출발된 것이며, 제품 설계에서 가장 저렴한 생산가로 가장 안정적이고 신뢰성이 높은 성능을 주는 인자의 조합을 찾는데 많이 이용된다. 기존의 방법과 다른점은 실험계획에 수반되는 이론과 노력이 상당히 단순화되거나 제거되었고 경제적인 방법으로 한 번에 많은 인자들을 고려하는 직접적인 방법이 그 특징이며 교호작용이 상대적으로 크지 않은 경우에는 주효과 분석만으로도 최적조건과 우수한 재현성을 보장하게 된다. 실험계획의 일차적인 목적은 어떤 의미에서는 모형화, 즉 반응치에 미치는각 인자의 주효과의 교호작용 관계를 규명하는 것이라고 볼 수 있으며, 전조합실시법(full-factorial experiment)과 부분실시법(fractional factorialexperiment)으로 구분할 수 있다. 부분실시법의 목적은 경제적으로 실험의 횟수를 최소화하되 전 조합 실시법의 효과를 낼 수 있는지를 예측하는데 있다. 다구치의 실험 계획은 직교배열을 이용한 부분실시법에 근거를 두고 있다.

12.1 다구치 방법

12.1.1 다구치 방법의 정의

- 다구치 방법은 제품 및 공정설계 최적화를 위한 Engineering Method이다.
- 최적의 제품 및 공정을 위하여 설계 변수들에 대한 최적조건을 도출 시키는 방법

1) How to reduce economically the variation of a product's function in the customer's environment
2) How to ensure that decisions found optimum during laboratory experiments will prove to be so in manufacturing and in environments

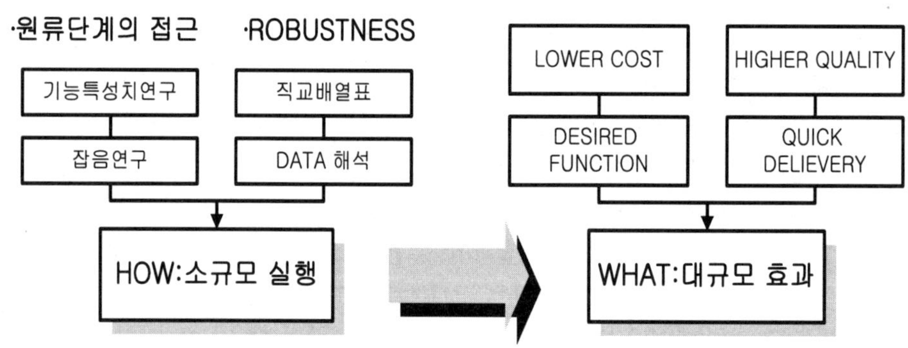

그림12.1 다구치법의 개략적 적용법

12.1.2 필요성

- 사회적 손실을 최소화 하는 것이 곧 좋은 품질이며 이를 위해서는 어떠한 소비자 환경 하에서도 기능의 변동이 없는 제품을 추구하는 것이 고객만족을 위한 Engineer의 자세이다.

- 최적의 제품 및 공정을 위해서는 설계단계에서 설계 변수들에 대한 안정적인 조건을 결정하는 것이 필요하다.

품질의 의미

- FITNESS FOR USE - 소비자측면
- CONFORMANCE TO SPECIFICATION - 생산자측면
- AGUCHI - 사회적 손실의 최소

"사회적 손실" - 제품의 성능 특성치가 목표치로부터 벗어남으로 인해 발생하는 생산자 및 소비자가 감수해야 하는 손실

12.1.3 다구치 방법의 활용 체계

1) 평가특성 결정

- 적용 대상에 대한 기본기능을 조사하여 이상기능이 무엇인가를 연구
- 조사된 기본기능을 토대로 특성치를 결정
- 특성치는 가능하면 측정이 용이한 것을 선택

ex)망소, 망대, 망목 특성

2) 인자 및 수준 결정

- 특성치에 영향을 주는 요인을 도출하여 실험해야 될 인자를 결정
- 인자가 결정되면 수준을 결정, 일반적으로 2수준 또는 3수준

12.1.4 기타 실험법

1) 전조합실시법

전국적으로 잘 알려진 비빔밥에는 전주비빔밥과 진주비빔밥이 있다. 가미되는 재료의

종류는 유사함에도 불구하고 각각은 독특한 다른 맛을 가지고 있다. 이제 이러한 전통의 조리법을 기초로 새롭고 더 맛있는 비빔밥을 만들려면 어떻게 해야 할까? 가능한 모든 재료의 다양한 조합으로 가장 맛있고 독특한 비빔밥을 실험에 의해 찾아내는 것이 목적이라면, 먼저 비빔밥을 구성하는 재료를 열거해야 하는데, 이때 이 각각의 재료는 인자가 된다.

다음으로 고려할 사항은 각 재료의 양 또는 혼합비율, 등급, 즉 수준의 결정이다. 즉 1인분을 기준으로 간장은 작은 술로 1,2,3,4 술 하던지, 매우 조금, 조금, 적당량, 약간

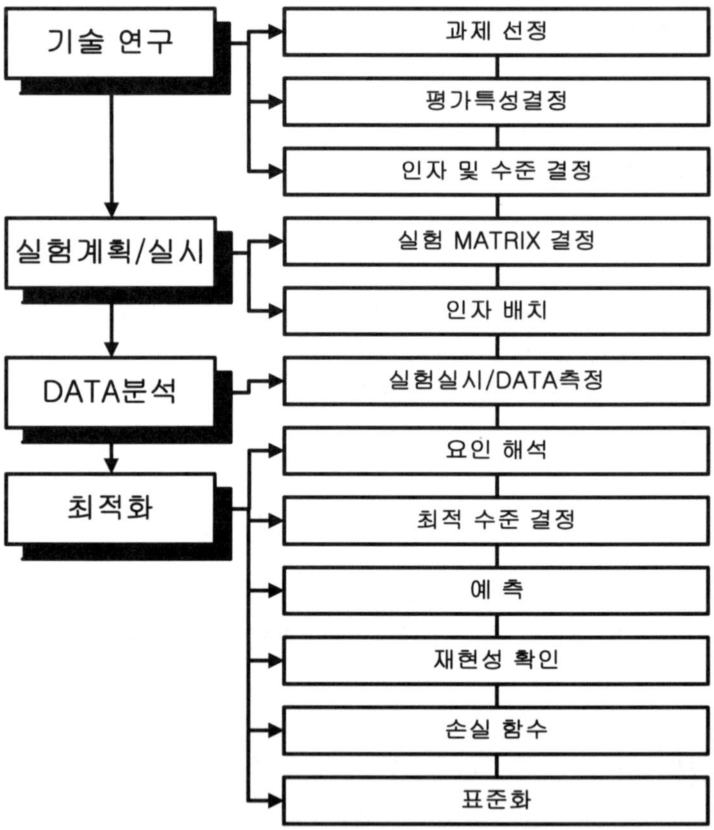

그림 12.2 다구치 방법 적용 Flow Chart

표 12.2 2수준-3인자 경우 전조합배치표

실험번호	A	B	C	반응치
1	1	1	1	y_1
2	1	1	2	y_2
3	1	2	1	y_3
4	1	2	2	y_4
5	2	1	1	y_5
6	2	1	2	y_6
7	2	2	1	y_7
8	2	2	2	y_8

표 12.1 전조합실시법

		C_1	C_2
A_1	B_1	y_1	y_2
	B_2	y_3	y_4
A_2	B_3	y_5	y_6
	B_4	y_7	y_8

많이 등으로 수준으로 정하게 된다. 이 경우 인자는 4 수준을 갖는다. 또 고려해야하는 것은 반응치의 설정과 측정방법인데, 예를 들면, 맛을 반응치로 설정할 경우 이에 대한 정량화 방법이다. 랜덤 샘플된 집단의 10점 만점 채점법이 좋은예가 될 수 있다.

만약 13가지의 재료(인자)로 각각 3수준을 갖는 실험을 모두하려면 3^{13} =1,594,323 가지의 비빔밥을 조리해야 하는데 한 가지 비빔밥을 만드는데 30분이 걸린다고 하면, 하루 8시간, 일년 250일을 일해도 400년이 걸리는 엄청난 양의 실험이 된다. 이와 같이, 전조합실시법은 모든 가능한 실험조건 하에서의 실험 계획이긴 하지만 인자와 수준의 수가 어느 정도 커지면 비효율적인 방법이 된다. 간단한 예로서, 표 12.1과 표 12.2에 2수준(1, 2)-3인자(A, B, C)의 실험에 대한, 조합의 수와 그에 따른 반응치를 예시했다.

2) 일시일원실시법

이 방법은 한 인자의 수준이 변할 때 다른 인자들의 수준은 변하지 않는다는 가정하에 사용되는 방법이다. 2수준-3인자 실험의 예는 표 12.3과 같다. 실험1과 실험2는 수준 1로 설정한 상태에서 A의 수준이 반응치에 미치는 효과를 파악하기 위한 실험이고, 실험1, 3은 B의 수준효과, 실험1, 4는 C의 수준효과를 파악하기 위한 실험이 된다. 이를 수식화 하면

$$
\begin{aligned}
y_1 &= \alpha A_1 + \beta B_1 + \gamma C_1 + \mu + \epsilon_1 \\
y_2 &= \alpha A_2 + \beta B_1 + \gamma C_1 + \mu + \epsilon_2 \\
y_3 &= \alpha A_1 + \beta B_2 + \gamma C_1 + \mu + \epsilon_3 \\
y_4 &= \alpha A_1 + \beta B_1 + \gamma C_2 + \mu + \epsilon_4
\end{aligned} \tag{12.1}
$$

여기서 α, β, γ는 인자 A, B, C의 반응치에 미치는 효과의 기울기를 나타내는 계수이고, μ는 미지 절편 또는 각 평균 수준에서의 반응치 평균이며, ϵ는 실험 및 모형 오차이다. 실험을 통하여 기울기의 값을 알아내는 것이 일차 목표이며, 이를 근거로 반응치를 극대화 또는 극소화 하는 A, B, C의 조합을 찾을 수 있게 되는데 이것이 실험의 최종적인 목적이다. 각 기울기 값은

$$
\alpha = \frac{y_1 - y_2}{A_1 - A_2},\ \beta = \frac{y_1 - y_3}{B_1 - B_2},\ \gamma = \frac{y_1 - y_4}{C_1 - C_2} \tag{12.2}
$$

측정의 불확실성, 수준의 변동성 등에 영향을 받는 계수들이 문제를 야기한다.

이 일시일원실시법을 앞서의 비빔밥 실험에 적용할 경우 총 27회의 실험만이 소요되므로, 단 14시간의 노력으로 소기 목적을 달성할 수 있는데, 전조합실시법의 경우400년과 비교할 때 시간을 훨씬 절약할 수 있다. 다만, 일시일원실시법은 실험계획이 단순하다는 장점은 있으나, 직교배열표를 이용한 실험법에 비해 비효율적, 비체계적 방법으로 알려져 있어 사용이 금기시 되고 있다.

표12.3 일시일원실시법에 의한 실험 예(2수준 3인자 경우)

행렬인자 / 실험번호	인자 또는 조건			실험결과 (반응치)
	A	B	C	
1	A_1	B_1	C_1	y_1
2	A_2	B_1	C_1	y_2
3	A_1	B_2	C_1	y_3
4	A_1	B_1	C_2	y_4

12.2 다구치 방법의 적용

12.2.1 직교배열표(Orthogonal Array)

1) 직교배열표의 정의

일시일원 배치법과 전조합실시법의 장·단점을 보완한 방법으로 제시된 것이 직교배열(Orthogonal Array)에 의한 실험계획이다. 2수준-3인자 실험의 경우를 예로 들면 표 12.1과 같다. 각 행에 모든 수준이 나타나되 각 수준의 빈도가 모두 동일하며, 각 열의 실험계획이 모두 다르다. 이러한 배열 중 최소의 실험횟수를 갖는 배열을 직교배열이라고 하며, 이 경우 다구치는 $L_4(2^3)$이라고 표시한다. L은 직교배열기호이고, 4는 총 실험 횟수, 2는 수준수, 3은 인자수를 나타낸다.

표 12.4를 수식화 하면,

$$y_1 = \alpha A_1 + \beta B_1 + \gamma C_1 + \mu + \epsilon_1$$

$$y_2 = \alpha A_1 + \beta B_2 + \gamma C_2 + \mu + \epsilon_2$$

$$y_3 = \alpha A_2 + \beta B_1 + \gamma C_2 + \mu + \epsilon_3$$

$$y_4 = \alpha A_2 + \beta B_2 + \gamma C_1 + \mu + \epsilon_4 \quad (12.3)$$

표 12.4 직교배열 실험의 예(2수준-3인자)]

행렬인자 / 실험번호	인자 또는 조건			실험결과 (반응치)
	A	B	C	
1	A_1	B_1	C_1	y_1
2	A_1	B_2	C_2	y_2
3	A_2	B_1	C_2	y_3
4	A_2	B_2	C_1	y_4

식 (12.3)과 같이 표현되며 여기서,

$$\alpha = \frac{(y_1 + y_2) - (y_3 + y_4)}{2(A_1 - A_2)}$$

$$\beta = \frac{(y_1 + y_3) - (y_2 + y_4)}{2(B_1 - B_2)}$$

$$\gamma = \frac{(y_1 + y_4) - (y_2 + y_3)}{2(C_1 - C_2)} \tag{12.4}$$

식 (12.4)와 같이 결정되는데 각 계수를 결정짓는데 2회의 실험결과가 이용되고 있는 것이 특징이며 이는 전체 실험횟수를 증가시키지 않고도 동일한 실험을 2회 반복한 결과와 동일한 효과를 얻는 것이 특징이다. 표 12.3에 보인 직교배열의 다른 특징은 임의의 두 실험을 비교할 때 어느 경우든지 3인자 중 두 인자가 다른 수준으로 변화되는 것을 알 수 있다. 따라서 총 실험횟수를 증가시키지 않고도 인자의 영향을 광범위한 수준변화를 통해 적극적 실험(Wild Experiment)으로 개선하였다는 것을 알 수 있다. 또 다른 특징은 인자 A의 효과(α)를 구하기 위해 인자 A의 수준을 A_1또는 A_2로 고정시킨 경우 B와 C의 각 수준빈도가 모두 동일하므로 α를 구할 때의 B와 C의 각 수준빈도가 평균적으로 0이 되고 있다는 점이다. 이는 전조합실시법의 특성과 비슷하다고 볼 수 있다.

결론적으로 직교배열에 의한 실험계획은 비용절감 뿐 아니라 전조합실시법과 유사한 강건한 실험계획법임을 알 수 있다. 다만 재현성의 문제는 다소 남게 되므로 반드시 실험계획에서 누락된 경우에 대한 확인실험을 거쳐야 할 필요가 있다. 직교배열에 의한 부분조합실시법을 이용할 때 소요되는 총 실험횟수는 표12.4와 같다. 인자의 수준이 모두 동일한 경우를 2수준계, 3수준계 등으로 부르며 모두 동일하지 않은 경우를 혼합수준계라고 부른다. 2수준을 갖는 인자의 경우는 반응치에 선형효과를 미치는 인자로 파악되며 3수준의 인자는 반응치에 비선형효과를 미치는 인자로 구분된다. 예를 들어 A 인자가 3수준을 갖을 경우 반응치와의 관계는 식(12.4)의 관계로 볼 수 있으며 반응치

표(Response Table)로부터 인자 A의 반응치에 대한 1차 효과계수 α와 2차 효과계수 β를 각 수준값 A_1, A_2, A_3와 관련된 반응치 y_1, y_2, y_3와의 관계로부터 구할 수 있다.

$$y = \mu + \alpha A + \beta A^2 + \epsilon \tag{12.5}$$

4수준계, 5수준계 등도 유사한 개념으로 설명할 수 있는데, 다만 인자가 둘 이상인 경우는 각 인자의 차수 증가와 교호작용의 차수가 동시에 증가한다는 점을 유의해야 한다. 교호작용은 A의 효과가 B의 서로 다른 수준에서 같지 않을 경우, 두 인자 A와 B의 반응치에 대한 상승효과를 나타내는 것으로 앞서 식(12.3) 등과 같이 표현 되는 경우, 예를 들어 α는 B와 C의 수준에 관계없이 정해진다면 A와 B, A와 C의 교호작용은 없게 된다. 편의상 A, B 두 인자와 그 교호작용만을 고려한 모형식은

$$y = \mu + \alpha A + \beta B + \delta AB + \epsilon \tag{12.6}$$

이 되며 인자 A의 효과계수는 α가 아니고 $(\alpha + \delta B)$가 되어 B의 수준에 따라 A의 효과가 달라지게 된다. 이 경우 직교배열에서 이러한 교호작용을 주 인자와 함께 배치할 수 있는데 이는 식(12.6)에서 α, β, δ를 구하는 과정을 포함하는 다소 복잡한 관계를 도출해 낼 수 있다. 여기서 δ는 교호작용의 강도가 된다. 교호작용을 직교배열의 적절한 행에 포함시키게 되면 결국 배치시킬 수 있는 주 인자의 수를 축소하는 결과를 낳게 되고 한편으로 어느 인자 사이의 교호작용이 중요시되는지를 사전에 알기가 어려우므로 다구치는 실험계획시 교호작용의 효과가 중요하게 되는 확고한 이유가 없는 한 교호작용을 포함하기 보다는 더 많은 인자를 고려한 방법을 추진하고 있다. 교호작용을 무시하는 대신 다구치는 직교배열에서 누락된 실험조건하에서 확인실험에 의해서 재현성을 고려하는 방법을 권장하고 있다. 다구치의 직교배열을 이용한 실험계획법의 기본 방향은 강건하고 경제적인 실험법이라고 할 수 있다. 만약 확인 실험 결과와 예측이 틀리면,

① 중요한 실험인자가 누락
② 수준설정의 문제
③ 교호작용이 누락

위의 3가지 경우에 의한 문제점이 발생된 것이라고 할 수 있다.

표 12.5 각 실험계획에 의한 총 실험횟수

수준계	직교배열 기호	인자수	실험횟수		
			직교배열	일시일원 실시법	전조합 실시법
2수준계	$L_4(2^3)$	3	4	≤ 4	8
	$L_8(2^7)$	7	8	≤ 8	128
	$L_{12}(2^{11})$	11	12	≤ 12	2,048
	$L_{16}(2^{15})$	15	16	≤ 16	32,768
	$L_{32}(2^{31})$	31	32	≤ 32	2,147,483,647
3수준계	$L_9(3^4)$	4	9	≤ 9	81
	$L_{27}(3^{13})$	13	27	≤ 27	1,594,323
혼합수준계	$L_{18}(2^1 \times 3^7)$	1(2수준) +7(3수준)	18	≤ 16	4,374
	$L_{38}(2^3 \times 3^{13})$	3(2수준) +13(3수준)	36	≤ 30	12,754,584

2) 직교배열표의 장점

- 기계적인 조작으로 이론을 잘 모르고도 일부실시법, 분할법, 교락법 등의 배치를 쉽게 할 수 있다.
- 실험데이터로부터 요인변동의 계산이 용이하고, 또한 분산분석표의 작성이 수월
- 실험의 크기를 확대시키지 않고도 실험에 많은 인자를 짜 넣을 수 있으며, 실험의 실시가 용이

3) S/N비(Signal-to-Noise Ratios)의 계산

- 실험을 실시한 후 측정된 DATA를 S/N비로 가공을 실시
- DATA를 CLEAR하게 해주는 효과

〈STATIC 특성〉

※ 망소특성(Lower is better)

$$S/N_{LB} = -10\ \log\left(\frac{1}{r}\sum_{i=1}^{r} y_1^2\right) \tag{12.7}$$

※ 망대특성(Higher is better)

$$S/N_{NB2} = -10\ \log\left(\frac{1}{r}\sum_{i=1}^{r}\frac{1}{y_i^2}\right) \tag{12.8}$$

※ 망목특성(Nominal is best)

$$S/N_{HB} = -10\ \log\left(\frac{\sum_{i=1}^{r} - r(\overline{y})^2}{r-1}\right) = -10\ \log V_e$$

$$S/N_{NB2} = +10\ \log\left(\frac{\mathrm{r}(\overline{\mathrm{y}})2}{\mathrm{rV_e}}\right) \tag{12.9}$$

12.2.2 실험계획의 예

1) 일반적인 실험 예

결과에 영향을 주는 인자를 제대로 찾기 위해서는, 실험계획을 하기 전에 실험이 진행되는 과정과 실험 결과(반응치)에 미치는 실험조건(인자 및 수준)들을 조사하는 것이 매우 중요하다. 일반적으로는 실험결과에 영향을 주는 인자들을 결정하기 위해서 해당 실험에 관여하는 당사자들이 모여 토의하는 것이 좋다. 플라스틱 성형 공정을 대상으로 다구치 방법을 이용한 실험계획의 실제 예를 살펴보기로 하자. 공정에 관여한 엔지니어들의 사전 연구결과에 따라 이 플라스틱 성형공정에 중요하게 영향을 주는 제어 가능한 인자 및 수준을 표 12.6에 정리하였다. 실험의 목표는 이 성형 제품의 품질(이 경우는 성형후 제품의 강도를 반응치로 함)을 극대화하는 인자들의 최적 조합을 찾아내는 것이다.

각 2 수준을 갖는 3개 인자의 실험이므로 표 12.7에 보인 L4의 직교배열이 적절하며, 각 열에 한 개의 인자를 배치하였다. 이때, 실험이 갖는 반복 오차를 고려하여 여러 번 반복측정을 하여 그 평균값을 반응치로 하게 되면, 통계적으로 보다 유의한 결과를 기대할 수 있다. 인자를 배치하는 순서는 기본적으로는 무작위이나 실제로는 실험순서를 고려하여 인자의 잦은 변경이 여의치 않거나 비용이 많이 드는 순서로 배치하는 것이 전체 실험에 요하는 노력과 비용이 적게 든다. 이 표에 따른 각각의 실험 조건은 표 12.8과 같다.

이제 각 실험을 수행하여 각 실험에 대한 반응치 측정을 완료하여,

$$Y1=30,\ Y2=25,\ Y3=34,\ Y4=27$$

의 결과를 얻었다고 하자.

표 12.6 플라스틱 성형공정의 인자 및 수준

인자	수준1	수준2
A. 압출 압력	A_1 = 250psi	A_2 = 350psi
B. 금형 온도	B_1 = 150°F	B_2 = 200°F
C. 압출 시간	C_1 = 6sec	C_2 = 9sec

표 12.7 L_4배열을 이용한 실험계획

실험	1	2	3	반복측정		
				1	2	3
1	1	1	1	30	31	...
2	1	2	2	25	24	...
3	2	1	2	34	35	...
4	2	2	1	27	28	...

표 12.8 플라스틱 성형 공정 실험계획

실험번호	인자	조건	실험번호	인자	조건
1	Pressure	250psi	2	Pressure	250psi
	Temperature	150°F		Temperature	200°F
	Time	6sec		Time	9sec
3	Pressure	350psi	4	Pressure	350psi
	Temperature	150°F		Temperature	200°F
	Time	9sec		Time	6sec

여기서, Yn 은 실험 n의 반응치이다. 이 결과는 직교배열 표 12.7의 오른쪽 열에 기록한다. 만약 반복 실험이나 측정을 수행하였다면 다음 열에 그 결과를 기록한다. 이제 이 실험 결과로부터 의미 있는 결과를 도출해 보자. 다구치 방법을 이용한 실험결과의 해석 목적은 다음의 3가지 질문에 대한 답이 된다.

- 최적의 조건은 무엇인가?
- 어떤 인자가 결과에 얼마만큼 영향을 미치는가?
- 최적의 조건상에서 어떤 반응치를 예측할 수 있는가?

먼저 각 인자의 수준별 반응치 평균을 계산해 보도록 하자. A1의 평균 반응치는 A1의 인자를 가지고 있는 반응치를 더한 후 그 실험의 수로 나누면 된다. A1을 인자로 가지고 있는 실험은 실험1,2 이므로, 이 실험의 평균 반응치는 해당 반응치(Y1, Y2)로부터 얻을 수 있다. 각 수준의 인자에 대한 평균 반응치는

$$\overline{A_1} = \frac{(Y_1 + Y_2)}{2} = \frac{(30+25)}{2} = 27.5$$

$$\overline{A_2} = \frac{(Y_3 + Y_4)}{2} = \frac{(34+27)}{2} = 30.5$$

$$\overline{B_1} = \frac{(Y_1 + Y_3)}{2} = \frac{(25+27)}{2} = 26$$

$$\overline{B_2} = \frac{(Y_2 + Y_4)}{2} \frac{(30+27)}{2} = 28.5$$

$$\overline{C_1} = \frac{(Y_1 + Y_4)}{2} = \frac{(30+27)}{2} = 28.5$$

$$\overline{C_2} = \frac{(Y_2 + Y_3)}{2} = \frac{(25+34)}{2} = 29.5 \qquad (12.10)$$

각 평균 반응치들의 영향을 그림 12.3과 같이 시각적으로 표시할 수 있다. 각 평균 반응치의 수준 변화에 대한 변화는 해당 인자이외의 다른 인자들의 수준변화에 무관하기 때문에, 그 인자의 수준변화에 대한 순수한 반응치의 변화를 보여준다고 할 수 있다. 이러한 결과의 특성은 값이 클수록 좋은 것, 작을수록 좋은 것, 평균에 가까울수록 좋은 것으로 대략적으로 나눌 수 있다. 만약 이 성형공정의 결과가 성형된 플라스틱이

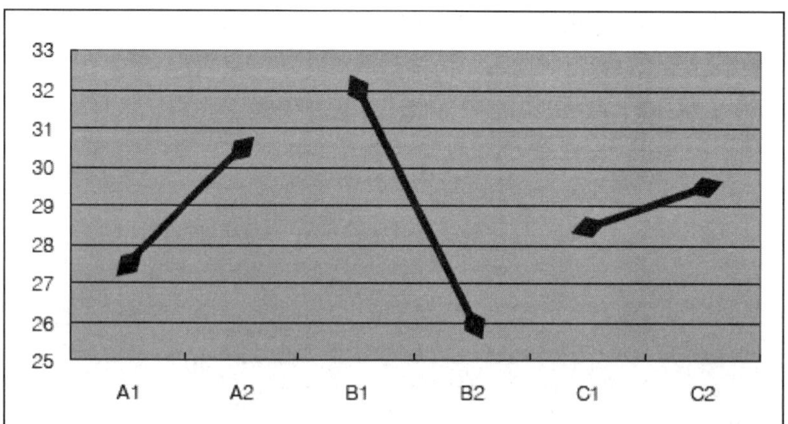

그림 12.3 평균 반응치 영향

높은 강도를 가지는 것을 그 목표로 한다고 하면, 결과의 값이 클수록 좋은 결과가 된다. 따라서 그림12.3로부터 A2, B1, C2가 인자들의 최적의 조합임을 예측할 수 있다.

2) 다른 수준의 인자 실험 예

이 사례는 금속코팅유리 기판 위에 IC를 장착할 때 접착강도와 전도성(conductivity)의 최적화를 위해 다구치 방법을 적용한 것이다. 이 실험을 통하여 과거에 알려져 있지 않았던 사실로서 동(bronze)은 전기저항의 면에서 니켈보다 뛰어나며 충분한 접착강도가 얻어진다는 사실이 판명되어, 제품의 중요한 품질특성의 개선으로 이어졌다.

실험은 IC제어에 의한 자동차용 액정 디스플레이 개발 프로젝트의 일환으로 실시되었다. 표시동작을 제어하는 IC 칩은 기판위에 장착된다. 이는 단순히 IC의 다리를 기판위에 전도 선로(conducting path)에 접착제로 고정하는 것이다. 최적화 특성값은 접착강도와 접착부의 전기저항값 두 가지이다. 실험을 계획할 때 연구·개발담당 기술자와 생산 기술자에 의해 특성값의 최적화에 중요하다고 생각되는 제어인자를 검토했다. 그 결과 제어인자와 그 수준을 표 12.9와 같이 설정했다. 4개의 인자는 두 수준을 가지고 있지만 한 개의 인자가 4개의 수준을 가지고 있으므로 표 12.10에 제시한 바와 같이 L_8의 직교표에 할당하였다.

표 12.10의 직교배열표의 A열은 실제로는 2개의 열을 하나로 합쳐진 결과이다. 원래의 두 열의 수가 (1,1)(1,2)(2,1)(2,2)인 경우 각각 1, 2, 3, 4로 배열하는 것이다. 이 방법은 인자를 4개의 수준으로 나누고 싶은 경우 따로 직교배열표를 마련하지 않고 2수준의 직교배열표를 이용하여 4수준에 적용할 수 있는 손쉬운 방법이다.

접착강도는 일반적으로 스프링 저울을 사용하여 IC 각각의 다리를 떼어내는데 필요한 인장력을 측정하여 구하고, 접착부의 저항은 범용 저항계로 구했다. 각 실험마다 1개의 IC를 장착한 후, 칩의 다리는 하나 걸러 강도시험을 수행하고, 접착부의 저항간 산포는 비교적 안정되어 있는 것으로 간주하여 저항측정을 하였다. 표 12.11, 표 12.12에서 저항값과 접착강도의 원 데이터와 S/N비[db]를 보였다.

이에 의해 각 수준의 평균값을 구한 것을 표 12.13, 표 12.14에 제시하였다.

표 12.9 IC 장착의 제어인자 수준

인자 \ 수준	1	2	3	4
접착제의 종류(A)	D1	H-20-E	88-1	H-20E-175
접착 시간(B)	90℃에서 90분	120℃에서 60분	-	-
도체 재질(C)	Cu	Ni	-	-
폴리우레탄코팅(D)	Yes	No	-	-
IC 핀 코팅(E)	주석	은	-	-

표 12.10 IC 인자의 할당과 데이터

L_8	A	B	C	D	E	접착강도 (파운드)	SN비	접착부 저항 (Ω)	SN비
	1	2	3	4	5				
1	1	1	1	1	1	$y_{1.1},\cdots,y_{1.20}$	η_1	$y_{1.1},\cdots,y_{1.20}$	η_1
2	1	2	2	2	2	…	…	…	…
3	2	1	1	2	2	…	…	…	…
4	2	2	2	1	1	…	…	…	…
5	3	1	2	1	2	…	…	…	…
6	3	2	1	2	1	…	…	…	…
7	4	1	2	2	1	…	…	…	…
8	4	2	1	1	2	$y_{8.1},\cdots,y_{8.20}$	η_8	$y_{8.1},\cdots,y_{8.20}$	η_8

표 12.11 저항값의 데이터와 S/N비]

실험	저항값 (Ω)										S/N비
1	20	10	20	10	10	10	10	10	20	20	-23.42
2	470	470	470	470	470	470	470	470	470	470	-53.44
3	7	5	5	6	5	6	5	5	6	6	-15.02
4	800	560	560	530	560	450	1110	600	600	460	-56.34
5	4740	4740	4730	4730	4740	4740	4730	4730	4730	4730	-73.51
6	10	10	10	10	10	10	10	10	10	10	-20.00
7	1180	530	820	380	870	370	1190	970	1180	950	-58.99
8	9	8	8	6	5	5	5	5	4	4	-15.77

표 12.12 접착강도의 데이터와 S/N비

실험	접착강도 (파운드)										S/N비
1	640	580	460	800	1000	620	700	880	560	600	56.3
2	400	530	620	580	570	550	550	610	610	600	54.6
3	540	750	630	620	680	640	550	580	580	560	55.4
4	800	940	1000	1000	1000	1000	1000	1000	1000	800	59.1
5	840	1000	1000	1000	1000	570	1000	1000	1000	840	59.0
6	800	750	750	880	820	850	830	820	920	800	58.0
7	490	600	600	660	550	490	600	540	490	510	54.6
8	600	980	1000	1000	1000	1000	1000	1000	1000	1000	59.3

표 12.13 수준별 저항의 평균값과 S/N비

	저항값							
	원 데이터(Ω)				S/N비			
	1	2	3	4	1	2	3	4
A	242.0	317.3	2372.5	421.9	-38.43	-35.68	-46.76	-37.38
B	1398.2	278.7			-42.74	-36.39		
C	9.8	1668.0			-18.55	-60.57		
D	1346.9	330.9			-42.26	-36.86		
E	372.8	1304.1			-39.69	-39.43		

표 12.14 수준별 접착강도의 평균값과 S/N비

	저항값							
	원 데이터(파운드)				S/N비			
	1	2	3	4	1	2	3	4
A	641.0	739.5	835.3	741.5	55.51	57.25	58.49	56.96
B	722.4	756.2			56.34	57.75		
C	유의않음	유의않음			57.26	56.84		
D	8441.1	594.5			58.43	55.67		
E	유의않음	유의않음			57.01	57.09		

S/N비는 다음과 같은 식으로 나타낼 수 있다.

$$S/N = -10\log_{10}(MSD) \tag{12.11}$$

여기서 MSD는 결과값의 목표값에 대한 산포를 나타내는 값으로

$$MSD = ((y_1 - m)^2 + (y_2 - m)^2 + (y_3 - m)^2 + \cdots + (y_n - m)^2)/n \tag{12.12}$$

와 같이 계산이 된다. S/N비는 실험 결과가 최적값(m)에 가까울수록 그 값이 커지는 경향을 가지고 있다. 예로, 실험1에서 낮으면 낮을수록 좋은 값인 저항값에 대한 SN비는 표 12.10의 값을 이용하여 다음과 같이 구할 수 있다.

$$\begin{aligned}\eta &= -10\log\frac{1}{10}(y_1^2 + y_2^2 + \cdots y_{10}^2)\\ &= \frac{1}{10}(20^2+10^2+20^2+10^2+10^2+10^2+10^2+10^2+20^2+20^2)\\ &= -23.42\end{aligned} \tag{12.13}$$

이 실험은 두 가지 특성값 (저항값과 접착강도)이 있기 때문에 최저 수준을 정하는데 다음과 같은 절충안을 마련하였다.

첫째로 인자 A는 A_2로 하였다. 이는 시스템 특성상 저항값이 접착강도보다 중요하기 때문이다. 그리고 S/N비를 보면 접착강도는 그 최적 수준 A_3대신에 A_2를 취했을 때 1.25 db 밖에 저하하지 않지만, 저항값은 11 db에 이르는 이득이 있기 때문이다.

둘째로 D인자는 D_1으로 한다. 저항값의 해석에서 D의 기여율은 대단히 낮지만 (S/N비로 15%), 접착 강도에서는 S/N비나 원 데이터에 대해 50% 이상의 기여율을 지니고 있어서 D는 최대의 접착강도를 부여하는 수준을 선택하는 편이 좋다.

도체의 종류와 효과에 대해서는 이제까지 조사하지 않았지만 동은 전기저항면에서 니켈보다 훨씬 우수하며, 더욱이 접착강도면에서 전혀 손색이 없다는 사실이 판명되었

다. 그 결과 큰 개선이 이루어졌고, 최적 조건에서의 전기저항은 과거의 값보다 현저히 떨어졌다. 그리고 폴리우레탄 코팅으로 접착 강도가 증대한다는 결과도 매우 중요하다고 평가된다.

3) 용어(Terminology)

(1)신호인자(signal factor) :

동특성의 실험에서 고려되는 인자로써 주어진 목표를 달성하기 위한 신호형태의 인자이다. 예를 들면 자동차의 진행방향을 조정키 위한 핸들 각도를 들 수 있다.

(2)제어인자(control factor) :

최적의 수준을 발견하기 위하여 실험에 채택된 인자로써 인자 수준을 자유로이 조절할 수 있으며 재현성이 있고 기술적인 의미를 보유하고 있으며 수준 선택 시 고유 기술적인 측면이 고려된다.

(3)잡음인자(noise factor) :

품질 산포에 영향을 주는 이유를 명확하게는 알 수 없으나 관리하기에는 불합리하거나 관리할 수 없는 이런 요인들을 잡음인자라고 한다.

(4)교호작용(Interaction) :

인자 단독으로 발생하는 효과가 아닌 두 인자 이상의 조합으로 발생하는 효과

12.2.3 실험방법 및 절차

표 12.16의 값은 MTS를 이용하여 실제 Shock Absorber의 감쇠력을 측정한 결과값이다. 실험에서 감쇠력을 측정한 구간은 0.065, 0.13, 0.26, 0.39, 0.52, 1.04, 1.56 m/s의 7구간이다. 실험은 동일한 수준수의 조합으로 이루어진 Shock Absorber를 2회 실험하여 Test1과 Test2로 나타내었다. 각 속도구간별로 주어진 인자의 수준이 가지는

영향정도를 주어진 직교배열표와 결과값을 이용하여 구한다.

결과값의 분석을 위해 통계프로그램인 Minitab을 이용하여 인자들이 가지는 특성을 평균과 S/N비로 각각 나타낸다. S/N비는 망대특성을 이용한다. Minitab 프로그램은 http://www.minitab.co.kr의 주소로 들어가서 체험판으로 다운 받을 수 있다.

1) 직교배열표

- 인자 : Slot(w1.0), Disc(t0.15), Hole(Φ2.0)
- 수준수 : 각 인자의 수준수는 5로서 동일 (숫자는 수량을 나타낸다.)
- Slot(w1.0) - 10, 8, 6, 4, 2
- Disc(t0.15) - 2, 3, 4, 5, 6
- Hole(Φ2.0) - 6, 7, 8, 9, 10
- 3인자-5수준 실험

표 12.15 3인자-5수준 직교배열표

NO.	Slot(w1.0)	Disc(t0.15)	Hole(Φ2.0)
1	10	2	6
2	10	3	7
3	10	4	8
4	10	5	9
5	10	6	10
6	8	2	7
7	8	3	8
8	8	4	9
9	8	5	10
10	8	6	6
11	6	2	8
12	6	3	9

13	6	4	10
14	6	5	6
15	6	6	7
16	4	2	9
17	4	3	10
18	4	4	6
19	4	5	7
20	4	6	8
21	2	2	10
22	2	3	6
23	2	4	7
24	2	5	8
25	2	6	9

표 12.16 직교배열표에 의한 실험결과값

	0.065 m/s	0.13 m/s	0.26 m/s	0.39 m/s	0.52 m/s	1.04 m/s	1.56 m/s
Test01_#01	155.46	285.05	402.09	506.60	623.44	1232.82	2031.17
Test01_#02	140.34	273.58	394.33	500.06	616.46	1217.18	2011.01
Test02_#01	155.91	322.62	462.89	581.57	704.36	1353.00	2205.99
Test02_#02	166.60	343.07	492.14	614.55	745.14	1394.22	2222.20
Test03_#01	138.76	316.46	516.12	651.39	801.51	1520.16	2401.20
Test03_#02	150.48	342.58	542.96	678.21	820.51	1520.73	2323.70
Test04_#01	156.27	383.88	591.29	735.28	881.39	1592.02	2394.76
Test04_#02	154.80	388.17	616.58	768.11	908.83	1606.93	2419.67
Test05_#01	164.08	397.23	664.63	819.13	972.72	1651.64	2493.64
Test05_#02	175.04	430.45	684.79	841.46	1005.64	1741.09	2586.38
Test06_#01	168.93	289.96	382.16	504.22	624.45	1228.49	2025.14
Test06_#02	183.40	294.01	404.06	512.61	627.39	1256.14	2035.70
Test07_#01	186.93	336.15	469.84	581.40	711.87	1364.92	2130.40
Test07_#02	178.12	343.15	480.25	595.45	750.68	1439.05	2253.32
Test08_#01	174.56	380.28	531.08	662.26	791.30	1447.38	2285.16
Test08_#02	172.51	401.51	559.07	678.40	831.52	1486.94	2294.87

Test09_#01	206.20	430.74	602.16	724.16	868.10	1560.76	2370.73
Test09_#02	212.92	450.54	629.54	743.00	900.79	1553.60	2375.08
Test10_#01	205.34	478.90	678.22	838.19	992.79	1744.29	2674.61
Test10_#02	199.29	490.16	696.99	856.11	1018.97	1764.76	2725.70
Test11_#01	222.24	311.74	414.96	518.94	633.73	1272.69	2073.91
Test11_#02	229.19	305.56	410.64	508.80	627.05	1255.35	2044.53
Test12_#01	254.12	373.79	491.74	608.02	729.22	1375.60	2183.14
Test12_#02	264.82	372.64	491.23	606.29	731.94	1388.22	2192.99
Test13_#01	256.09	431.42	564.24	683.11	837.44	1494.61	2294.57
Test13_#02	280.44	421.61	556.20	681.79	812.11	1469.05	2258.65
Test14_#01	284.22	481.12	641.13	783.90	929.97	1657.11	2548.70
Test14_#02	292.77	486.38	641.33	782.84	936.25	1667.43	2561.09
Test15_#01	280.38	541.27	720.11	876.25	1030.33	1795.13	2721.21
Test15_#02	285.49	541.39	719.53	870.68	1030.83	1787.66	2724.66
Test16_#01	257.49	314.94	412.53	515.58	621.63	1218.90	1962.67
Test16_#02	262.18	327.28	423.14	523.90	635.88	1236.01	1887.90
Test17_#01	307.03	377.56	492.45	605.05	725.08	1325.93	2006.97
Test17_#02	318.64	394.78	509.54	625.78	748.38	1368.81	2073.33
Test18_#01	346.79	438.67	565.74	695.29	832.91	1517.54	2378.12
Test18_#02	342.23	446.49	584.23	718.15	862.03	1576.35	2444.76
Test19_#01	404.13	513.58	655.31	795.37	946.39	1672.06	2519.83
Test19_#02	399.24	516.41	664.50	809.98	959.11	1683.24	2546.66
Test20_#01	438.38	566.25	725.06	878.08	1042.19	1811.21	2719.13
Test20_#02	523.64	605.15	733.15	895.73	1061.80	1811.68	2719.72
Test21_#01	266.20	317.08	409.87	506.05	612.39	1184.97	1866.74
Test21_#02	265.92	331.63	423.61	524.32	631.65	1205.48	1908.65
Test22_#01	333.09	396.05	501.81	618.31	739.35	1396.30	2246.40
Test22_#02	338.71	404.01	516.33	632.86	755.91	1422.79	2274.43
Test23_#01	397.22	471.02	590.74	717.46	846.71	1553.86	2412.63
Test23_#02	407.54	483.41	612.57	743.40	878.95	1580.37	2404.83
Test24_#01	459.59	540.55	674.44	813.11	959.56	1715.10	2590.14
Test24_#02	465.75	550.25	689.51	828.81	977.97	1709.87	2633.73
Test25_#01	506.58	599.59	748.19	890.26	1044.02	1769.10	2643.56
Test25_#02	535.36	628.86	780.81	929.23	1077.37	1812.95	2689.94

12.3 실험결과 및 정리

실험결과 보고서를 작성할 때 다음과 같은 정보는 반드시 포함하여 작성한다.

1) 인자의 수준수가 가지는 특성을 평균에 대해서 나타낼 것
2) 인자의 수준수가 가지는 특성을 S/N비에 대해서 나타낼 것
3) 각 속도구간별 영향을 가장 많이 미치는 인자를 찾을 것
4) 전체적인 특성을 분석하여 자신의 생각을 넣어서 독자적으로 작성할 것

13
Chapter

자유진동 응답계측 및 감쇠계수와 탄성계수 측정실험

13.1 개요

최근의 기계공학과 관련된 설계에서는 제품의 고신뢰성, 고응답성과 관련하여 동력학 기반의 설계 개념과 지식에 대한 요구가 높아지고 있다. 이러한 기반 지식에는 진동에 대한 이해가 필수적이라고 사료된다. 진동현상은 우리주변의 도처에 존재하므로 여러 공학설계의 특성에 큰 영향을 미쳐 기기의 성능을 제한하는 요소가 된다. 따라서 본 실험에서는 동적 시스템과 기계구조물의 진동에 대한 이해를 높이고자 기계공학의 해석에서 많이 사용되는 기본 구조물인 외팔보의 초기 변형을 가한 후 일정 시간동안에 발생하는 거동인 자유진동 응답을 실험적으로 계측한 후 이의 특성을 분석하고자 한다. 자유진동 응답의 측정에는 기계나 구조물의 부재에서 발생하는 변형의 측정에 보편적으로 많이 활용되고 있는 스트레인 게이지를 이용한다. 스트레인게이지는 상대적으로 높은 신뢰성과 더불어 응답 특성이 우수하고 경제적이므로 기계공학을 비롯한 여러 계측분야에 기본적인 센서로서 광범위 하게 사용되고 있다. 따라서 엔지니어는 실험 및 업무와 관련하여 이들의 사용과 응용 기법을 습득하여야 할 것이다.

이 실험에서 사용하는 자유진동 시스템은 간단한 외팔보, 스트레인 게이지, 휘스톤 브리지 회로, 증폭회로, 신호처리 필터 및 오실로스코프로 구성된다. 외팔보의 자유진동 응답은 스트레인 게이지로 구성된 신호처리 시스템에 의하여 측정이 되어 지며, 이 응답의 계측과 응답선도를 통하여 스트레인 게이지 율, 자유진동하는 시스템의 감쇠율과 탄성계수를 구하는 과제가 주어진다.

이 실험을 통하여 스트레인 게이지 계측의 원리와 측정 방법 등의 기본 계측기법을 습득한다. 외팔보의 자유진동 응답 계측 결과를 기반으로 감쇠 계수 및 탄성계수를 측정하며 이러한 절차를 통하여 시스템의 동적 특성을 분석하는 이론적인 학습을 실시한다. 또한 이들 실험 과정에서 외팔보형 동력계의 구성 및 보정방법을 이해하고, 외팔보에 걸리는 임의의 시변하중을 측정하여 데이터 처리하는 기법을 아울러 습득한다.

13.2 관련이론

13.2.1 스트레인 게이지를 이용한 외팔보의 변형률 측정

1) 포일 스트레인지 게이지

외팔보의 변형량을 측정하는 일반적인 방법은 측정할 구조물에 스트레인 게이지를 부착시켜 계측하는 방법이다. 포일형 스트레인 게이지 (foil strain gauge)의 원리는 가는 동선의 전기적 저항이 변형에 따라 변하는 값을 측정하는 것이다. 이 변하는 저항값의 크기가 작으므로 휘스톤 브리지(Wheatstone bridge)를 이용하여 전압으로 변경시킨 뒤 전압을 OP-amp를 사용하여 증폭하는 방법을 사용하여 변형률을 측정 할 수 있다. 실험 장치에 변위 측정 기구를 부착하여 변위를 측정한 다음 이 변위를 이용하여 변형률을 구하고, 스트레인 게이지의 저항 변화 값과 비교하여 스트레인 게이지의 게이지율(gauge factor)을 구할 수 있다.

스트레인 게이지는 기계적인 미세한 변화를 전기신호로 해서 검출하는 센서이다. 스트레인 게이지를 기계나 구조물의 표면에 접착해 두면, 그 표면에서 생기는 미세한 치

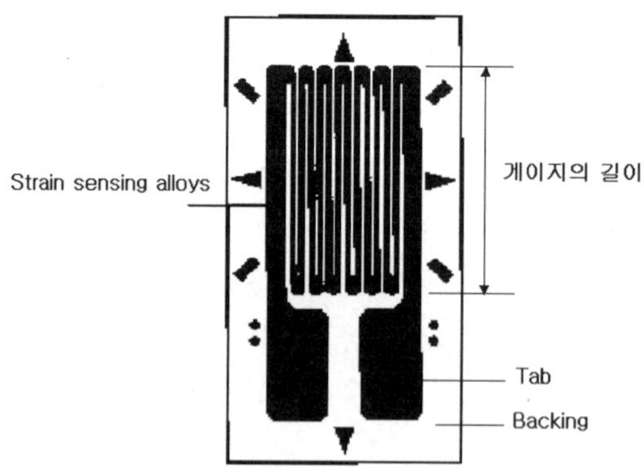

그림 13.1 포일 스트레인 게이지 (foil strain gauge)의 구조

수의 변화인 변형률을 측정하는 것이 가능하고, 그 크기로부터 강도나 안전성의 확인을 하는데 중요한 응력을 알 수 있다. 스트레인 게이지는 저항특성을 가지며 금속에 부착시켜 그 금속에 외력이 가해지면 금속에 변형이 발생하고 발생한 변형에 대응하여 저항의 변화가 나타나는 특성이 있다. 절연체 기판 위에 저항률이 높은 금속저항선을 접착제로 고정시키고, 단말에 리드선이 연결되어 있다. 이것을 피 측정물의 한쪽 면 또는 양쪽 면에 접착제로 붙여서 물체의 스트레인을 전기저항으로 변환, 검출한다.

변형률과 저항의 변화량 관계는 아래의 식 (13.1)과 같다.

$$\epsilon = \frac{\Delta L}{L} = \frac{\Delta R / R}{G_f} \tag{13.1}$$

식 (13.1)에서 R은 평형상태일 경우 스트레인 게이지의 저항이고 ΔR은 변형에 의한 저항의 변화량, G_f는 게이지율이다.

2) 휘스톤 브리지

게이지가 부착된 구조물에 변형이 발생하면 이는 게이지에 전달이 되어 그의 저항이 변환하다. 스트레인 게이지를 사용하여 변형률을 측정할 경우, 대부분 측정하고자 하는 변형률에 의한 저항의 변화량은 매우 작은 값이다. 휘스톤 브리지는 전기적 계측법에서 미소저항 측정을 위한 회로뿐만 아니라 스트레인 게이지가 가진 온도의 변화의 보상도 가능하다. 휘스톤 브리지는 저항 측정을 위하여 저항으로 구성된 회로이며 이 자체에서는 전력이 발생하지 않는다. 따라서 이 회로에 대해서는 전원과 출력을 검출하는 측정기를 필요로 한다. 그림 13.2는 휘스톤 브리지의 기본 회로를 나타낸다.

그림 13.2에서 R_1, R_2, R_3 및 R_4는 하중이 가해지기 전 평형상태에서 스트레인 게이지의 저항 값을 나타낸다. 그림 13.2의 휘스톤 브리지 회로의 A-C 양단에 전원 전압 V를 인가하면 B-D 양단에서는 아래의 식과 같이 스트레인 게이지의 저항 변화량에 비례한 직류전압이 나타난다. 즉, 하중이 가해진 후 B점의 전압을 V_B, D점의 전압을 V_D라고 하면, 브리지의 출력전압 ΔV_0는

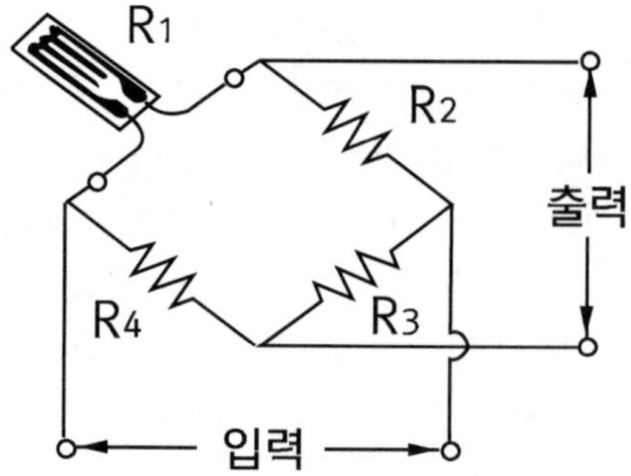

그림 13.2. 휘스톤 브리지(Wheatstone bride)

$$\begin{aligned} V_0 &= V_B - V_D \\ &= \left(\frac{R_2}{R_1+R_2} - \frac{R_4}{R_3+R_4}\right)V \\ &= \left(\frac{R_2R_3 - R_1R_4}{(R_1+R_2)(R_3+R_4)}\right)V \end{aligned} \tag{13.2}$$

식 (13.2)에서 브리지가 평형상태일 경우 $R_1 = R_2 = R_3 = R_4 = R$이고, 하중에 의해 재료에 변형이 발생할 때 스트레인 게이지의 저항 값이 각각 $\Delta R_1, \Delta R_2, \Delta R_3$ 및 ΔR_4 만큼 변화된다. 실제로 $R \gg \Delta R$ 이므로 고차 항을 생략하면 V_0는 식 (13.3)과 같이 정리 될 수 있다.

$$\Delta V_0 = \frac{V}{4R}(\Delta R_2 - \Delta R_1 + \Delta R_3 - \Delta R_4) \tag{13.3}$$

3) 게이지율

게이지율이라 함은 일반 센서와 마찬가지로 스트레인 게이지가 가지는 특유의 특성으로 감도를 말한다. 스트레인 게이지를 만들 수 있는 모든 재료에 대하여 아래와 같이 각각의 게이지율은 계산되어 진다.

$$G_f = \frac{\Delta R/R}{\Delta L/L} = \frac{\Delta R/R}{\varepsilon} \tag{13.4}$$

4) 보의 변형량을 이용한 변형률의 측정

보의 변형량 (δ)은

$$\delta = \frac{Pl^3}{3EI} \tag{13.5}$$

와 같이 나타나며 보에 작용 하는 응력(σ)은

$$\sigma = E\varepsilon = \frac{6Pl}{bh^2} \tag{13.6}$$

와 같다. 식 (13.6)를 보에 작용하는 집중하중(P)에 대하여 정리 하면

$$P = \frac{E\varepsilon bh^2}{6l} \tag{13.7}$$

이 된다. 식 (13.7)를 식 (13.6)에 대입하면

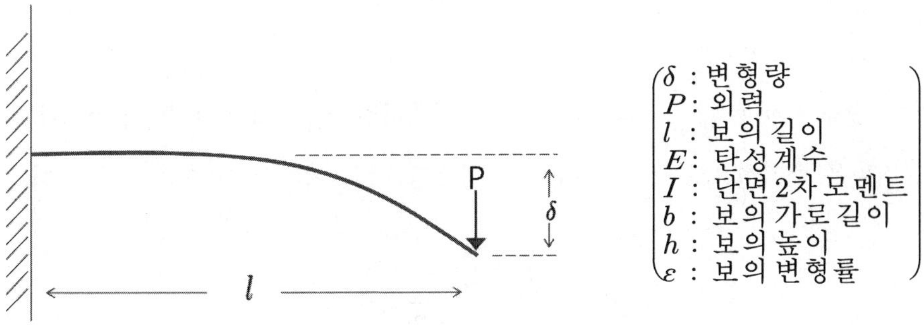

그림 13.3 외팔보의 굽힘

$$\delta = \frac{\dfrac{E\epsilon bh^2}{6l}l^3}{3EI} \tag{13.8}$$

$$= \frac{E\varepsilon bh^2l^2}{18I}$$

이 되고 이 식 (13.8)를 변형률(ε)에 대하여 정리를 하면, 다음 식 (13.9)와 같이 보의 변형량에 의한 변형률을 구할 수 있다.

$$\varepsilon = \frac{18I\delta}{bh^2l^2} \tag{13.9}$$

13.2.2 진동응답에 의한 탄성계수 측정

탄성계수(Young's modulus)는 구조물 또는 부품의 진동응답을 측정해서 얻을 수도 있다. 예를 들어 그림 13.4의 외팔보를 생각해보자. 이 외팔보의 진동을 공기의 저항이나 마찰 등과 같은 감쇠가 없는 1자유도계의 진동시스템으로 모델링 될 수 있다.

물체의 질량은 m이라 하고 스프링의 강성은 k라 할 때 이 시스템의 운동방정식은 다음과 같다.

$$m\ddot{x} + kx = 0 \tag{13.10}$$

여기서 진동수 $w = \sqrt{\dfrac{k}{m}}$ 라 두고 식을 정리하면 $\ddot{x} + w^2x = 0$ 이 된다. 이 시스템에서 움직임은 주기적으로 $x = \cos wt$ 의 형태가 되고 여기서 주기(T)가 나온다.

$$T = \frac{\pi}{w} \tag{13.11}$$

$$= \pi\sqrt{\frac{m}{k}}$$

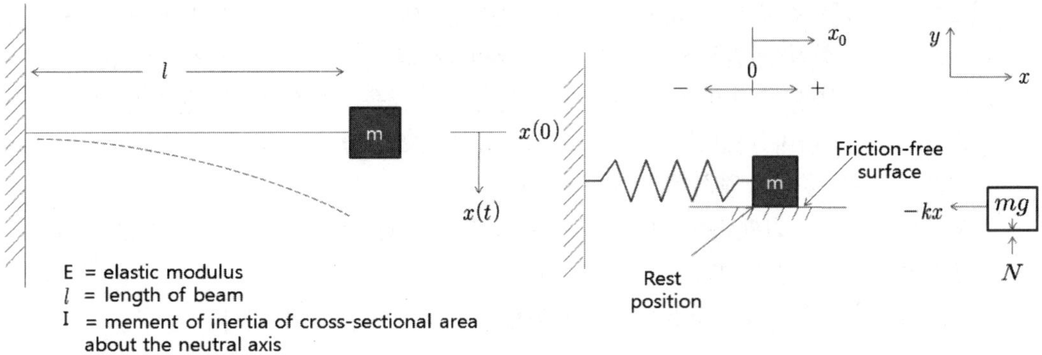

그림 13.4 외팔보의 1자유도 모델링

자중이 작용하는 외팔보를 분포하중이 작용한다고 생각하면 자중이 작용하는 외팔보에서 스프링 상수(k)는 다음과 같다.

$$k = \frac{8EI}{l^3} \tag{13.12}$$

식(13.11)과 (13.12)를 탄성계수(E)에 대해 정리하면 다음과 같다.

$$E = \frac{\pi^2 m l^3}{8T^2 I} \tag{13.13}$$

13.2.3 대수감쇠에 의한 감쇠비 측정 – 부족감쇠시스템의 변위응답 기록을 이용한 감쇠비 측정

13.2.2 절의 스프링-질량 모델의 응답은 질량이 끊임없이 진동할 것이라는 것을 의미한다. 하지만 관찰해 보면 대부분의 자유진동시스템은 결국 진동이 줄어들고 정지 상태로 감을 알 수 있다. 이런 관찰로부터 그림 13.5에 그린 모델과 식 (13.10)로 주어진 수학적 모델은 이러한 감쇠운동을 고려하기 위해 수정될 필요가 있다. 진동시스템에서

관찰할 수 있는 감쇠를 나타내는 모델의 선택은 부분적으로는 물리적 관찰에 또한 부분적으로는 수학적 편리성에 기인한다. 미분방정식의 이론에 따르면 식 (13.10)에 상수 c인 형태의 항을 추가하면 해 x(t)가 감쇠한다는 것을 알 수 있다. 물리적 관찰도 이 모델과 잘 일치하며 다양한 기계시스템의 감쇠를 모델링하는 데 매우 훌륭하게 사용할 수 있다. 이런 형태의 감쇠를 점성감쇠 라고 한다.

본 실험에서는 외팔보를 그림 13.5와 같은 점성감쇠(c)를 지닌 일자유도 진동계로 가정하고 실험을 진행한다.

점성감쇠를 고려한 운동방정식은 자유물체도에 의하여 다음과 같다.

$$m\ddot{x} + c\dot{x} + kx = 0 \tag{13.14}$$

감쇠비(ζ)는 감쇠율 또는 감쇠치(damping factor)로도 불리워지며, 시스템의 임계감쇠 계수(critical damping coefficient, cc)와 감쇠 계수(damping coefficient, c)의 비로써 정의된다.

$$c_c = 2m\sqrt{\frac{k}{m}} = 2\sqrt{mk} = 2m\omega_n \tag{13.15}$$

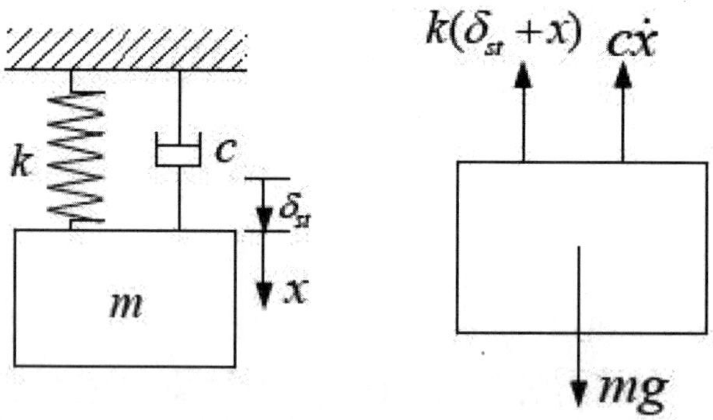

그림 13.5 점성감쇠를 지닌 1자유도 진동계의 모델링

$$\zeta = \frac{c}{c_c} = \frac{c}{2\sqrt{mk}} \tag{13.16}$$

여기서 $x = ae^{\lambda t}$ 로 가정하고 (13.14)식을 정리하면 다음과 같다.

$$(m\lambda^2 + c\lambda + k)ae^{\lambda t} = 0 \tag{13.17}$$

식(13.17에서 $ae^{\lambda t} \neq 0$이므로 λ를 근의 공식으로 풀이하면 다음과 같다.

$$\lambda_1, \lambda_2 = \frac{-c \pm \sqrt{c^2 - mk}}{2m} = -\zeta w_n \pm w_n \sqrt{\zeta^2 - 1} \tag{13.18}$$

그림 13.6과 같이 외팔보의 진동감쇠는 부족감쇠(under-damping)로 $\zeta < 1$이고 $j = \sqrt{-1}, w_d = w_n\sqrt{1-\zeta^2}$ 라 하면 $\lambda_1, \lambda_2 = -\zeta w_n \pm jw_d$ 로 정리되고 해는 다음과 같다.

$$x = a_1 e^{(-w_n + jw_d)t} + a_2 e^{(-w_n - jw_d)t} \tag{13.19}$$

(13.19)의 해를 오일러 공식을 이용해 정리하면 다음과 같다.

$$x = Ae^{-\zeta w_n t}\sin(w_d t + \phi) \tag{13.20}$$

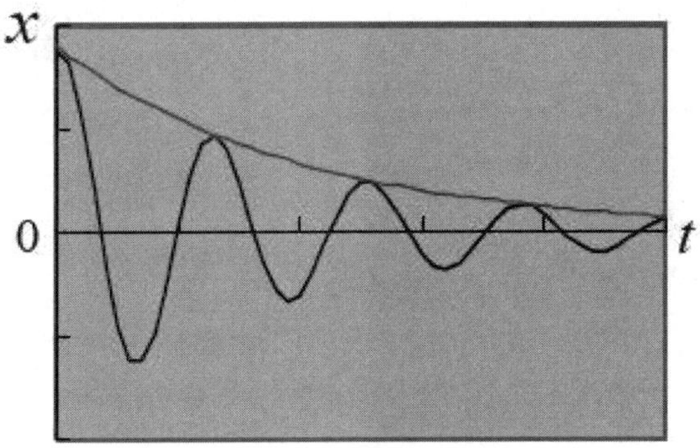

그림 13.6 부족감쇠 시스템의 응답

부족감쇠시스템의 변위응답 기록을 이용해 감쇠비를 결정 할 수 있으며, 이러한 방법에서 대수 감쇠비(δ)가 나온다.

$$\delta = \ln\frac{x(t)}{x(t+T)} = \frac{1}{n}\frac{x(t)}{x(t+nT)} \tag{13.21}$$

제일 앞의 두 값만으로 결과를 도출한 것 보다 n까지 범위를 늘여서 하는 것이 정확하다.

식(13.21)으로 정의되며 T는 진동주기로 $w_d T = 2\pi$ 이므로 감쇠율에 대한 식은

$$\delta = \ln e^{\zeta w_n T} = \zeta w_n T = \zeta w_n \frac{2\pi}{w_n\sqrt{1-\zeta^2}} = \frac{2\pi\zeta}{\sqrt{1-\zeta^2}} \tag{13.22}$$

로 풀이되며 (13.22) 식을 ζ에 대해 풀면 대수 감소율 값으로 감쇠비를 구할 수 있다.

$$\zeta = \frac{\delta}{\sqrt{4\pi^2+\delta^2}} \tag{13.23}$$

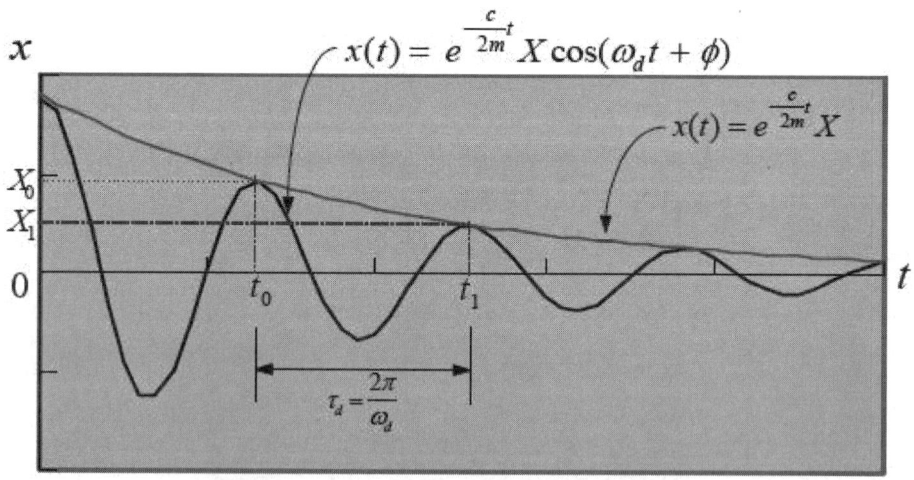

그림 13.7. 대수 감쇠비 (Logarithmic decrement ratio).

13.3 실험장치의 구성 및 작동

13.3.1 실험 장치의 구성

본 실험 장치는 그림 13.8에 나타낸 바와 같이 알루미늄 외팔보, 신호처리 회로를 포함한 스트레인 게이지, 직류 전원 장치, 디지틀 필터와 오실로스코프 등으로 구성된다.

외팔보의 초기 변위를 주어 발생 시킨 자유진동 응답은 부착된 스트레인 게이지를 통하여 게이지의 저항의 변화로 측정이 된다. 이 저항의 변화는 신호처리를 위하여 구성한 휘스톤 브리지에서 미세 전압의 변화로 변환 된 후 OP 앰프로 구성된 증폭회로를 거치고 이들 신호 처리에서 발생하는 잡음 성분들은 디지틀 필터의 저주파 통과 대역을 거친 후 제거되어 오실로스코프 상에 계측이 될 수 있도록 구성하였다. 다음 그림 13.9은 이러한 계측 순서를 도시하였다.

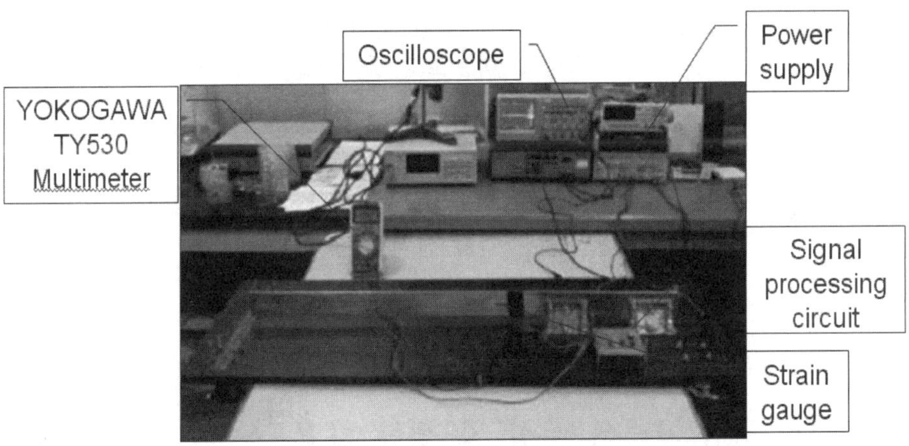

그림 13.8 외팔보의 자유진동 응답 계측 시스템의 구성.

Strain gauge	
입력값 :	하중의 변화
출력값 :	미소 저항 변화
제조사 :	CAS
TYPE :	AE-11-S300N-120-EL
Gauge factor :	2.1±1.0%
Resistance :	120Ω±Ω

↓

Wheatstone bridge	
입력값 :	미소저항 변화 입력 접압
출력값 :	w/b 미소출력 전압
저항사용 :	120

↓

OP-AMP	
입력값 :	w/b 미소 출력 전압
출력값 :	증폭된 접압
증폭률 :	10, 100, 1000배 가능
제조사 :	아날로그 디바이스
모델명 :	AC524CD

↓

Os cilloscope	
입력값 :	증폭된 전압
출력값 :	전압 파형

그림 13.9 외팔보의 자유 진동 응답 측정

13.3.2 주요 구성 요소의 특성 및 셋팅 방법

1) 알루미늄 외팔보

AL 5052를 사용하여 외팔보를 구성하였고 외팔보의 형상은 60 ㎜(w)×3 ㎜(b)×100 ㎜(L)를 사용하였다. 외팔보의 진동을 최대한 억제시키기 위하여 L브래킷을 사용하여

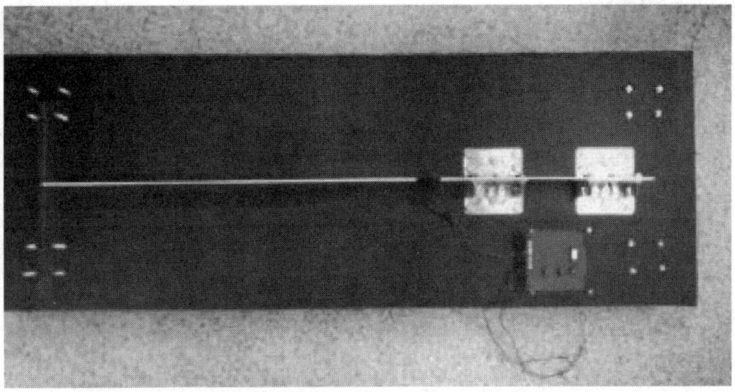

그림 13.10 알루미늄 외팔보

최대한 밑판과 고정되게 제작되었다.

2) 스트레인 게이지 및 게이지의 부착

스트레인 게이지의 응용은 스트레인 게이지의 부착으로부터 시작되며 보다 정확한 부착이 측정한 데이터의 신뢰도를 높여주게 된다. gauge의 부착은 부착 위치를 선정한 다음 부착할 곳의 표면 처리를 시작으로 gauge의 접착까지의 세 가지를 거쳐 그 작업이 완료되며 그 순서는 다음과 같다.

(1) 표면 처리

표면 준비에는 사포(sand paper)가 사용된다. 이 실험에서는 #100, #200, #400, #1000의 사포가 사용되었다. 제일 먼저 이소플로필렌 알콜 등 용매를 이용하여 시료의 표면에 묻어 있는 불순물을 제거한다. 다음으로 Conditioner를 몇 방울 뿌린 다음 사포를 이용하여 표면이 매끄럽게 되도록 연마를 한다. Conditioner는 약산성을 띠므로 표면과 홈의 녹 등을 제거하는데 이용되며 연마 시 윤활작용을 해준다. 이때 사용되는 연마포는 특별한 규정은 없으나 거친 것부터 사용한 뒤 부드러운 것으로 바꿔 사용한다. 위의 동작을 2~3회 반복하여 표면이 부드러워지면 거즈로 깨끗이 닦아낸다.

그림 13.11. 용매를 이용한 부착면의 불순물 제거.

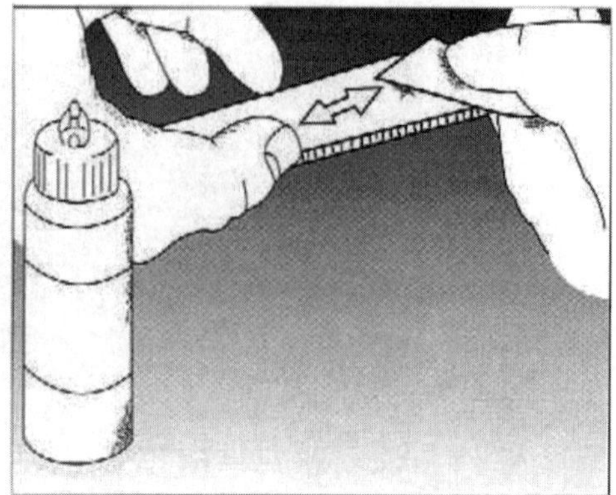

그림 13.12 사포 사용.

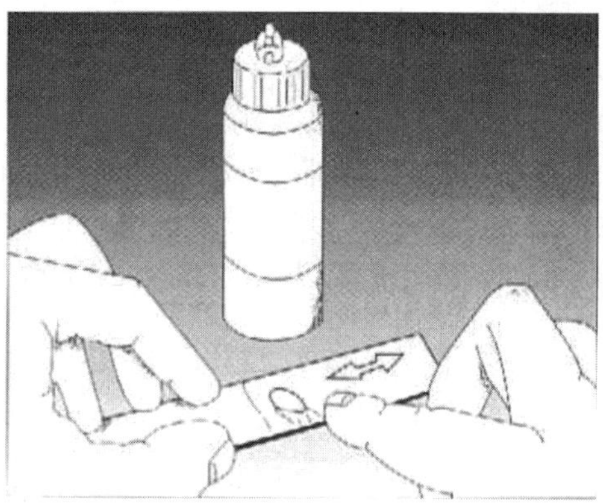

그림 13.13. Neutralizer를 이용한 연마.

마지막으로 Neutralizer를 이용하여 다시 한 번 부드러운 연마를 한 뒤 표면을 거즈로 깨끗이 닦아낸다. Neutralizer는 약염기성 물질로 연마 시 표면의 윤활 작용 및 산성으로 변화된 시료를 중화시켜 주는 역할을 하게 된다.

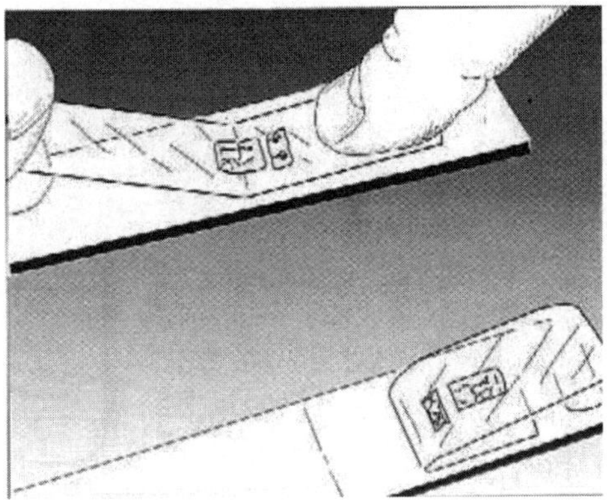

그림 13.15. 위치의 선정-2

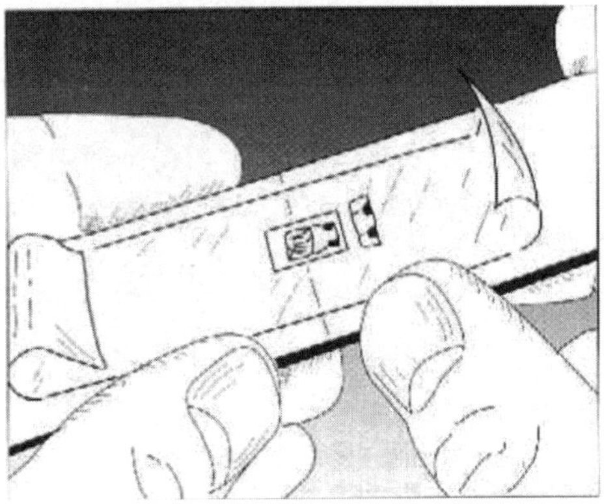

그림 13.14 위치의 선정-1

(2) 위치의 선정

이 작업은 게이지를 측정 위치에 정확히 위치하기 위한 작업으로서 사용도구는 연필, 스카치테이프 등이 사용된다.

우선 게이지를 붙일 지점을 연필로 눈에 보일 정도로 선을 그어준다. 너무 깊게 선을 그을 경우 이는 게이지의 측정치에 영향을 줄 수 있다.

다음으로 게이지를 스카치테이프를 이용하여 정해진 위치에 옮긴 다음 접착제를 붙일 준비를 하게 된다. 스카치테이프 이용 시 주의 사항은 테이프에 붙어 있는 게이지가 꺾어지지 않도록 앞부분을 당기면서 위로 들어주게 되면 게이지에 손상이 가지 않도록 할 수 있다.

(3) 게이지 접착

위치가 선정된 게이지는 각봉과의 접착을 하게 되며 접착제에는 스트레인 게이지용의 특수한 본드가 이용된다. 일반 본드의 경우는 접착제, 촉매제 및 용제로 구성된다. 먼저 스카치테이프에 부착된 게이지의 겉 표면에 촉진제를 바른 다음 접착제를 2~3방울 떨어뜨린 후 거즈로 스카치테이프를 밀어주면서 누르며, 약 1~2분간 손으로 누르고 있으면 완전히 양생된다. 완전히 굳은 후 테이프를 제거한다.

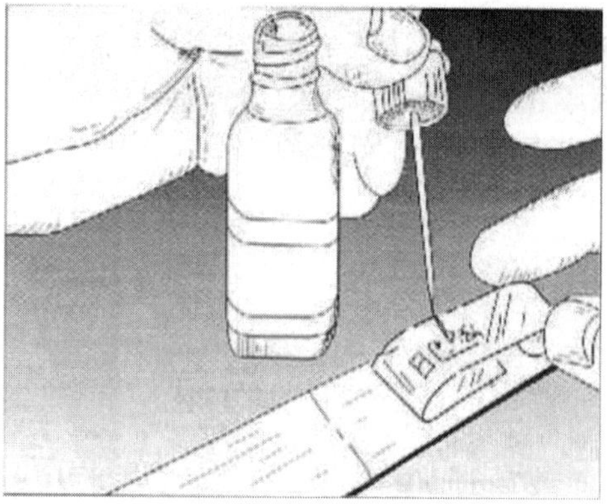

그림 13.16 gauge의 접착-1

그림 13.17 gauge의 접착-2

3) 신호처리 회로

신호처리 회로는 그림 13.18같이 회로구동전압, 스트레인 게이지 변형 저항 입력, 휘스톤 브리지 출력전압, OP-AMP를 이용하여서 증폭된 전압의 출력값 순으로 구성되어 있다. 증폭률의 조정을 위하여 스위치를 구성해 놓았으며 더미(dummy) 저항과 가변저항의 조합으로 휘스톤 브리지를 구성하여 휘스톤 브리지의 0점을 조정 할 수 있게 구성되었다. 휘스톤 브리지에 하중이 인가되지 않는 평형상태에서 출력전압이 정확하게 $\Delta V_0 = 0$가 되어야 한다. 그러나 $R_1 = R_2 = R_3 = R_4$가 모두 120Ω의 조건을 정확히 만족하지 못할 경우에는 하중이 인가되지 않은 상태에서도 브리지의 불 평형에 의한 미소전압이 출력되어 계측오차가 발생할 수 있다. 특히 브리지의 출력전압이 인가된 하중 또는 변형률과 정확히 비례하지 않는 결과가 나타나기 때문에 평형상태에서 0점 조절은 장치의 유효성을 검증하는데 중요한 사항이 된다.

회로에 그림 13.19의 직류전원 공급기를 이용하여 5~10V 범위의 구동 전압을 인가한 후, 휘스톤 브리지의 평형상태를 맞추기 위하여 가변저항을 조절 하여 휘스톤브릿지의 출력 전압이 0이 됨을 멀티 미터를 이용하여 확인한다. 다음 안정적인 신호 출력을 얻을 수 있도록 OP 앰프의 증폭비를 선정한다. 증폭비는 회로 기판내의 조정 스위치를 셋팅하여 10, 100, 1000배의 조절이 가능하다. 먼저 10배 증폭하여 실험해보고 100, 1000배도 실험하여 가장 안정적으로 값이 나오는 배수를 선정한다.

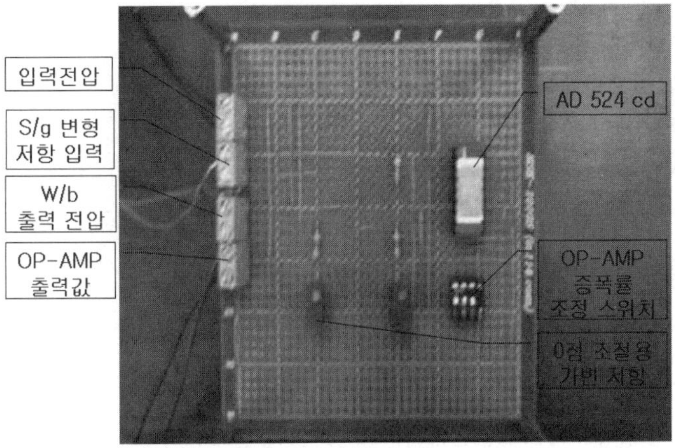

그림 13.18 신호처리 회로.

그림 13.19 직류전원 공급기.

OP-AMP	Strain Gauge
Maker : Analog device Model : AD524CD Amplification factor: 10,100,1000	Maker : CAS Model : AP(AB)-23-S80N-120 a=8.0 b=2.5 c=15.0 d=6.0 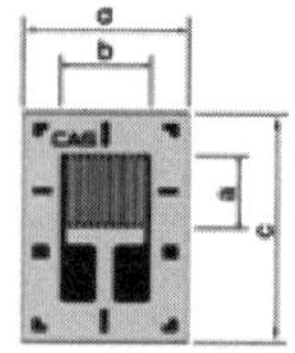

표 13.1 OP 앰프와 게이지의 사양

4) 노이즈 제거 및 진동 응답 계측

센서를 이용한 계측 시스템에서는 전원 등 주변 환경에 의하여 노이즈가 발생한다. 본 실험에서는 미세한 스트레인 게이지의 신호를 증폭회로를 이용하여 증폭하였을 뿐만 아니라, 계측 환경에 의하여 노이즈들이 외팔보의 진동 응답과 더불어 전압신호로 측정이 되고 있다. 그러므로 이러한 잡음 성분 등을 필터를 이용하여 신호처리를 하여야만 원하는 진동 응답을 얻을 수가 있다. 본 실험에서 외팔보는 10 Hz 미만으로 진동을 하는 반면에 노이즈는 고주파의 성분이므로 저주파대역의 신호를 통과 시키는 필터를 이용하여 원하지 않은 잡음을 제거 한 후 외팔보의 진동 응답을 얻을 수 가 있으므로 다음 그림 13.20의 필터를 사용하여 노이즈를 제거한다. 필터를 조절 하여 알루미늄 보의 신호 외에 나타나는 노이즈의 제거를 위해 20 Hz이하로 맞추고 알루미늄 보의 끝을 가볍게 밀어 진동을 만들어 낸다. 다음으로 보의 자유진동으로 인한 전압신호가 오실로스코프에 파동이 나타나면 계측 후 그 결과를 저장한다.

그림 13.20 필터 (Digital Programmable Filter)

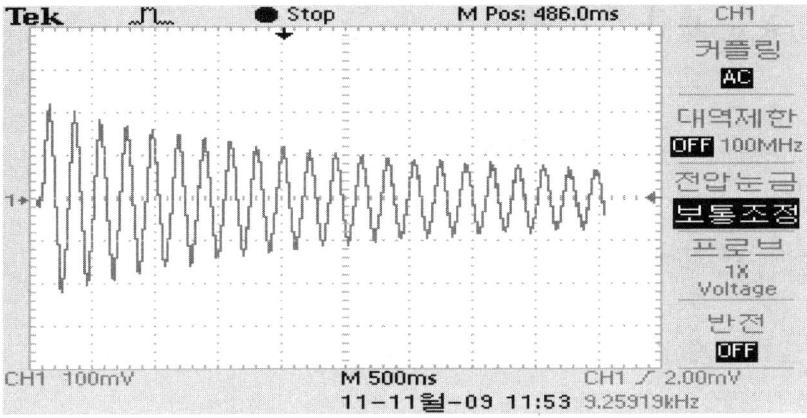

그림 13.22 오실로스코프로 측정한 외팔보의 자유진동응답

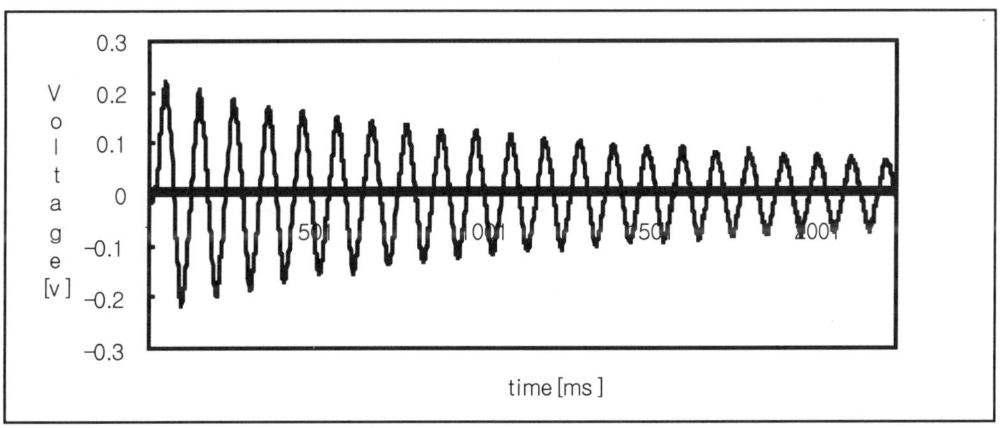

그림 13.22 데이터분석을 위한 외팔보의 자유진동응답

그림 13.22는 이러한 과정을 통하여 오실로스코프를 이용하여 계측한 외팔보의 자유응답 예이다.

오실로스코프를 이용하여 측정한 외팔보의 자유진동 응답은 보다 자세한 분석을 위하여 디지틀 파일의 형태로 변화되어 저장되어 질 수 있다. 그림 13.24는 저장된 파일의 데이터를 Excel을 이용하여 도시한 예이다.

13.3.3 실험 관련 퀴즈 테스트

Quiz Test

* 실험에 앞서서 아래 문제들에 대한 답을 구술할 것

(1) 스트레인 게이지의 측정 원리와 게이지 율에 대하여 설명하시오.

(2) 휘스톤 브리지의 원리와 역할을 설명하시오.

(3) 진동하는 시스템의 감쇠 계수를 구하는 원리를 설명하시오.

(4) 외팔보의 자유진동 응답을 통한 탄성계수 측정의 원리를 설명하시오.

(5) 실험 장치의 전체 구성에 대하여 설명하시오.

13.4 실험방법

실험 준비 및 실험 순서에 대한 내용을 요약하면 다음과 같다.

1) 측정 준비

☀ 외팔보 및 스트레인게이지, 파워 서플라이, 오실로 스코프를 준비시킨다.

- ※ 외팔보에 스트레인 게이지를 부착하고 정확한 부착을 확인한다.
- ※ 휘스톤 브리지와 스트레인 게이지를 연결시킨다.
- ※ 신호처리 회로에 DC 전원공급기로부터 전원을 인가하고 휘스톤 브리지의 평형을 멀티미터를 이용하여 조절한다.

2) 게이지 율 측정

- ※ 외팔보의 변형량 및 스트레인 게이지의 저항변화값을 측정 후 기록한다.

3) 탄성계수 및 감쇠비 측정

- ※ 스트레인 게이지가 부착된 외팔보에 자유진동을 가한다.
- ※ 오실로 스코프를 이용하여 출력파형을 얻는다.
- ※ USB를 이용하여 파형을 저장한다.

13.5 실험과제

1) 게이지율 측정

- ※ 외팔보의 변형량 및 저항 변화값 측정하여 표 및 그래프를 이용하여 나타내시오.
- ※ 공식을 유도하여 게이지 율을 계산하시오.

2) 탄성계수 측정

- ※ 외팔보에 자유진동을 인가한 후의 오실로 스코프상의 파형을 측정하시오.

- 신호처리에 필터를 사용하지 않은 경우와 저주파 통과 필터를 사용한 경우의 응답을 각각 측정하고 필터 시스템의 역할에 대하여 고찰하시오.
- 측정된 파형값을 Excel, MATLAB 등을 이용하여 그래프를 출력하시오.
- 공식을 유도하여 탄성계수를 계산하시오.

3) 감쇠비 측정

- 공식을 유도하여 감쇠비를 계산하여라.

4) 계산한 값의 비교

- 실험적으로 계산한 값과 이론적으로 계산한 값을 비교하시오. 오차가 있다면 오차의 원인을 파악 한 후 고찰하시오.

5) 실험의 총체적은 결과 및 결론, 참고문헌 등을 기록하시오.

14
Chapter

PC를 사용한 가열로의 온도 계측 및 제어

14.1 개요

14.2 온도센서의 종류 및 작동 원리

14.3 실험장치의 구성 및 작동

14.4 실험방법

14.5 실험과제

14.1 개요

가열로의 온도 제어 장치는 가열기(heater), 온도 센서, 제어기 등을 포함하며, 온도 센서로는 일반적으로 열전쌍(thermocouple)이 사용된다. 온도 제어기의 작동은 온-오프(on-off) 제어에 의하여 이루어지는 것이 일반적이지만, 제어의 정밀도를 더욱 높이기 위해서는 연속적인 가열 에너지 제어가 이루어진다. 연속 제어를 위한 제어 법칙으로는 보통 비례 제어(proportional control) 또는 비례-적분 제어(proportional-integral control)가 사용된다.

이 실험에서 사용하는 온도 제어 시스템은 간단한 가열로, 개인용 컴퓨터(제어 및 신호 계측용 PC), 열전쌍, 신호 변환기 및 전력 제어기로 구성된다. 온도 제어 법칙으로는 온-오프 제어, 비례 제어, 비례-적분 제어를 사용하며, 그 결과를 상호 비교 검토하는 과제가 주어진다.

이 실험을 통하여 온도 계측의 원리, PC를 사용한 제어의 기본 원리, 온도 제어계의 특성을 학습할 수 있다.

14.2 온도센서의 종류 및 작동 원리

일반적인 공업 프로세스에서의 측정 온도의 범위는 -200~700℃ 정도이며, 측정 대상의 압력, 기타 주위 환경 조건이 각각 다르기 때문에 적절한 방법을 채택하여 직접 또는 간접으로 측정하게 된다.

온도 제어, 원격 지시, 경보 등에 사용되는 온도 센서로는 압력식 온도 센서, 전기저항식 온도 센서, 열전쌍, IC 온도 센서 등이 있다.

주요 온도 센서들의 작동 원리와 사용법을 아래에서 설명한다.

14.2.1 압력식 온도 센서

그림 14.1은 압력식 온도 센서의 일 예이며, 감온부(bulb) A, 연결관 B, 압력계기 C 및 내부 충전 매체로 구성된다. 충전 매체로는 액체, 가스, 액체와 증기의 혼합물이 사용된다. 이 온도 센서는 지시장치 또는 조절장치(on/off 스위치 등)를 직접적으로 움직일 수 있는 충분한 출력을 낼 수 있는 점이 가장 두드러진 장점이며, 구조가 간단하고 비교적 가격이 저렴한 것이 특징이다. 그러나 측정 정밀도가 양호하지 못하고(±1~2% 정도의 오차를 허용), 리드선(lead line)의 역할을 하는 모세관(capillary tube)의 길이에 제한이 있으므로, 주로 경보(alarm) 및 안전(safety, 기기의 trip 등)용 온도 스위치(temperature switch)로서 사용된다.

리드선은 보통 2~5 m 이지만, 그 길이가 길수록 오차가 크므로 가능한 한 짧게 해야 하고, 리드선 주위의 온도 변화가 적어야 하므로, 리드선이 기름 가열기, 고온의 기름관, 증기관, 배기 가스관 등과 가까운 위치에 놓이지 않도록 주의해야 한다. 또한 설치시에 감온부(sensing point)에 외상을 주거나 사용 중에 규정 이상의 압력이 작용하면 감온부에 영구 변형이 생겨서 오차를 발생시킬 수 있으므로 주의해야 한다.

압력식 온도 스위치는 리드선 즉, 모세관을 통하여 부르동관이나 벨로즈까지 연결한 액체 충만식 센서와 온도 변화에 따라 개폐되는 접점(contactor)으로 구성된다.

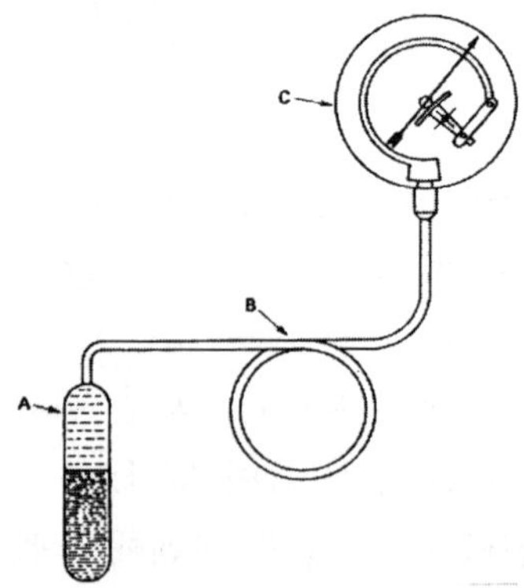

그림 14.1 압력식 온도계의 일 예

14.2.2 전기 저항식 온도 센서

대부분의 금속은 온도의 변화에 따라 그 저항이 변화하는 성질을 가지며, 이러한 원리를 이용한 것이 전기 저항식 온도 센서이다. 온도 변화에 민감한 금속들은 보통 도전성이 좋은 금속들이며, 예를 들면 동, 백금, 은, 니켈 등이 있다.

최근에는 서미스터(thermistor)라 불리는 반도체 센서도 전기 저항식 온도 센서로 사용된다.

도체의 저항을 측정하는 데는 종래부터 여러 가지 방법들이 사용되고 있다. 위의 두 가지 전기 저항 온도 센서의 저항 변화치 측정에는 종래의 모든 저항 측정법이 사용될 수 있으며, 이 중에서 휘스톤 브리지(Wheatstone bridge)를 이용한 측정법이 가장 널리 사용되고 있다.

1) 금속선 저항 온도 센서

금속선 저항 온도 센서에 요구되는 조건은 다음과 같다.

① 온도 변화에 따른 응답의 속응성이 우수할 것
② 온도 변화에 따른 저항의 변화가 클 것
③ 온도와 저항과의 관계가 가능하면 직선적일 것
④ 히스테리시스가 작을 것
⑤ 내식성이 우수할 것
⑥ 동일한 특성을 갖는 센서를 다량으로 제작하기 쉬울 것

이러한 조건들을 비교적 잘 만족시키는 것으로는 백금, 니켈, 동 등이 있으며, 백금이 가장 널리 사용된다.

일반적으로 온도 t(℃)와 금속선의 전기 저항치(Ω) 사이에는 다음 관계식이 성립한다.

$$R = R_0(1 + At + Bt^2 + Ct^3) \tag{14.1}$$

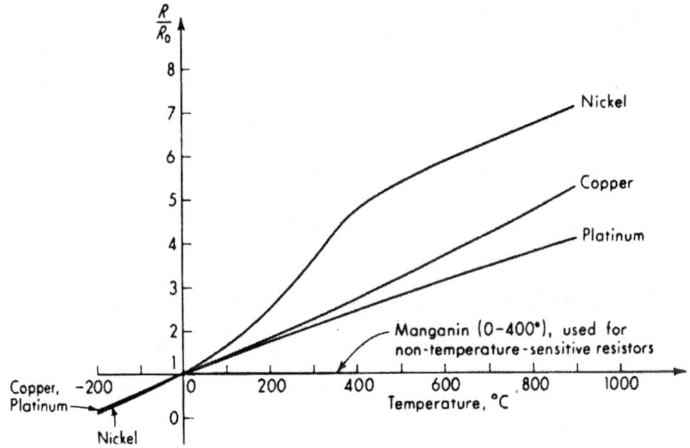

그림 14.2 금속 저항선의 저항-온도 관계곡선

여기서,

R : t(℃)에서의 금속 저항체의 저항값,

R_0 : 0℃에서의 저항값(Ω),

A, B, C : 금속의 종류에 따라 정해지는 상수

그림 14.2에 각 금속선 저항체에 대한 온도와 저항 사이의 관계 곡선을 나타내었다. 한정된 온도 범위 내에서는 그림 14.2의 특성선들은 근사적으로 직선으로 표시할 수 있으며, 이러한 경우 식 (14.1)에서 B 및 C는 0이 된다.

금속선 저항 온도 센서의 온도 측정 범위는 -250~1000℃이다. 금속선 저항 온도 센서의 온도 감지부 구조는 그림 14.3(a)에 나타낸 바와 같이 백금선을 운모(雲母)판에 감아서 다른 2매의 운모판 사이에 샌드위치식으로 끼워 넣은 것을 보호관에 넣은 형태, 그림 14.3(b)와 같이 열전도가 잘되는 금속 심봉에 에나멜 피폭 백금선을 감은 형태의 것이 있다.

금속선 저항 온도 센서는 원리적으로 저항형 스트레인 게이지와 매우 유사하다. 스트레인 게이지와의 차이는 스트레인 게이지는 스트레인에 대하여 고감도이면서 온도에 대해서는 저감도인데 반하여, 금속선 저항 온도 센서는 온도에 대하여 고감도인 점이

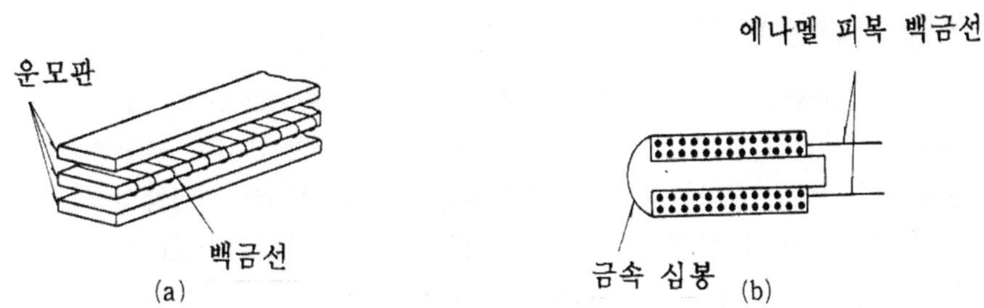

그림 14.3 금속선 저항 온도 센서의 온도 감지부

D : 영점 및 계측신호 검출기

초기조건: $Rb_1 = Rb_2$, $Rb_3 = R + 2R_\ell \pm Rb_5$

(a) 2 도선식

D : 영점 및 계측신호 검출기

초기조건: $Rb_1 = Rb_2 + Rx_2$, $Rb_3 + Rx_3 = R$

(b) 3 도선식

그림 14.4 금속선 저항 온도 센서의 측정 회로

다. 따라서 금속선 저항 온도 센서의 신호 조정 및 증폭장치로는 스트레인 증폭기를 사용할 수 있으며, 그 이외의 정밀 저항 측정 회로, 정전류 회로를 사용할 수도 있다.

휘스톤 브리지(Wheatstone bridge)를 이용하여 금속선 저항 온도 센서의 저항 변화 측정할 때의 측정 회로 예를 그림 14.4에 나타내었다.

온도 측정부로부터 측정 회로까지의 거리가 비교적 가까운 경우는 그림 14.4(a)와 같이 2 도선식으로 하며, 이 때 도선 저항($2R_l$)의 온도 변화에 따른 변화는 없는 것으로 간주한다. 그러나 거리가 비교적 먼 경우는 그림 14.4(b)와 같은 3 도선식으로 하여 도선 저항의 변화에 따른 영향이 측정치에 나타나지 않도록 하는 등의 고려가 필요하다.

2) 서미스터(thermistor)

서미스터(Thermistor)라는 명칭은 온도에 민감한 저항체(thermally sensitive resistor)라는 표현에서 유래하였으며, 금속 산화물(NiO, MnO, Ca3O4)의 분말을 혼합 소결시킨 반도체로 만든다. 이러한 반도체 응용 감온소자는 금속선 저항체와 마찬가지로 온도 변화에 따라 저항이 변화하기 때문에 저항식 온도 센서로 사용된다. 그림 14.5에 서미스터의 대표적인 형상을 나타내었다.

서미스터가 금속선 저항체와 다른 점은 온도 상승에 따라 저항이 오히려 감소하는 점이다[그림 14.6(a)]. 서미스터는 일반적으로 저항 온도 계수가 백금의 10배 이상으로 높으며, 측온체가 소형이어서 열용량이 작기 때문에 속응성이 우수한 것이 장점이다.

그러나 서미스터는 개체에 따른 특성의 차이 때문에 호환성이 나쁘고, 경년변화(經年變化)가 있으며, 자기가열성(自己加熱性, 측정시 저항체 내부에 미소한 전류가 흐름에 따른 가열로 인한 온도 상승이 측정치에 오차를 유발하는 성질)이 큰 점 등의 단점도 있다.

온도 측정 범위는 -200～600℃ 정도이며, 선형성이 그다지 좋지 않기 때문에 정밀한 온도 센서로 사용되기보다는 온도 변화의 지시에 사용되는 일이 많다. 그림 14.6(b)에 간단한 스미스터 인터페이스 회로의 일 예를 나타내었다. 그림에서와 같이

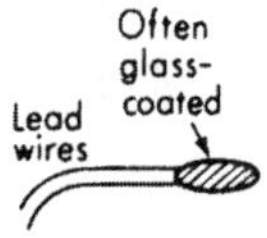

(a)구슬(bead)형

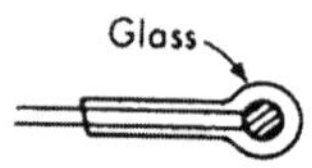

(b)프로브(probe)형

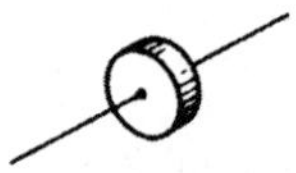
(c)디스크(disc)형

(d)로드(rod)형

그림 14.5 서미스터의 형상

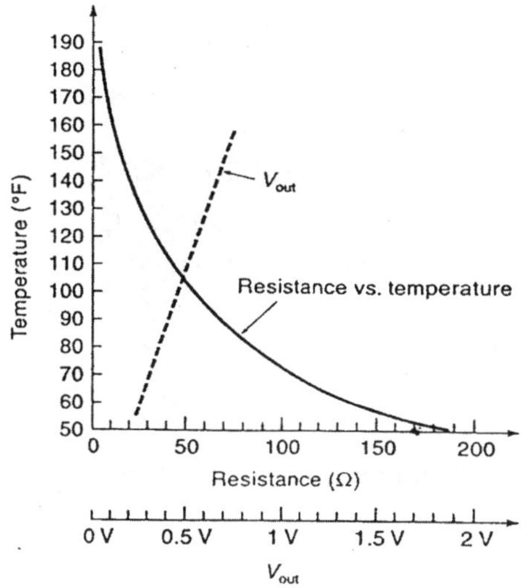

(a) 서미스터의 온도-저항 특성

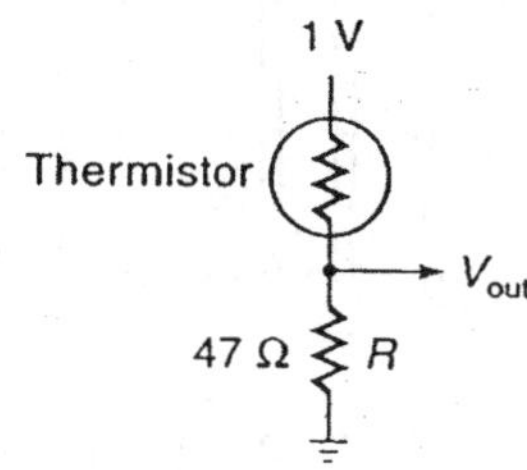

(b) 인터페이스 회로

그림 14.6 서미스터의 특성 및 회로 예

전압 분배기의 상부에 서미스터를 둠으로써 계측 전압은 비교적 선형적으로, 그리고 양의 기울기[그림 14.6(a)의 점선]를 가지게 된다. 그림 14.6(b)에서 저항 R은 서미스터 저항의 공칭값에 가깝도록 결정한다.

14.2.3 IC 온도 센서

IC 온도센서는 실리콘 트랜지스터의 온도 의존 특성(베이스~에미터 사이의 전압이 온도 변화에 따라 거의 직선적으로 변하는 특성)을 적극적으로 이용한 온도 센서이다. 종래의 금속저항선(예: 백금선), 서미스터가 신호의 선형화를 위하여 외부 회로를 필요로 했던 점에 비하여, 최근의 IC 온도센서는 여러 가지 신호 회로와 감온 소자가 일체화되어 외부에서의 부가적 회로를 거의 필요로 하지 않는 장점이 있다. 따라서, 매우

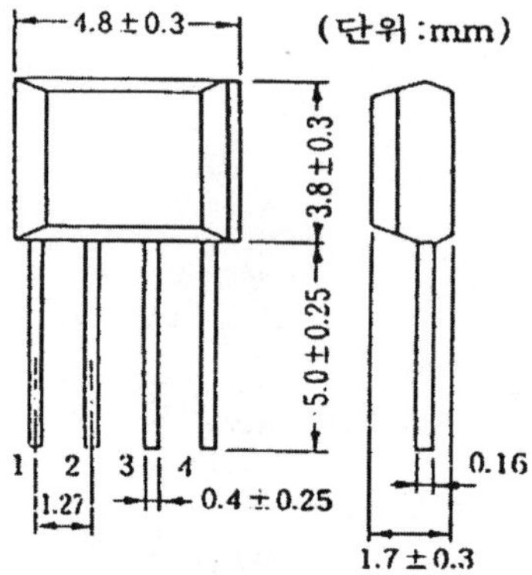

측정온도 범위: 10 ~ 80° C,
감도: 105 ~ 113 mV/° C
비직선성: 0.5 % 이내

그림 14.7 IC 온도센서(AN6701, 4 Lead, Plastic Package type)

특수한 온도 계측을 하지 않는 경우라면 IC 온도센서를 이용하는 것이 바람직하다.

그림 14.7는 IC 온도센서의 일예(AN6701)이다.

IC 온도센서의 특징을 요약하면 아래와 같다.

① 전류 출력형과 전압 출력형이 있다.
② 직선성이 우수하며, 외부 보정을 필요로 하지 않는다.
③ 온도 측정 범위는 -50～150℃ 정도이다.

14.2.4 열전쌍의 원리와 종류

1) 열전쌍(thermocouple)의 원리, 종류 :

그림 14.8(a)와 같이 서로 다른 두 가지 금속을 둥근 모양으로 연결하고 두 점 사이에 온도차($T_1 - T_2$)를 발생시키면, 이에 비례하는 기전력(E)이 발생하여 전류가 흐르며, 이를 제벡 효과(Seebeck effect)라 한다.

이러한 원리로부터 그림 14.8(a)와 같이 서로 다른 두 종류의 금속선이 연결되어 있고, 하나의 접점은 온도 T_1,다른 접점은 온도 T_2로 유지될 때, 무한 내부 저항의 전압계로부터 열기전력(E)을 측정할 수 있다. 이 때 발생하는 E의 크기는 금속선의 종류와 온도 T_1, T_2에 따라 정해진다. 그리고 전류는 단순히 E를 전 회로의 저항으로 나눈 값과 같다. 따라서 T_1을 알고 있으면 E를 측정함으로써 온도 T_2를 구할 수 있으며, 온도 측정을 위하여그림 14.8(b)와 같이 서로 다른 종류의 금속선을 접합한 것을 열전쌍(thermocouple)이라 부른다.

열전쌍의 소재로는 큰 기전력이 얻어지는 재료가 사용된다. 일반적으로 널리 사용되는 열전쌍의 특성을 표 14.1에 나타내었다.

열전쌍	상용 온도 범위 (℃, 사용 가능 온도)	열기전력 (mV/K)	Type
백금-백금로듐	200~1400(0~1600)	0.005(0℃), 0.013(1000℃)	R, S
크로멜-알루멜	0~1000(-200~1200)	0.04(0℃)	K
철-콘스탄탄	0~600(-200~800)	0.05(0℃)	J
동-콘스탄탄	-180~300 (-200~350)	0.04(0℃), 0.06(300℃)	T

표 14.1 열전쌍의 종류 및 특성

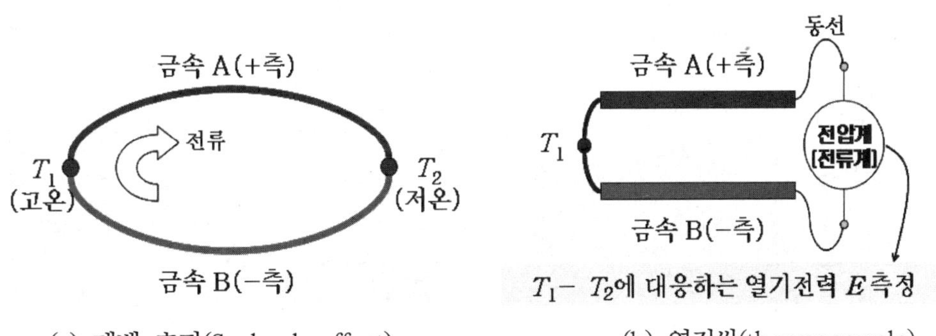

(a) 제벡 효과(Seebeck effect) (b) 열전쌍(thermocouple)

그림 14.8 열전쌍의 동작 원리

2) 열전쌍용 온도 조절기(digital process controller) :

이 온도 조절기는 열전쌍 출력 신호의 증폭기능과 프로세스의 온도 제어(P, PI, PID) 기능을 가진다. 열전쌍에서 온도 차이에 비례하여 발생하는 열기전력은 표 14.1에서 보는 바와 같이 수 mV 정도의 미약한 전압 신호이다. 따라서 온도 제어를 위해서는 E의 값을 증폭할 필요가 있다. 본 실험에 사용되는 열전쌍용 온도 조절기는 열전쌍으로부터 생성되는 E의 값을 수 V의 DC 전압 신호(E^*)로 증폭하는 기능을 수행한다.

14.3 실험장치의 구성 및 작동

14.3.1 실험 장치의 구성

본 실험 장치는 그림 14.9에 나타낸 바와 같이 제어용 컴퓨터(PC), 열전쌍, 온도 조절기, 전력 조절기 및 가열로 등으로 구성된다. 열전쌍으로 가열로 내의 온도를 측정하고, 제어용 컴퓨터에서 사용자가 원하는 목표 온도와 현재 온도를 비교하여 제어 입력 신호를 전력 조절기로 내보낸다. 전력 조절기는 제어 신호에 비례한 전력을 공급함으로써 가열로 내의 온도를 제어한다.

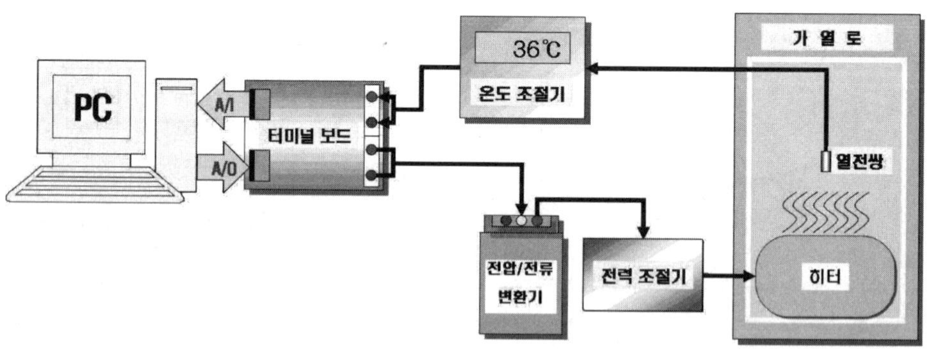

그림 14.9 온도 제어 시스템의 구성

14.3.2 주요 구성 요소의 특성 및 기능

1) 열전쌍(thermocouple) :

일반적으로 쓰여지는 열전쌍의 종류는 표 14.1에서 알 수 있다. 본 실험에서는 동-콘스탄탄(동 55%, 니켈 45%) 소재로 만들어진 T type의 열전쌍을 사용한다. 이 열전쌍은 상용 온도 범위가 -180～300이고, 열기전력은 0.04(0℃), 0.06(300℃)이다.

2) 열전쌍용 온도 조절기(digital process controller) :

본 실험에서는 이 장치의 기능중 온도 신호 증폭 기능만을 사용하는데, 열전쌍에서 생성되는 E의 값을 수 V의 DC 전압 신호(E^*)로 증폭하는 기능을 수행한다. 이 때 열전쌍과 온도 조절기에서, 온도와 출력 전압과의 관계는 아래 식과 같다.

$$E^* = T \times 0.02498 + 0.01635 \tag{14.2}$$

(단, E^*는 온도 조절기에서 나오는 전압[V], T는 가열로 내 온도[℃])

3) 계측 · 제어용 컴퓨터(PC) :

온도 조절기에서 출력되는 전압 E^*는 A/D 변환기를 거쳐서 제어용 컴퓨터에 입력된다. 또한 컴퓨터로부터 출력되는 제어 입력 u는 DC 0～2 V의 크기를 가지는 전압 신호이며, 이 신호는 전압/전류 변환기로 입력된다. 이 때 전압 신호 u는 전압/전류 변환기에 의해 DC 4～20 mA의 크기를 가지는 u^* 전류 신호로 변환되어 전력 조절기로 입력된다.

4) 전력 조절기(power regulator) :

본 실험에서 사용되는 전력 조절기는 제어 입력 u^*[DC4～20mA]에 비례하는 전압[실효치 전압 0～110 V AC]을 히터에 공급한다.

14.3.3 전력 조절기의 작동

위상 제어 방식을 사용하는 단상용 사이리스터(thy-ristor)식 전력 조절기로서 입력된 전류 신호에 비례하는 교류 전압(0 ~ 100 VDC)신호를 출력한다. 여기서 사용하는 사이리스터는 트라이악(triac)이며, 그림 14.10과 같이 두 개의 SCR을 역방향으로 병렬 연결한 것과 같다.

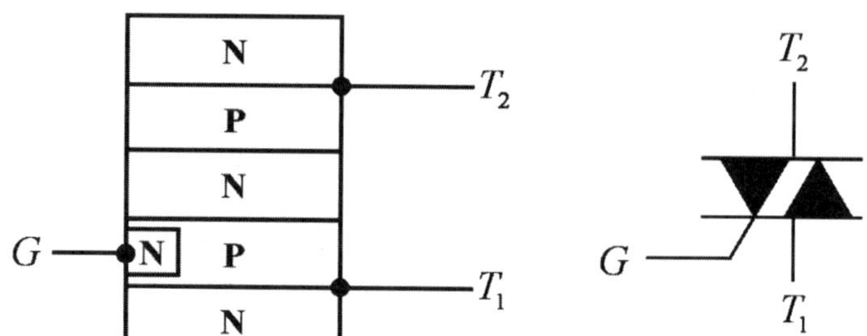

그림 14.10 트라이악(triac)

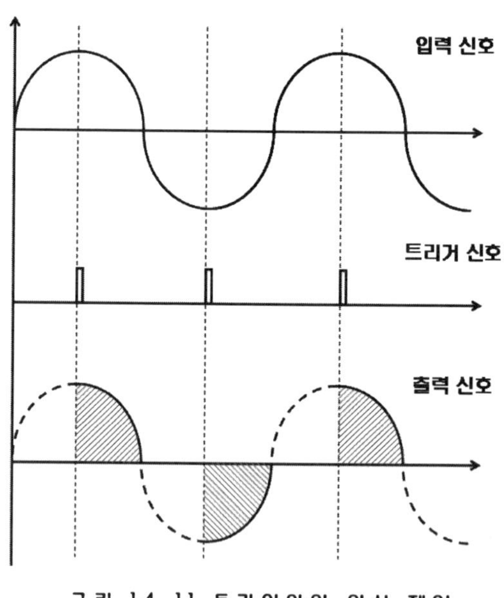

그림 14.11 트라이악의 위상 제어

트라이악의 동작은 게이트(G, gate)에 트리거(trigger) 신호가 발생한 때부터 $T_1 \sim T_2$ 사이의 출력을 내보내며, 한번의 짧은 신호만 주면 부하 전류가 0이 될 때까지 출력을 내보낸다. 즉, 그림 14.11과 같이 전압이나 전류가 0이 될 때 출력을 차단시키는 특성이 있다.

14.3.4 제어기의 작동

1) on-off 제어기 :

오차 신호(e='목표 온도'-'현재 온도')가 양(+)일 때 최대의 제어 신호를 출력하고, 음(-)일 때 최소의 제어 신호를 출력하는 제어기

$$u = u_{\max}(e > 0),\ u = u_{\min}(e \le 0) \tag{14.3}$$

2) P 제어기 :

오차 신호에 비례 게인(K_p)을 곱하여 제어 신호를 발생시킨다.

$$u = K_p \times e \tag{14.4}$$

3) PI 제어기 :

오차 신호에 비례 및 적분 요소의 합을 곱하여 제어 신호를 발생시킨다.

$$u = \left(K_p + \frac{K_p}{s}\right) \times e \quad \text{(단, } s \text{ : 라플라스 연산자)} \tag{14.5}$$

14.3.5 전체 시스템의 블록 선도

전체 시스템의 블록 선도를 간략히 나타내면 그림 14.12와 같다.

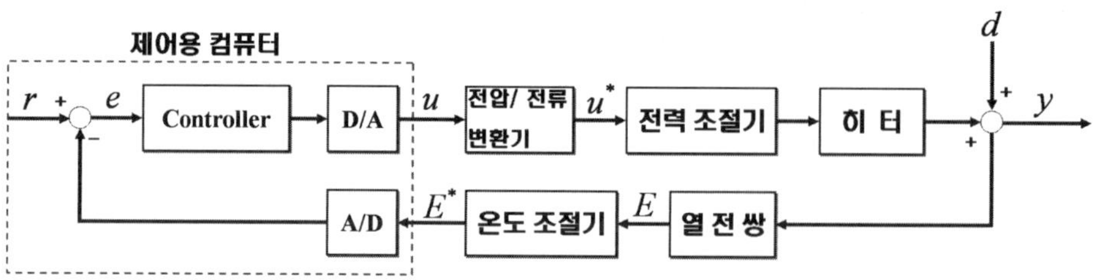

[r : 목표 온도, e : 오차 신호, u : 제어 입력, d : 외란, y : 출력]

그림 14.12 전체 시스템의 블록 선도

14.3.6 실험 관련 퀴즈 테스트

Quiz Test

* 실험에 앞서서 아래 문제들에 대한 답을 구술할 것

(1) 열전쌍의 원리에 대하여 설명하시오.

(2) 전력 조절기의 작동 방식에 대하여 설명하시오.

(3) AD/DA변환기의 역할은? Analog signal과 Digital signal에 대하여 설명하시오.

(4) 실험 장치의 전체 구성에 대하여 설명하시오.

(5) on-off 제어, P 제어 및 PI 제어 사이에는 어떤 차이가 있을까에 대해 설명하시오.

14.4 실험방법

실험 준비 및 실험 순서에 대한 내용을 요약하면 다음과 같다.

(1) 제어용 컴퓨터의 구동 순서

① 제어용 컴퓨터 전원을 켠다.
② 바탕화면의 “Temp Control” 폴더 내의 “Temp_Control.exe” 파일을 실행한다.

(2) 그 외의 실험 장비 준비

① 제어용 컴퓨터와 터미널 보드(Terminal Board)의 연결 상태를 확인한다.
② 터미널 보드와 전력 조절기, 온도 조절기와의 연결 상태를 확인한다.
③ 전력 조절기 및 온도 조절기의 전원을 연결한다.

(3) 실험 순서

① 실험 장비를 준비시킨다.
② 제어용 프로그램 화면의 좌측 상단에 있는 제어기 선택 버튼을 클릭해서 “on-off control”을 선택한다.
③ 목표 온도와 데드 존(dead zone)의 상한치 및 하한치를 설정한다.
④ 시작 버튼을 누른다.
⑤ 실험이 완료되면 자동으로 실험 데이터를 저장하기 위한 창이 생성된다. 적절한 파일명과 데이터 저장 위치를 선택한 후 실험 데이터를 저장한다.
⑥ 제어기 선택 버튼을 클릭해서 “PID Control”을 선택한다.
⑦ 시작 버튼을 누른다.
⑧ 실험이 완료되면 자동으로 실험 데이터를 저장하기 위한 창이 생성된다. 적절한 파일명과 데이터 저장 위치를 선택한 후 실험 데이터를 저장한다.
⑨ 제어용 프로그램 화면의 좌측 하단에 있는 종료 버튼을 누른 후 실험을 종료한다.

14.5 실험과제

1) on-off contol

① 아래의 설정값으로 실험한 후 실험 데이터를 저장한다.

목표 온도	상한치	하한치

② Excel, MATLAB, Origin 등을 이용하여 결과 그래프를 출력하여라.

2) P control, PI control

① 아래의 설정값으로 실험한 후 실험 데이터를 저장한다.

목표 온도	P 제어	PI 제어	
		P 게인	I 게인

② Excel, MATLAB, Origin 등을 이용하여 결과 그래프를 출력하여라.

3) 위의 온도 제어 실험에서 on-off 제어, P 제어 및 PI 제어의 결과를 분석하고 비교하여라. 실험 결과와 같이 나타나는 이유를 설명하여라.

4) 실험 조원 전체 실험 결과 중에서 제어가 가장 우수한 결과를 선정하고 그 이유를 설명하여라. 또한 선정한 결과보다 더 좋은 제어 결과를 얻기 위해서는 어떻게 해야 할 지 본인의 견해를 기술하여라.

(5) 대표적인 열전쌍의 종류별 온도 ~ 출력(전압) 특성을 조사하여 설명하여라(특성 그래프를 포함시킬 것).

(6) 사이리스터-트라이악(Thyristor-triac)식 전력 조절기의 제어 원리를 조사하여 설명하여라(제어 입력에 따른 전압 출력 파형 그래프를 포함시킬 것).

15
Chapter

Microcontroller를 이용한 DC 모터의 속도 제어

우리 주변에서 동력을 전달함에 있어 많이 사용하고 있는 방법 중 하나는 모터를 이용하는 방법이다. 모터란 전기에너지를 기계에너지로 변환하는 회전기계를 말하는데 이런 동력을 통하여 우리 생활을 더욱 편리 하게 한다.

모터의 종류에는 여러 가지가 있다. 전원에 따라 크게 AC모터와 DC모터로 나눌수 있다. AC모터(교류모터)는 가격이 저렴하고, 힘이 세며, 구조가 단순해 고장이 잘 안 난다는 장점이 있는 동시에 속도조절이 힘들다는 단점을 가지고 있으며 DC모터(직류모터)는 속도조절이 쉽고, 소형화시 건전지등을 사용할수 있어 작은 크기 제품을 만들시 유리 하다는 장점있다. 모터의 제어 방법에는 여러 가지가 있지만 PID제어를 통하여 microcontroller(PIC18F452)를 이용한 DC모터의 속도 제어를 해 보기로 한다.

15.1절에서는 모터의 속도제어의 중요성 및 실험의 목적을 설명한다.
15.2절에서는 PID제어 방법에 대한 기본 개념에 대해 설명한다.
15.3절에서는 모터실험에 대한 구성 및 제원을 설명한다.
15.4절에서는 실험방법 및 절차에 대하여 설명한다.
15.5절에서는 주어진 실험과제에 대한 결과보고서 작성 요령에 대하여 기술한다.

15.1 실험목적

모터를 제어 하는 것은 매우 중요하다. 우리의 실생활 속에서도 모터를 사용하지 않은 것들이 없을뿐더러 기계나 여러 물품들을 생산하는 공장에서도 산업용 로봇을 이용한 자동화가 이루어 지고 있기 때문이다.

공장 자동화의 경우 빼놓을 수 없는 것이 AGV(무인이송차)이다. 이 경우 모터의 속도에 의해 AGV의 속도에 따라 시간당 이동 거리가 결정되기 때문에 모터의 속도를 제어 하는 것은 이동로봇의 핵심 기술이라 할수 있겠다.

이 뿐만 아니라 엘리베이터 또한 모터의 속도에 많은 영향역을 받는다. 처음은 등가속 운동을 하다 시간이 지나면 등속운동, 도착지점에서는 등감속운동함을 볼수 있다. 이와 같이 모터 속도 제어는 우리의 일상생활 속에도 깊숙이 들어 와 있다.

모바일 이동로봇의 경우의 대부분은 DC모터를 많이 사용하고 있다. 속도조절이 쉽고, 제어가 비교적 간편하기 때문이다. 이를 제어 하기 위해 microcontoller를 이용하는 방법이 있다. 속도를 제어하고, 센서(엔코더)값을 받아들여 모터의 속도를 알수 있도록 하는 머리 부분에 해당한다.

모터의 속도를 제어 하기 위하여 microcontoller의 이해와 DC모터의 이해가 필요하며 PID제어를 통하여 게인값에 의한 속도 변화 특성을 알아보기로 한다.

15.2 이론적 배경

15.2.1 비례 제어(Proportional Control)

제어기는 기준 입력과 출력값과의 오차를 줄이는 방향으로 제어한다. 제어기에 오차신호 $e(t)$가 주어졌을 때, 제어신호 $u(t)$가 얻어진다. 즉 제어신호 $u(t)$가 오차신호 $e(t)$에 비례하여 변할 때의 그 관계식은 식(15.1)과 같다.

$$u(t) = K_p e(t) \tag{15.1}$$

여기서 K_p는 비례상수로 비례동작의 값을 강하게 할 것인가, 약하게 할 것인가를 결정한다. 비례상수의 크기가 크면 기준입력에 출력이 빠르게 접근하나 출력이 진동하여 제어의 안정성에 나쁜 영향을 미칠 수 있고, 비례상수의 크기가 작으면 기준입력에 출력이 서서히 접근하며 정상상태 오차가 발생하게 된다.

15.2.2 비례-적분 제어(Proportional-Integral Control)

일반적으로 비례제어 만으로는 원하는 응답을 얻을 수 없다. 비례제어는 제어량이 목표값에 접근하면 정상상태 오차가 발생하게 된다. 이것은 조작량이 너무 작아지기 때문에 원하는 제어를 할 수가 없기 때문이다. 따라서 이러한 정상상태 오차를 줄이기 위하여 오차를 시간적으로 누적하여 어떤 일정상태에 도달한 후 제어신호를 증가시켜 오차를 줄이는 방법을 통해 정상상태 오차를 줄일 수 있다. 즉, 제어시스템에 주어지는 제어신호 $u(t)$의 변화속도가 오차신호 $e(t)$에 비례하는 것을 적분 동작이라 한다.

일반적으로 적분동작은 적분 시간을 조정하여 적분동작을 크게 또는 작게 할 수 있다. 적분시간을 길게하면 제어신호가 적어지면서 출력이 기준 입력에 접근하는 시간이 길어지고, 적분시간이 짧으면 제어신호가 커지므로 출력이 기준 입력에 접근하는 시간이 짧아진다. 그러나 적분 시간을 너무 짧게 설정하면 오버슈트가 크게 발생할 수 있다. 일반적으로 적분동작은 단독으로 사용되지 않으며 비례 동작과 결합하여 비례 적분 제어로 사용한다.

식 (15.2)는 적분 동작에 대한 제어신호와 오차와의 관계를 나타낸 것이다

$$u(t) = \frac{1}{K_I}\int e(t) \tag{15.2}$$

여기서, K_I는 적분상수이다.

상기의 비례 동작과 결합하면 비례- 적분 제어식은 식 (15.3)과 같다

$$u(t) = K_p\left[e(t) + \frac{1}{T_I}\int e(t)\right] \tag{15.3}$$

여기서,

$$T_1 = K_p / K_I$$

이다.

15.2.3 비례-적분-미분 제어 (Proportional Integral Derivative Control)

PI제어방법을 사용하는 경우 원하는 응답을 얻을 수 있다. 그러나 원하는 제어 응답의 속도를 조절할 수 없다. 따라서 응답속도를 빠르게 하기 위하여 사용하는 것이 미분동작이다. 이것은 급격히 발생되는 외란에 대해 앞선 오차와의 차가 큰 경우에는 조작량을 많이 하여 기민하게 반응하도록 한다. 앞선 오차에 대한 변화분을 보고 향후 발생되는 오차를 보상하는 방법이 미분 동작이다. 즉, 제어신호 $u(t)$는 오차신호$e(t)$에 대한 미분이며, 미분동작은 오차의 변화율에 상응하는 제어량을 계산하여 오차의 변화를 억제한다.

미분동작의 관계식은 식 (15.4)와 같다.

$$u(t) = K_p \frac{de)t)}{dt} \tag{15.4}$$

여기서 K_p는 미분 상수이다.

일반적으로 미분 동작은 단독으로 사용되지 않으며 비례 동작이나 비례 적분 동작과 결합하여 사용한다. 미분동작을 사용한 제어기는 기준 입력에 접근하는 속도가 빨라지고 현재값의 큰 변동이나 외란을 억제하는 효과가 있다.

식 (15.5)는 비례- 적분- 미분 제어를 합한 식이다

$$u(t) = K_p \left[e(t) + \frac{1}{T_I} \int e(t) + T_D \frac{de(t)}{dt} \right] \tag{15.5}$$

여기서, $T_D = K_D / K_P$ 이다.

15.3 실험구성 및 제원

15.3.1 실험 구성

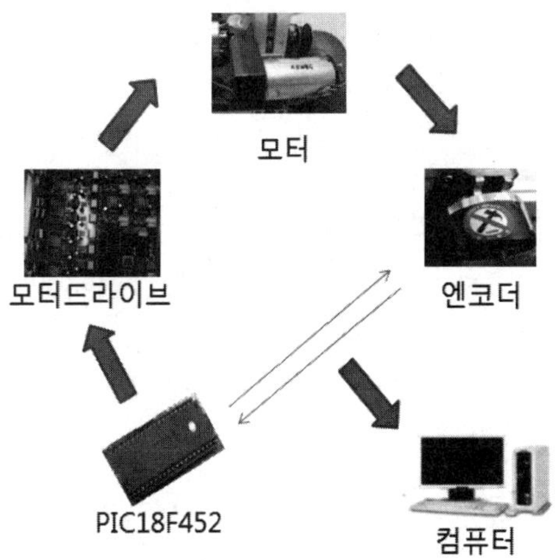

그림 15.1 실험 구성

15.3.2 시스템 제원

1) Microcontroller :

대부분의 Microcontroller는 아날로그 신호를 받아들이고 통신을 할수 있는 RX/TX, PWM신호를 출력할수 있는 PIN등의 구성으로 되어 있다. 로봇의 머리 부분에 해당하며 그 종류로서는 PIC, ATMEGA, DSP등이 있다.

2) 모터드라이브 :

Microcontroller에서 나온 PWM 신호를 증폭시킴과 동시에 모터를 돌려주는 역할을 한다.

3) DC모터 :

직류 모터(DC motor)는 엄밀하게는 직류 정류자 모터이며, 소위 브러시 부착 모터이다. 교류 모터의 속도제어법의 진보와 브러시리스 DC모터의 등장으로 직류 모터는 상당히 그 사용분야를 압박당하고 있다고 볼수 있지만 단순함과 가격 등 에서 현재에도 널리 이용되고 있다. 직류 모터의 원리가 전에는 전자석간의 흡인력을 이용하는 것이었지만 현재에는 자계 중에 놓여진 코일에 작용하는 전자력으로 설명 할 수 있다.

4) Encoder :

엔코더는 모터 회전시 축과 함께 부착되어 같이 회전 하게 된다. 기본적인 구조는 위와 같다. 회전원판에 다수의 슬릿을 배치하고, 발광소자에서 발생한 빛을 고정슬릿을 통하여 수광소자에 맞추고, 수광소자는 그 빛을 검출함으로써 슬릿을 투과하는 빛을 전기신호로 변환하여 펄스를 발생시키는 센서이다. 발생시킨 펄스를 Microcontroller와의 통신을 통하여 모터의 속도를 알 수 있는 센서이다.

5)컴퓨터 :

모니터링을 통하여 센서값을 분석하여 한눈에 보기 쉽도록 그래프화 시키는 역할을 한다.

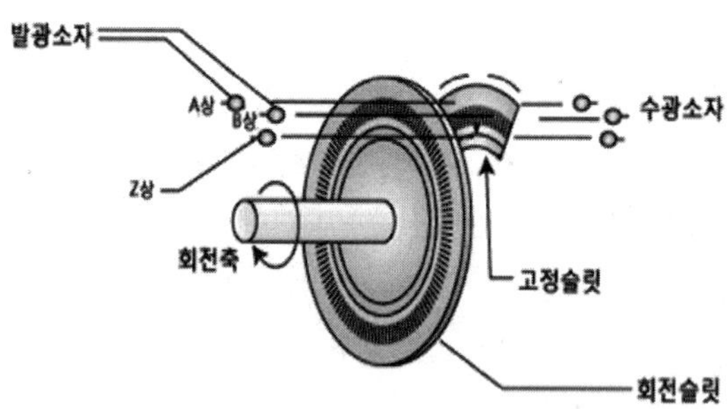

그림 15.2 엔코더의 기본적인 구조

15.4 실험방법 및 절차

1. 먼저 실험 제원에 대한 설명과 이론에 대하여 이해시킨다.
2. 모터의 속도 제어에 대한 중요성을 대두 시킨다.
3. microcontroller를 이용한 모터 제어 방법을 체험한다.
4. 그림 15.1의 구성과 같이 준비된 상태에서 모터의 속도를 점점 증가시킨다.
5. 센서에서 출력 펄스값을 sampling time 에 의거하여 나온 각 속도를 모터 바퀴의 지름을 곱하여 물체의 속도 값을 측정한다.
6. 각 게인 값에 대해 목표 속도까지의 변화량을 컴퓨터를 통하여 그래프화 시켜보고 확인 한다.

15.5 실험결과 및 정리

15.5.1 실험결과 및 보고서 포함 사항

1) PID제어에 관하여 각각의 게인 값에 따른 특성 결과가 아래의 테이블과 같이 명확히 제시 되어야 한다.

	상승시간	오버슈트	정착시간	정상상태오차
비례동작	감소	증가	변화없음	감소
적분동작	감소	증가	증가	제거
미분동작	변화없음	감소	감소	변화없음

2) microcontroller의 종류 및 특징을 조사해 본다.
3) PID제어를 제외한 그밖의 제어법을 조사해 본다.

15.5.2 실험결과 보고서 제출

실험결과 및 조사에 관하여 인터넷 및 참고문헌은 허용하되 출처를 정확히 밝혀야 하며, 제출 기간에 반듯이 제출해야 한다.

16

Chapter

로봇의 이해와 제어 (Robot & Control)

16.1 실험방법 및 절차

기계, 정보통신, 반도체, 전기전자, MEMS 등과 같은 산업의 급속한 발전에 따라 주로 산업용으로 사용되던 로봇의 응용분야가 급격히 확대되고 있고 로봇 시장의 규모도 자동차 시장이나 반도체 시장보다 더 커질 것이라는 전망도 나오고 있다.

본 실험의 가장 큰 주안점은 다양한 로봇을 직접 조작하고 제어함으로써 로봇에 대한 구조, 종류 ,필요한 기술 등에 대한 이해를 높이는 것에 있다.

16.2 이론적 배경

16.2.1 로봇이란

로봇은 사람과 유사한 모습과 기능을 가진 기계, 또는 무엇인가 스스로 작업하는 능력을 가진 기계를 말한다. 제조공장에서 조립, 용접, 핸들링 등을 수행하는 자동화된 로봇을 산업용 로봇이라 하고, 환경을 인식하고 스스로 판단하는 기능을 가진 로봇을 '지능형 로봇'이라 부른다. 사람과 닮은 모습을 한 로봇을 '안드로이드'라 부르기도 한다. 그리고 다른 뜻은 형태가 있으며, 자신이 생각할 수 있는 능력을 가진 기계라고도 한다. '로봇'이란 용어는 체코의 소설가 카렐 차페크(Carel Čapek)이 써서 1920년에 발표한 희곡 "R.U.R"에 쓴 것이 퍼져 일반적으로 사용되게 되었다. 체코어로 "노동"을 의미하는 robota가 어원이다.

16.2.2 로봇의 종류

로봇은 사람이 하기 힘든 위험한 작업,정밀한 작업,지루한 반복작업,인간친화적인 일을 하도록 고안되었으며그 응용분야는 광범위하고 향후 더욱 더 다양해질 것이다.

1) 산업용 로봇

"산업용 로봇(industrial robot)이란 부품,재료,기구 등을 다루기 위해 고안된 재프로그래밍이 가능한 기계적인 장치"이다. 로봇시장에서 가장 높은 비중을 차지하고 있으며 독자적으로 사용되기보다는 다른 시스템에 연동되어 사용이 되는 경우가 많다. 산업용 로봇의 응용분야로는 용접, 조립, 도장, 검사, 물품이송, 부품조작 등이 있으며 인간의 팔이 행하는 조작(manipulation)과 유사한 동작을 하기 때문에 매니플레이터라고도 불리어진다.

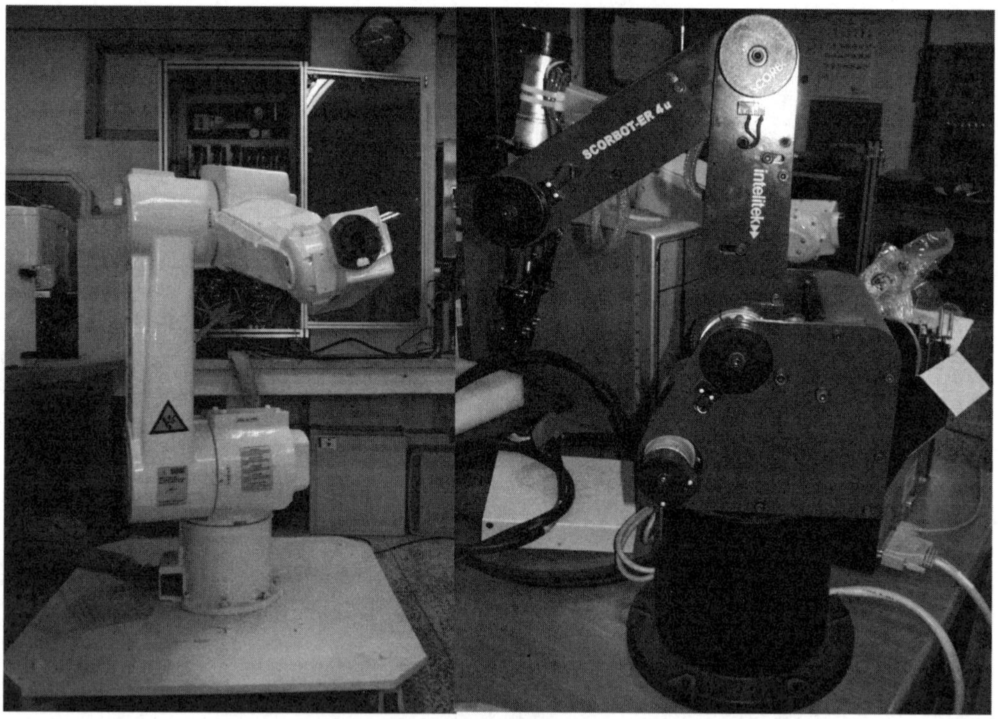

산업용 로봇

2) 가정용 로봇

가정용 로봇(home service robot)은 기술적인 제약과 산업용 로봇에 비해 좁은 시장성으로 인하여 경제성이 낮아 그 생산 대수가 극히 제한적이었으나, IT 산업 등의 발달로 인하여 앞으로는 급속한 증가세가 기대되는 분야이다. 가정용 로봇의 대표적인 예로는 가사용 로봇, 방범용 로봇, 장난감 로봇, 실버 로봇 등이 있다. 가정용 로봇은 타 분야 로봇보다 사용자와의 원활한 상호작용을 필요로 하며, 이를 위해 기계 시각(machine vision) 및 음성 인식 기술 등이 요구된다.

일본 SONY사의 애완견로봇 Aibo

미국 iRobot사의 청소용 로봇 Roomba

향후 이들 로봇들의 학습 능력, 적응 능력, 진화 능력 등이 보완되면 사람을 인식하고, 사람의 감정을 이해하며 이에 적절히 대응하는 행동을 할 수 있어 원만하게 인간과 공생할 수 있으리라 전망된다.

3) 의료용 로봇

의료용 로봇은 수술용 로봇과 간호용 로봇 등으로 나눌 수 있으며, 사용자의 의지에 따라 움질일 수 있도록 개발된 의수족도 넓은 의미에서 의료용 로봇에 포함될 수 있다. 로봇은 인간보다 훨씬 더 정밀한 작업이 가능하기 때문에 뇌 수술과 같이 초정밀성이 요구되는 수술, 혹은 작업자가 위험한 방사능에 노출될 수 있는 방사선 치료 등과 같은 곳에 쓰이며, 향후 보다 다양한 분야에 사용될 것이다.

환자를 간호하는 일은 비교적 장시간 동안 환자에 대한 세심한 관심이 필요하기 때문에 간호 인력의 수급에도 어려움이 많다. 이를 해결하기 위해 많은 병원에서는 환자의 보행을 도와주고, 환자의 상태를 항상 검사하여 의료진에게 연락해주는 로봇이 사용되고 있다. 또한 환자의 심리 치료를 위해 인간과 친밀한 형태를 한 로봇이 사용되기도 한다. 기타 의수족용 로봇이 장애인들을 위하여 개발되고 있으나, 판매 시장이 비교적 좁고 가격 또한 고가이기 때문에 상업화에는 문제가 있다. 그러나 이러한 문제점들은 관련 기술의 발달과 사회적인 요구가 증대됨에 따라 해결될 것이다.

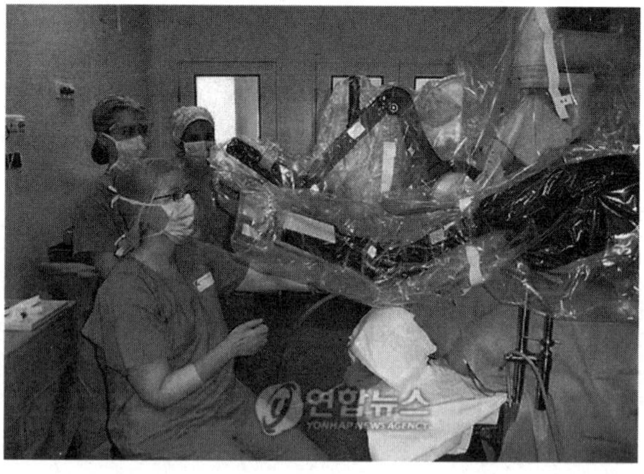

수술용 로봇 다빈치

4) 군사용 로봇

전투용 로봇은 그 형태와 용도가 매우 다양하며, 이들 로봇은 평화시에는 군인을 대신할 수 있기 때문에 병력의 감축 효과가 있고, 전투시에는 전투용, 정찰용, 재급유용, 지뢰 탐지용, 기타 위험한 상황에서 군인을 대체하여 사용되고 있다. 전투용 로봇의 제작 및 운용 비용은 전투인력의 양성 비용에 비해 현저히 낮기 때문에 경제적인 면에서 장점이 있다. 현재 무인 전투기, 무인 정찰기, 지뢰 탐지기 등과 같은 특수한 형태의 전투용 로봇이 실전 배치되어 있으며 감시로봇은 전장에서 경계 및 포로의 감시 등 인간이 하기에는 지루하여 지속성에 한계가 있는 분야에 사용되고 있다. 또 보안을 요하는 시설이나 장소에서 경비원을 대신하여 기계 시각 기술을 기반으로 활용되고 있다.

5) 우주용 로봇

지구와 다른 환경을 가지고 있는 우주 공간에서는 인간이 작업하기 어렵기 때문에 우주 탐사 및 우주선 수리 등에 우주용 로봇이 사용되고 있다. 궁극적으로는 이러한 작업에 인공 지능 기술을 이용하는 매니퓰레이터나 이동 로봇이 인간을 대신하게 될 것이다.

◇ 다목적 필드로봇

군사용 로봇

감시용 로봇

6) 교육용 로봇

유아의 지능 개발에 도움을 주거나, 일반인들의 로봇에 대한 관심을 높이고, 로봇 동작 원리를 교육하기 위하여 교육용 로봇이 개발되고 있다. 대표적인 예로서 덴마크의 Lego사에서는 프로그램이 가능하여 다양한 기능들이 있는 제품들을 개발하여 시판하고 있다. 그 외에도 국내에서는 외국어 교육에 대한 시장의 수요를 고려하여 가정용 로봇에 교육 기능을 첨가한 제품을 개발하여 판매중이다.

지금까지는 용도상으로 분류하였으나 형태상으로 고려한다면 인간과 닮은 휴머노이드 형 로봇이나 이동로봇을 생각할 수 있다.

7) 이동로봇

일반적으로 산업용 로봇은 제한된 작업 공간 내에서 베이스가 고정된 상태에서 관절을 움직여서 작업을 수행하기 때문에 작업 영역이 제한되어 있다. 이에 비해 이동 로봇은 자율 혹은 반자율적으로 움직일 수 있는 특징으로 인해 가정용, 군사용, 감시용, 이송용, 해저 및 우주 탐사용 등 넓은 영역에서 많이 사용되고 있으며, 전체 로봇 산업에서 차지하는 비중도 증대되어 가고 있다. 이동 로봇은 움직이면서 주위 환경에 대하여 인식하고, 이를 분석하여 경로 계획을 작성한다. 산업용으로 사용되고 있는 이동 로봇은 작업 공간을 무궤도, 혹은 작업장 바닥에 설치된 고정 궤도를 따라서 운항되고 있다. 궤도형인 경우에는 작업 현장의 각종 시설물들의 배치를 고려하여 자기 유도선 또는 광학 테이프 등을 이용하여 각 작업 라인을 연결된 이송 망에 따라 움직인다. 이동 로봇이 자율성을 갖기 위해서는 주행하면서 얻은 주위 환경에 대한 정보를 분석 • 종합하여 목적지까지 도달할 수 있는 경로를 계획하고 장애물을 회피하여 목적지에 도달할 수 있어야 한다.

바퀴형 이동 로봇은 그 구조가 비교적 간단하고, 구동이 쉽기 때문에 대부분의 이동 로봇은 바퀴 구동형이다. 이러한 바퀴도 단순한 형태를 한 것이 주류를 이루고 있으나, 평탄하지 못한 지형에 유리한 궤도형, 회전에 용이한 전방향 바퀴형 등이 있으며, 바퀴의 개수도 다양하다. 현재 인간을 닮은 휴머노이드 로봇(humanoid robot)과 동물의 형태를 흉내 낸 견마 로봇 등과 같은 다족 로봇에 관한 연구도 활발히 진행되고 있다.

2족 보행을 하는 휴머노이드 로봇은 보행을 위한 제어가 매우 복잡하기 때문에 이를 보완하기 위하여 4족 등과 같은 형태의 로봇도 많이 개발되고 있다. 보행 로봇은 인간이 거주하는 생활 공간에 자유롭게 투입할 수 있는 차세대 서비스 로봇 산업의 핵심기술로 일본과 미국, 프랑스 등은 국책 연구 과제로 선정, 집중적으로 개발하고 있다.

수중용 로봇은 수면, 수중 및 해저에서 주어진 임무를 수행하는 로봇으로 그 구동은 수중생물의 운동 양식과 유사한 것이 많다. 대부분의 수중용 로봇의 구동은 워터 제트(water jet)혹은 프로펠러를 이용하지만 물고기와 같이 지느러미를 이용하는 경우도 있다.항공용 로봇은 기존의 비행기, 새, 곤충들의 비행에서 아이디어를 얻은 것이 많다. 이러한 항공용 로봇에는 헬리콥터, 고정 날개형 비행기, 조종이 가능한 낙하산 등이 있다. 크기가 15 cm×15 cm 이하인 소형 비행체 MAV(Micro Air Vehicle)는 고기능, 고부가가치를 지니고 있으며, 다용도로 사용 가능하고, 유체 역학 기술, 제어 기술, 센서 기술, 최신 전자장치의 활용이 요구된다. 특히 소형화에 필수적인 내장형 시스템, MEMS, Nano 기술 등의 발달과 더불어 그 기술이 급속히 발전하고 있으며, 용도 또한 확대되어 가고 있다.

16.2.3 제어(control)란?

제어의 일반적 의미는 " 기계나 설비 등이 목적대로 작동하도록 조작하는 것",또는 "어떤 목적에 적합되도록 대상이 되는 것에 소요의 동작을 가하는 것"으로 정의되어 있다. 많은 로봇에서는 전기모터나 전자밸브등의 전기부품에 흐르는 전기신호를 ON-OFF 하거나 그 크기를 변화시켜서 동작을 제어한다.

1) 수동제어와 자동제어

이러한 제어동작을 인간이 수동으로 스위치등을 조작하는 것으로 행하는 것을 수동제어, 컴퓨터의 프로그램 등을 이용하여 자동적으로 행하는 것을 자동제어라 한다.

2) 시켄스(sequence)제어

미리 정해진 순서에 따라 제어의 각 단계를 순차적으로 진행해가는 제어를 말한다. 예를들면 교통신호기는 적->청->좌회전->황->... 등 미리 정해진 순서에 따라 점등되므로 시켄스제어가 행해지고 있다. 만약 이족보행로봇이 미리 정해진 보행법칙에 따라 두 다리를 움직인다면 시켄스 제어라 할 수 있다.

3) 피드백(feedback)제어

피드백에 의해 제어량을 목표치와 비교하여 그것과 일치시키도록 조작량을 생성하는 제어법을 말하며 제어량을 알기위해서는 각종의 센서가 필요하다. 예를 들어 에어컨으로 실내의 온도를 조절하는 경우 실내온도를 온도센서로 측정해가면서 목표온도에 맞추도록 제어되어진다. 이족보행로봇에 가속도센서나 자이로 센서를 탑재하고 이족보행로봇이 넘어지려할 때 자신의 위치를 감지하여 넘어지는 것을 방지하는 것이 로봇 피드백제어의 일종이다.

16.3 로봇제어 실험

16.3.1 x 콥터 원격수동 제어

16.3.2 이동 로봇(Robocar) 의 제어

1) 이동로봇 작동하기

(1) 비전로봇

기존의 무선 카메라는 단순하게 영상을 보기 위한 수단일 뿐 다양한 응용이 어려운 것이 사실이다. 더구나 비전 로봇과 같은 응용을 위해서는 영상 수신과 동시에 로봇에게 명령을 줄 수 있어야 한다. 양방향 무선 카메라 DRC는 이를 가능하게 하는 신개념의 양방향 무선 영상 카메라이다.

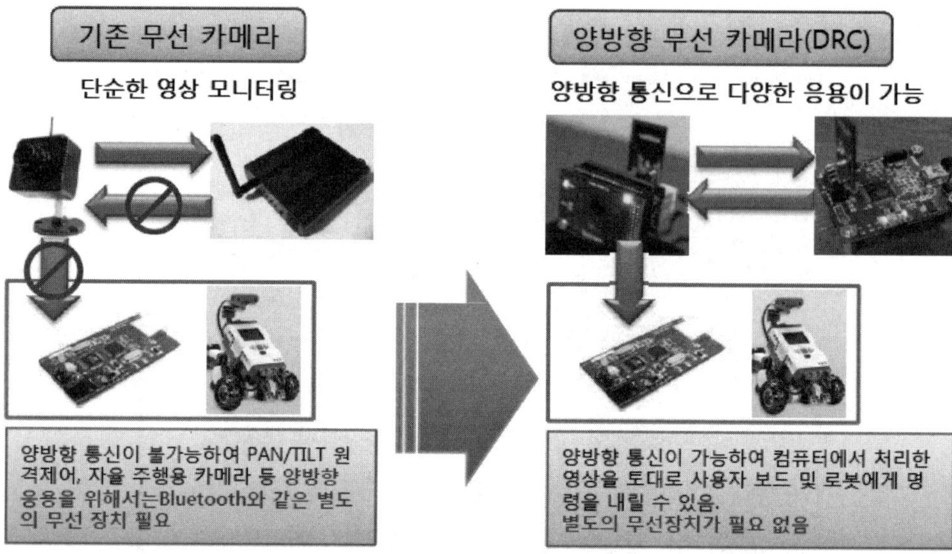

기존 무선 카메라와 사양비교

항목	기존 무선 카메라	양방향 무선 카메라 (DRC)
통신 방향	카메라 ➔ 수신기 (단방향)	카메라 ➔ 수신기 (양방향) 카메라 ← 수신기
사용 용도	단순한 모니터 용도로 사용	모니터 용도 , 비전 로봇, 보안 시스템, 지능형 영상 제어, 영상 제어, 객체 추적 시스템 등 인공지능 제어
가격	고가 (USB 연결시 영상 변환장치 추가 필요, 양방향을 위해서는 별도의 무선통신 모듈 필요.)	저가 (양방향이 가능하여 별도의 통신 모듈 필요 없음)
인터페이스	영상 : 아날로그영상단자 USB 지원 모듈은 고가 데이터 : X (지원 안됨)	영상 : USB 데이터 : RS232
S/W	X (지원 안됨)	OpenCV 연동, 얼굴인식, 객체인식, 모션추적 등 다양한 PC 어플리케이션 소스 제공

그러면 비전로봇을 직접 구동시켜보자.

먼저 비전로봇을 구동하기 위해서는 컴퓨터와 연결되어있는 수신기(station)와 로봇카의 전원를 on으로 해준다.

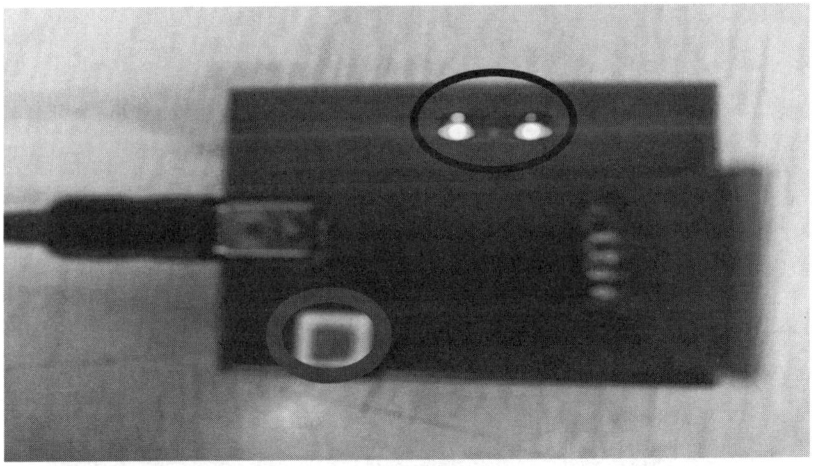

위 사진처럼 불이 들어오면 제대로 전원이 켜진 것이다.(위 로봇카, 아래 station)
다음은 비전로봇에 명령을 내리기 위한 프로그램을 실행시켜보자
바탕화면 main 폴더 안에 있는 main.exe 파일을 실행시키자.

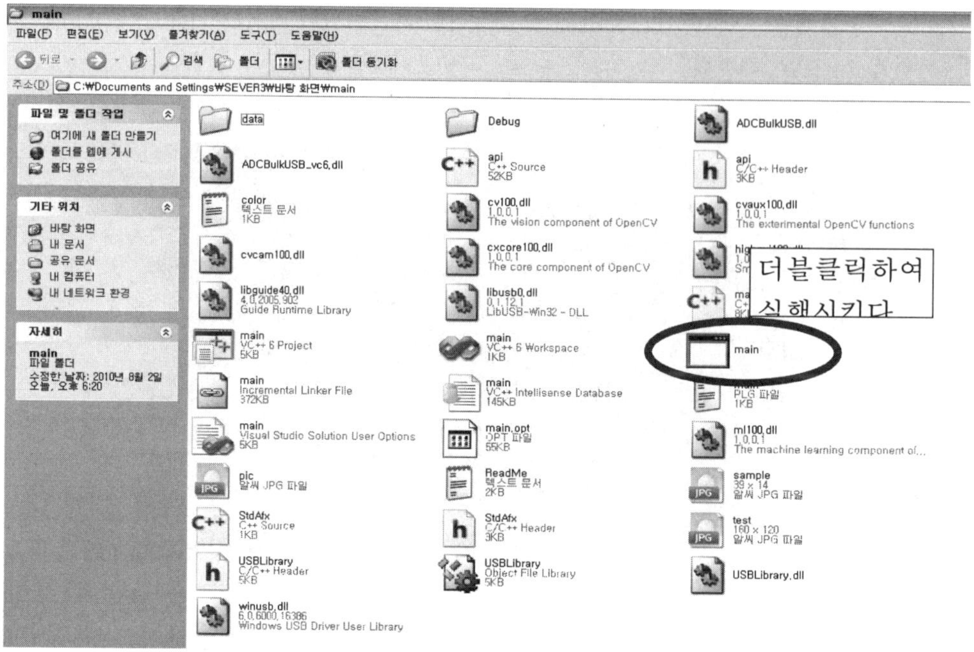

실행 시키면 아래와 같이 창이 두 개 뜨면서 구동시키기 위한 준비는 끝난다.

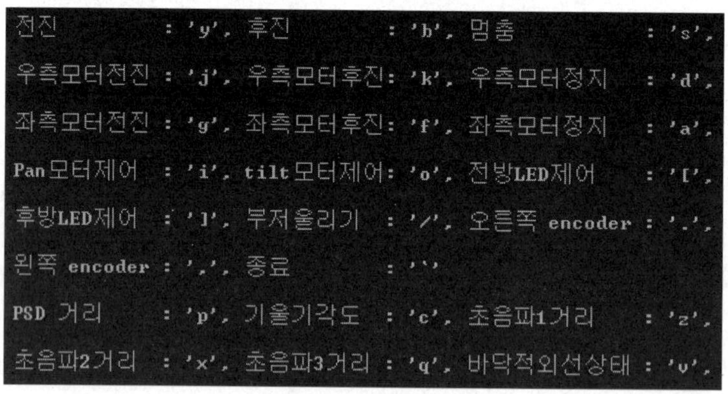

명령을 내리는 창

카메라 영상이 나오는 창

구동시키기에 앞서 명령어들을 한번 살펴보자

전진, 후진, 멈춤은 모두가 잘 알 것이다. 우측모터전진은 우회전이 아니라 좌회전이라는 것을 잊지 말자. 마찬가지로 좌측모터전진은 우회전이다. 여기서 Pan모터제어와 tilt모터 제어는 생소할 것이다. 이것은 카메라의 각도를 조절하는 명령어이다.

먼저 Pan모터제어인 'i'를 눌러보자. 아래와 같이 '속도를 입력하세요' 라고 나온다.

```
Menu => 전진          : 'y', 후진          : 'b', 멈춤           : 's',
        우측모터전진 : 'j', 우측모터후진: 'k', 우측모터정지   : 'd',
        좌측모터전진 : 'g', 좌측모터후진: 'f', 좌측모터정지   : 'a',
        Pan모터제어  : 'i', tilt모터제어: 'o', 전방LED제어    : '[',
        후방LED제어  : ']', 부저울리기  : '/', 오른쪽 encoder : '.',
        왼쪽 encoder : ',', 종료        : '`'
        PSD 거리     : 'p', 기울기각도  : 'c', 초음파1거리    : 'z',
        초음파2거리  : 'x', 초음파3거리 : 'q', 바닥적외선상태 : 'v',
i 가 눌려졌습니다!!!
속도를 입력하세요(0~127):
```

30을 입력하고 엔터를 치자(속도는 범위 안에서 아무 값이나 상관없다.)

```
i 가 눌려졌습니다!!!
속도를 입력하세요<0~127>:30
각도를 입력하세요<0~180>:
```

이번엔 '각도를 입력하세요'라고 나온다. ⇒ 각도는 정면을 바라보는 상태가 90° 이며 우측면이 0, 좌측면이 180° 이다. 여기서 '0'를 적고 엔터를 치자.

다음사진과 같이 움직이는 것을 볼 수 있을 것이다.
같은 방법으로 처음모습으로 되돌려보자. (속도 30, 각도 90°)

```
i 가 눌려졌습니다!!!
속도를 입력하세요<0~127>:30
각도를 입력하세요<0~180>:0
```

다음은 tilt모터제어 명령어를 사용해보자. ‘o'를 눌러보자

```
o 가 눌려졌습니다!!!
속도를 입력하세요<0~127>:_
```

그러면 Pan모터제어처럼 속도 값을 입력하라고 나온다. 30을 입력하면

```
o 가 눌려졌습니다!!!
속도를 입력하세요<0~127>:30
각도를 입력하세요<0~180>:_
```

이번에도 각도를 입력하라고 나온다. 앞이 90° 이고 수평면기준 앞으로, 뒤로 180° 이다. 이번에는 ‘180‘적고 엔터치자

```
o 가 눌려졌습니다!!!
속도를 입력하세요<0~127>:30
각도를 입력하세요<0~180>:180
```

그럼 다음과 같이 움직일 것이다.

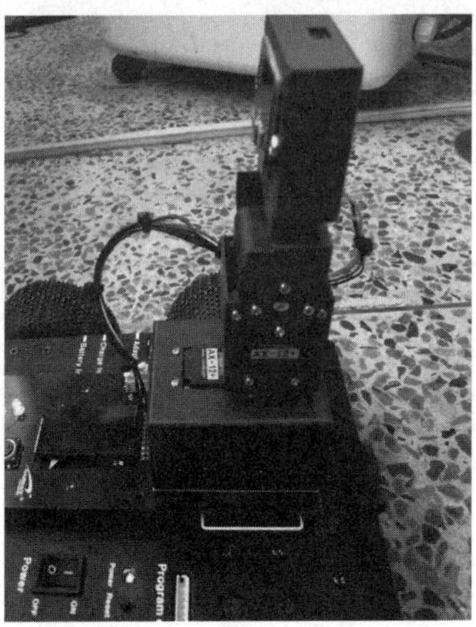

같은 방법으로 처음 모습으로 되돌려보자.(속도 30, 각도 90°)

```
Pan모터제어  : 'i', tilt모터제어: 'o', 전방LED제어   : '[',
후방LED제어  : ']'. 부저울리기  : '/', 오른쪽 encoder : '.',
```

다음은 Led제어와 부저울리기를 해보자

Led제어는 전방과 후방이 있는데 둘 다 켜보도록 하자.

'['와 ']'를 눌러보자

전방은 푸른색불이, 후방은 빨간불이 들어온다. 다시 눌러주면 꺼진다.

부저울리기는 '/'누르면 소리가 난다. 마찬가지로 다시 누르면 꺼진다.

다음은 Psd센서를 살펴보자. Psd센서는 로봇카의 이동시 앞면에 장애물의 여부를 파악하는 역할을 하며 전면부 중앙에 있다.여기서는 Psd거리 명령어를 이용하여 앞의 물체와 거리가 얼마나 떨어져 있는지 확인할 수 있다.

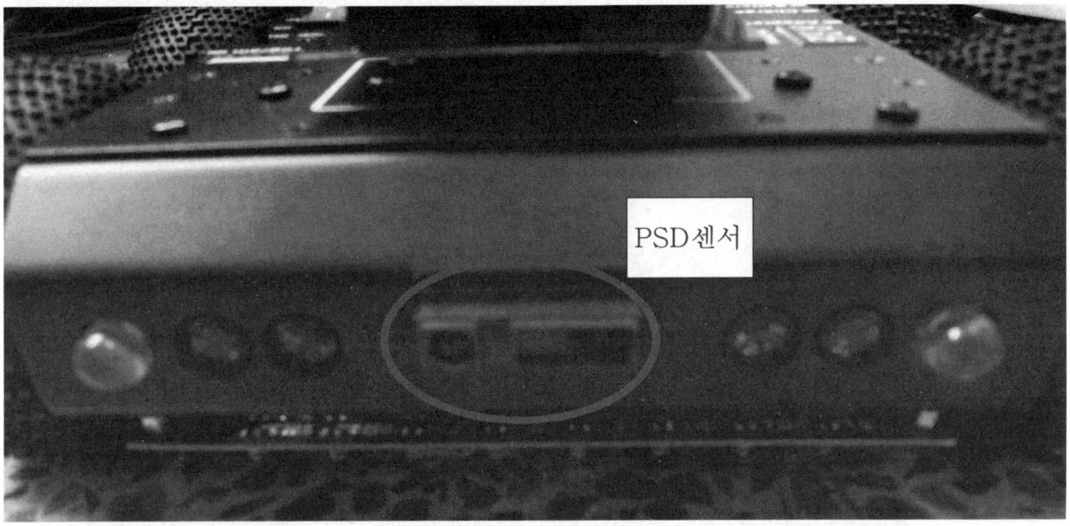

'p'를 누르면 앞의 물체와의 거리가 나온다.

```
Menu => 전진          : 'y', 후진          : 'b', 멈춤            : 's',
        우측모터전진 : 'j', 우측모터후진: 'k', 우측모터정지    : 'd',
        좌측모터전진 : 'g', 좌측모터후진: 'f', 좌측모터정지    : 'a',
        Pan모터제어  : 'i', tilt모터제어: 'o', 전방LED제어     : '[',
        후방LED제어  : ']', 부저울리기  : '/', 오른쪽 encoder : '.',
        왼쪽 encoder : ',', 종료        : '`'
```

```
        PSD 거리      : 'p', 기울기각도  : 'c', 초음파1거리    : 'z',
        초음파2거리   : 'x', 초음파3거리 : 'q', 바닥적외선상태 : 'v',
549: PDS 거리 : 25 cm
550: PDS 거리 : 25 cm
551: PDS 거리 : 25 cm
552: PDS 거리 : 25 cm
553: PDS 거리 : 25 cm
554: PDS 거리 : 25 cm
555: PDS 거리 : 25 cm
556: PDS 거리 : 25 cm
557: PDS 거리 : 25 cm
```

멈출 때는 's'를 눌러서 멈추도록 한다.

다음은 초음파 센서이다. 초음파센서는 전면부, 후방부에 있으며 송신부와 수신부로 나뉘어있다. 초음파1, 초음파2, 초음파3거리를 통해 물체와의 거리를 확인할 수 있다. Psd거리와 마찬가지로 멈출 때는 's'를 누르면 된다.

```
Menu => 전진          : 'y', 후진         : 'b', 멈춤           : 's',
        우측모터전진  : 'j', 우측모터후진: 'k', 우측모터정지   : 'd',
        좌측모터전진  : 'g', 좌측모터후진: 'f', 좌측모터정지   : 'a',
        Pan모터제어   : 'i', tilt모터제어: 'o', 전방LED제어    : '[',
        후방LED제어   : ']', 부저울리기  : '/', 오른쪽 encoder : '.',
        왼쪽 encoder  : ',', 종료        : '`'
        PSD 거리      : 'p', 기울기각도  : 'c', 초음파1거리    : 'z',
        초음파2거리   : 'x', 초음파3거리 : 'q', 바닥적외선상태 : 'v',
606: 초음파2 거리 : 25 cm
607: 초음파2 거리 : 25 cm
608: 초음파2 거리 : 25 cm
609: 초음파2 거리 : 25 cm
610: 초음파2 거리 : 25 cm
611: 초음파2 거리 : 25 cm
612: 초음파2 거리 : 25 cm
613: 초음파2 거리 : 25 cm
```

```
Menu => 전진          : 'y', 후진         : 'b', 멈춤          : 's',
        우측모터전진 : 'j', 우측모터후진: 'k', 우측모터정지   : 'd',
        좌측모터전진 : 'g', 좌측모터후진: 'f', 좌측모터정지   : 'a',
        Pan모터제어  : 'i', tilt모터제어: 'o', 전방LED제어    : '[',
        후방LED제어  : ']', 부저울리기  : '/', 오른쪽 encoder : '.',
        왼쪽 encoder : ',', 종료        : '`'
        PSD 거리     : 'p', 기울기각도  : 'c', 초음파1거리    : 'z',
        초음파2거리  : 'x', 초음파3거리 : 'q', 바닥적외선상태 : 'v',
674: 초음파3 거리 : 49 cm
675: 초음파3 거리 : 49 cm
676: 초음파3 거리 : 49 cm
677: 초음파3 거리 : 49 cm
678: 초음파3 거리 : 49 cm
679: 초음파3 거리 : 49 cm
680: 초음파3 거리 : 49 cm
681: 초음파3 거리 : 49 cm
682: 초음파3 거리 : 49 cm
```

```
Menu => 전진          : 'y', 후진         : 'b', 멈춤          : 's',
        우측모터전진 : 'j', 우측모터후진: 'k', 우측모터정지   : 'd',
        좌측모터전진 : 'g', 좌측모터후진: 'f', 좌측모터정지   : 'a',
        Pan모터제어  : 'i', tilt모터제어: 'o', 전방LED제어    : '[',
        후방LED제어  : ']', 부저울리기  : '/', 오른쪽 encoder : '.',
        왼쪽 encoder : ',', 종료        : '`'
        PSD 거리     : 'p', 기울기각도  : 'c', 초음파1거리    : 'z',
        초음파2거리  : 'x', 초음파3거리 : 'q', 바닥적외선상태 : 'v',
577: 초음파1 거리 : 26 cm
578: 초음파1 거리 : 26 cm
579: 초음파1 거리 : 26 cm
580: 초음파1 거리 : 26 cm
581: 초음파1 거리 : 26 cm
582: 초음파1 거리 : 26 cm
583: 초음파1 거리 : 26 cm
584: 초음파1 거리 : 26 cm
585: 초음파1 거리 : 26 cm
```

초음파1, 2, 3(후면부)의 거리

이제 기본적인 명령어에 대해 숙달하였으니 본격적으로 비전로봇을 움직여보자. 실습이 끝난 뒤 프로그램 종료는 ' 이다(숫자키 1옆)

16.3.3 산업용 로봇(JS-10)의 제어

실습로봇 : KAWASAKI JS-10 로봇

서보 드라이버 : MITSUBISH MR-2JS-70A * 3 , MR-2JS-10A * 3

컨트롤라 : DANAHER Motion Controller

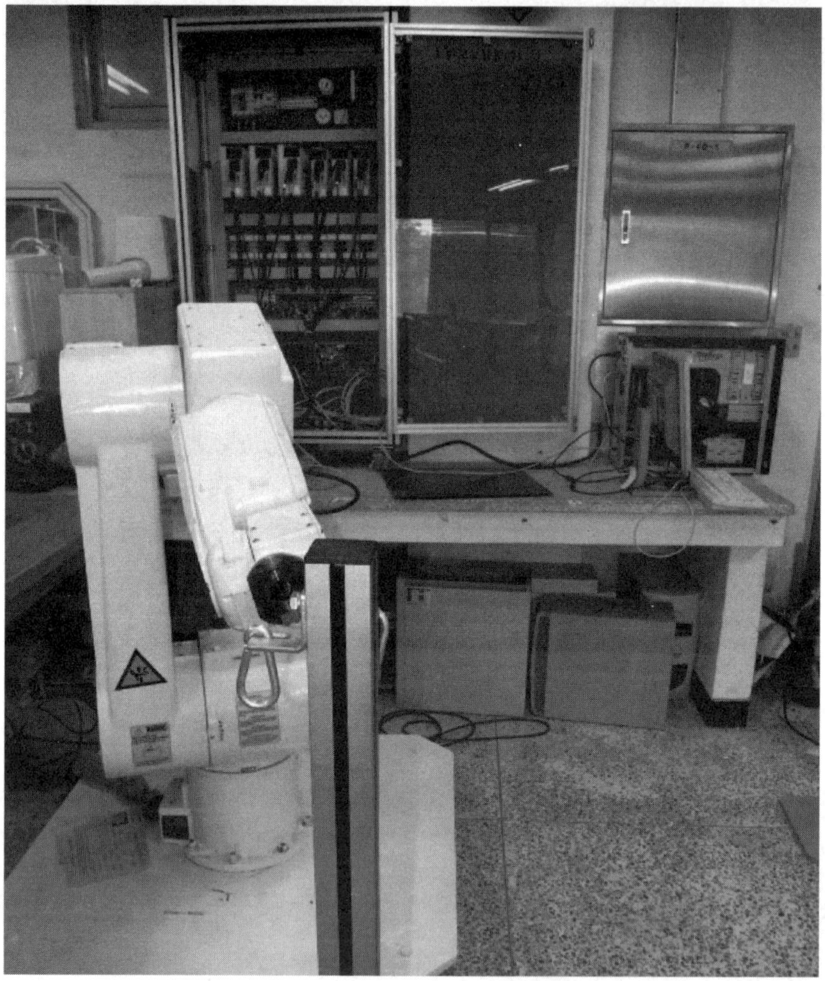

바탕 화면의 모션 콘솔 프로그램을 실행 시킨다.

모든 셋업이 끝났으면 Motor Summary 창의 Config 탭에서Amp Enable(빨간 원)의 박스를 체크하여 서보 드라이버를 동작 준비 시킨다.

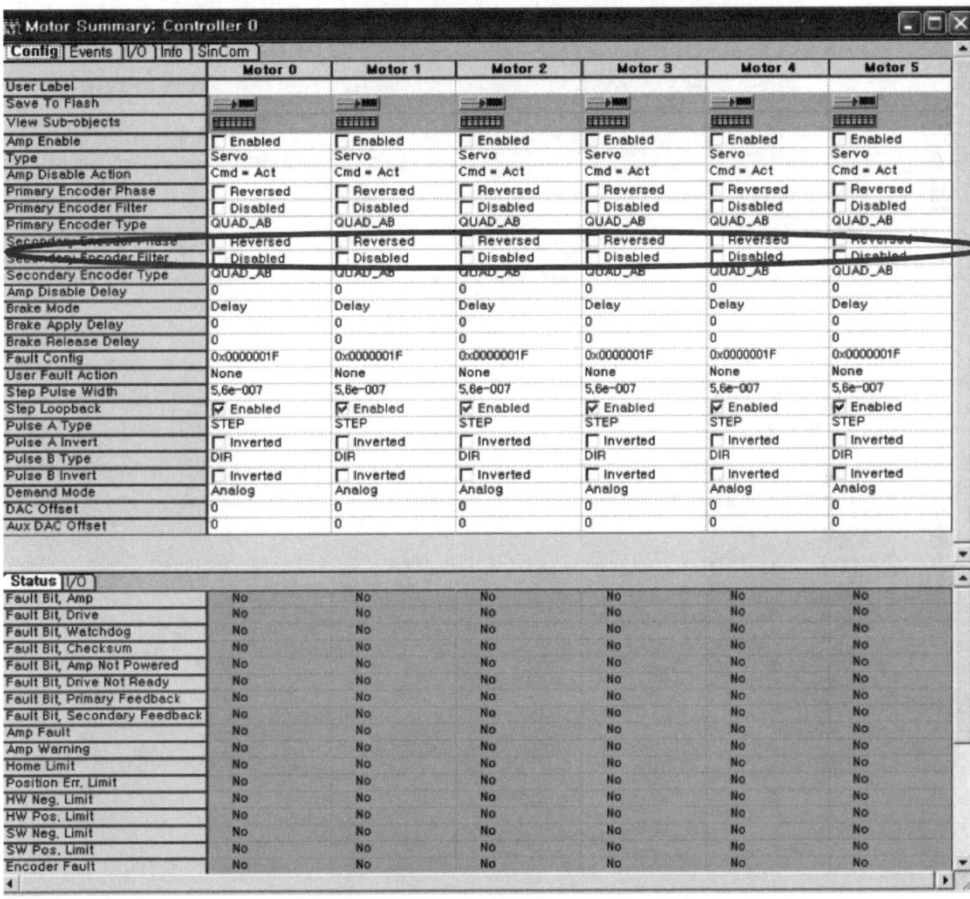

	Motor 0	Motor 1	Motor 2	Motor 3	Motor 4	Motor 5
User Label						
Save To Flash						
View Sub-objects						
Amp Enable	Enabled	Enabled	Enabled	Enabled	Enabled	Enabled
Type	Servo	Servo	Servo	Servo	Servo	Servo
Amp Disable Action	Cmd = Act	Cmd = Act	Cmd = Act	Cmd = Act	Cmd = Act	Cmd = Act
Primary Encoder Phase	Reversed	Reversed	Reversed	Reversed	Reversed	Reversed
Primary Encoder Filter	Disabled	Disabled	Disabled	Disabled	Disabled	Disabled
Primary Encoder Type	QUAD_AB	QUAD_AB	QUAD_AB	QUAD_AB	QUAD_AB	QUAD_AB
Secondary Encoder Phase	Reversed	Reversed	Reversed	Reversed	Reversed	Reversed
Secondary Encoder Filter	Disabled	Disabled	Disabled	Disabled	Disabled	Disabled
Secondary Encoder Type	QUAD_AB	QUAD_AB	QUAD_AB	QUAD_AB	QUAD_AB	QUAD_AB
Amp Disable Delay	0	0	0	0	0	0
Brake Mode	Delay	Delay	Delay	Delay	Delay	Delay
Brake Apply Delay	0	0	0	0	0	0
Brake Release Delay	0	0	0	0	0	0
Fault Config	0x0000001F	0x0000001F	0x0000001F	0x0000001F	0x0000001F	0x0000001F
User Fault Action	None	None	None	None	None	None
Step Pulse Width	5.6e-007	5.6e-007	5.6e-007	5.6e-007	5.6e-007	5.6e-007
Step Loopback	Enabled	Enabled	Enabled	Enabled	Enabled	Enabled
Pulse A Type	STEP	STEP	STEP	STEP	STEP	STEP
Pulse A Invert	Inverted	Inverted	Inverted	Inverted	Inverted	Inverted
Pulse B Type	DIR	DIR	DIR	DIR	DIR	DIR
Pulse B Invert	Inverted	Inverted	Inverted	Inverted	Inverted	Inverted
Demand Mode	Analog	Analog	Analog	Analog	Analog	Analog
DAC Offset	0	0	0	0	0	0
Aux DAC Offset	0	0	0	0	0	0

Status | I/O

Fault Bit, Amp	No	No	No	No	No	No
Fault Bit, Drive	No	No	No	No	No	No
Fault Bit, Watchdog	No	No	No	No	No	No
Fault Bit, Checksum	No	No	No	No	No	No
Fault Bit, Amp Not Powered	No	No	No	No	No	No
Fault Bit, Drive Not Ready	No	No	No	No	No	No
Fault Bit, Primary Feedback	No	No	No	No	No	No
Fault Bit, Secondary Feedback	No	No	No	No	No	No
Amp Fault	No	No	No	No	No	No
Amp Warning	No	No	No	No	No	No
Home Limit	No	No	No	No	No	No
Position Err. Limit	No	No	No	No	No	No
HW Neg. Limit	No	No	No	No	No	No
HW Pos. Limit	No	No	No	No	No	No
SW Neg. Limit	No	No	No	No	No	No
SW Pos. Limit	No	No	No	No	No	No
Encoder Fault	No	No	No	No	No	No

모든 동작은 Axis Summary 창에서 정의한다

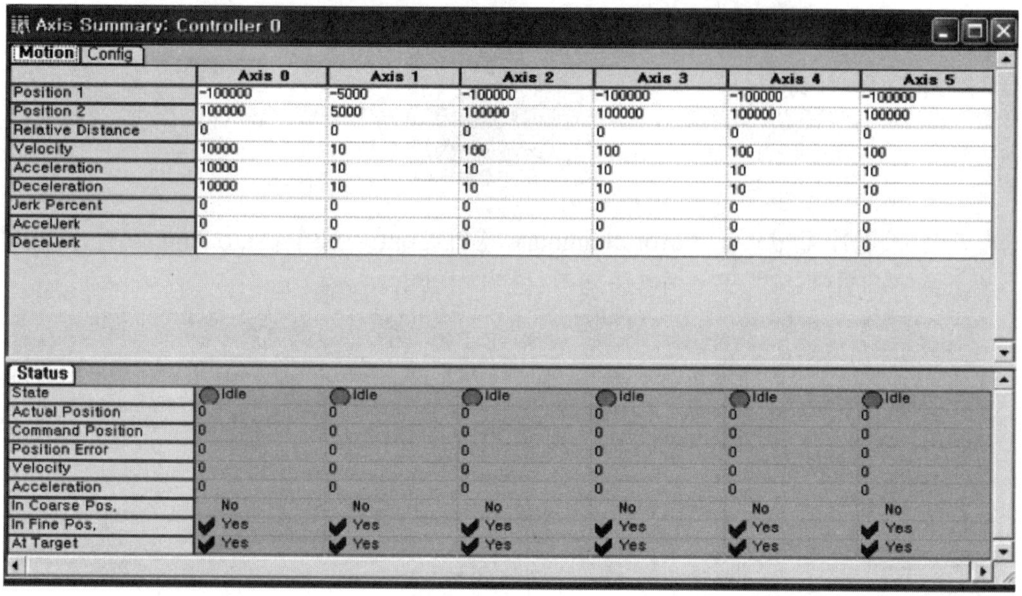

Motor Summary 창의 동작 버튼을 눌러 동작을 확인한다.

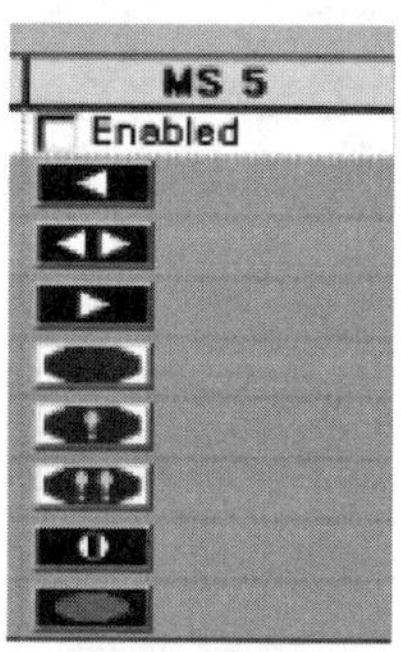

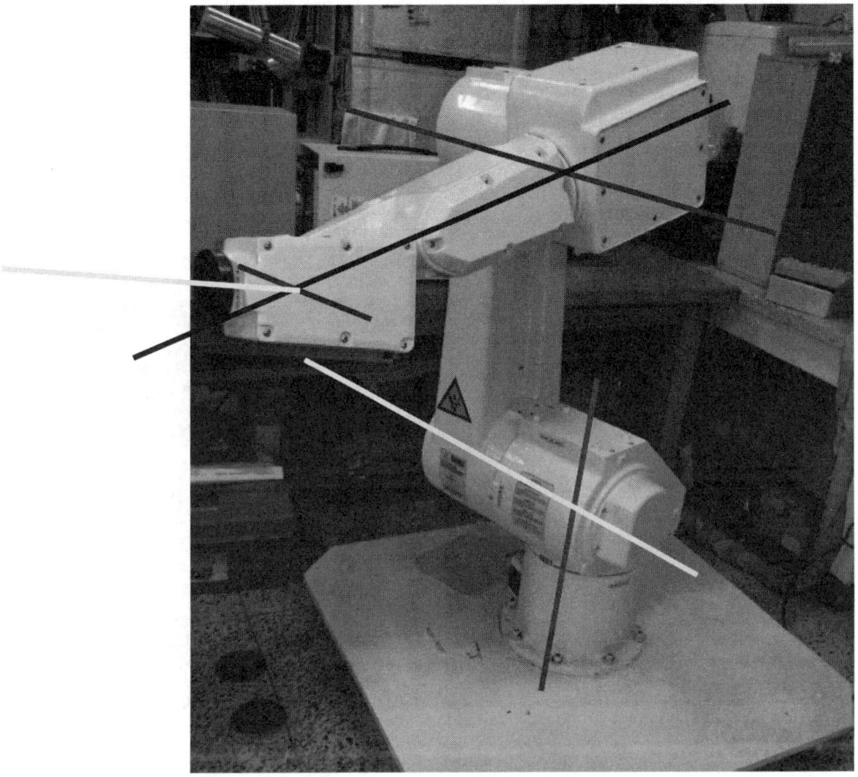

1번 축 〉 0번 모터 〉 빨간 선
2번 축 〉 1번 모터 〉 노란 선
3번 축 〉 2번 모터 〉 녹색 선
4번 축 〉 3번 모터 〉 파란 선
5번 축 〉 4번 모터 〉 보라 선
6번 축 〉 5번 모터 〉 핑크 선

16.3.4 햅틱을 이용한 가상세계제어

실습장치 : NOVINT 사의 햅틱 디바이스

사용 프로그램 : CHAID 3D 오픈 소스

스텐포드 대학에서 개발한 햅틱 테스트 프로그램

Sensable / NOVINT 사의 햅틱 장치 모두 사용가능

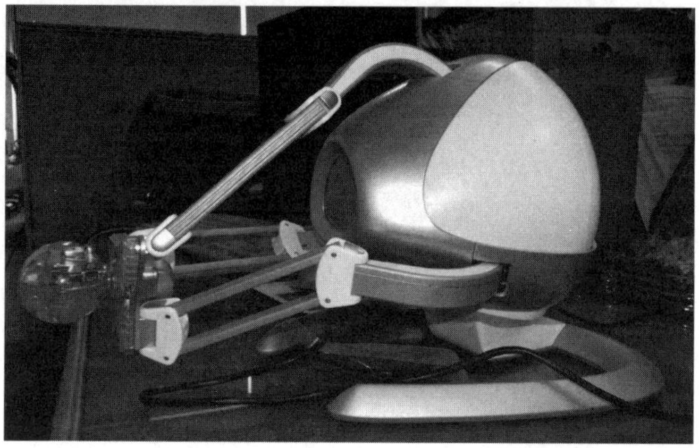

※ 햅틱예제 프로그램 실행하기

Visual Studio 오른쪽 창의 솔루션 탐색기에서 실행 하려고 하는 프로젝트를 선택한 후 우클릭, 시작 프로젝트로 설정 한다.

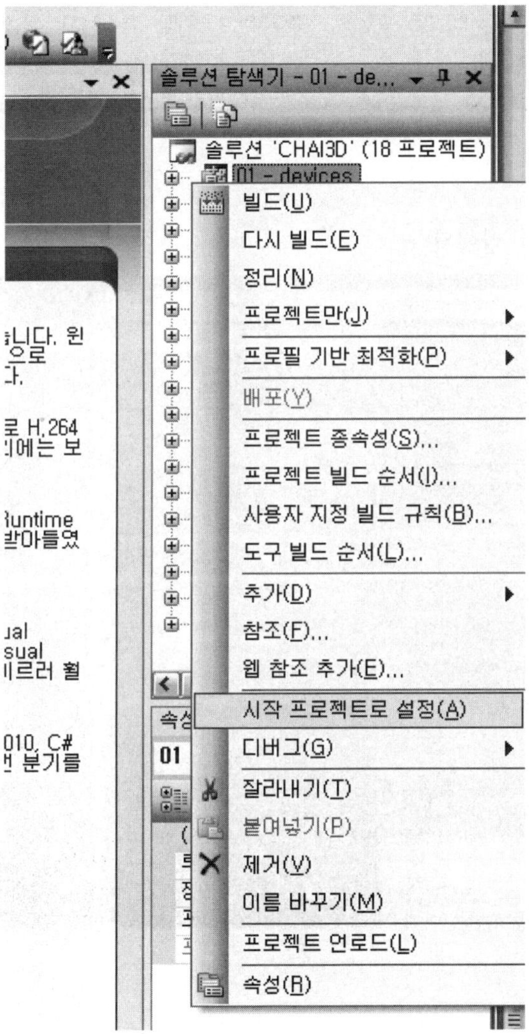

이 때, 햅틱 장치[NOVINT 또는 PHANTOM사의 햅틱 디바이스]가 pc에 연결이 되어 있어야 한다.

▸ 프로젝트를 설정 하였으면 디버깅 시작을 한다.

▸ 아래 그림 처럼 실행된다.

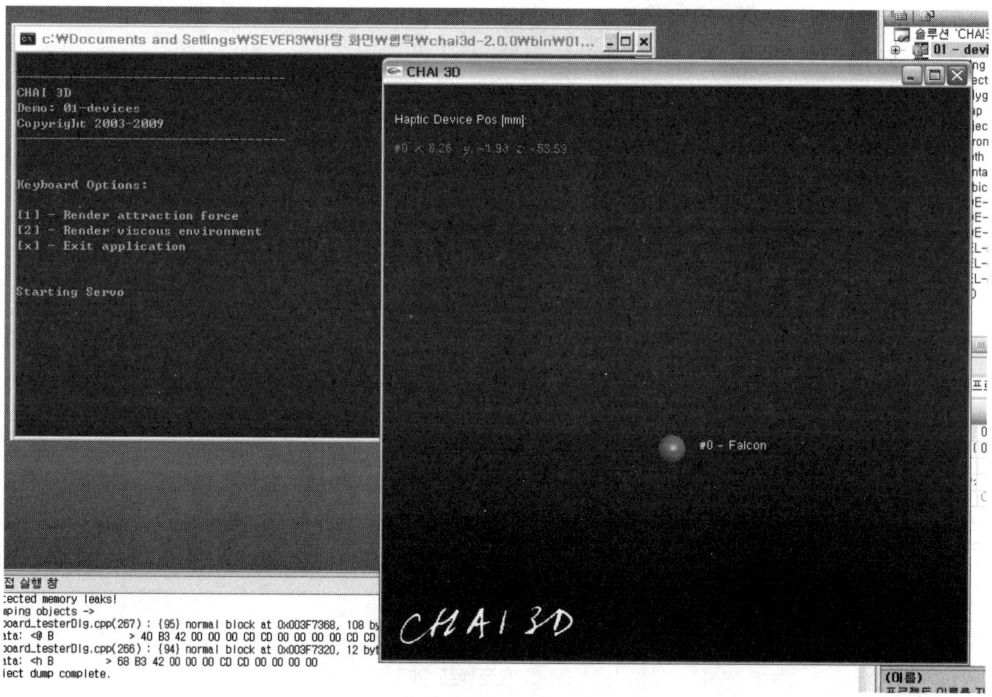

기본 적인 동작은 햅틱 디바이스로 이루어 지고, 추가 동작은 CMD창의 내용을 참고하라.

키보드 입력을 통하여 환경의 변화를 확인 하라.

* 링조작 예제(10번예제)

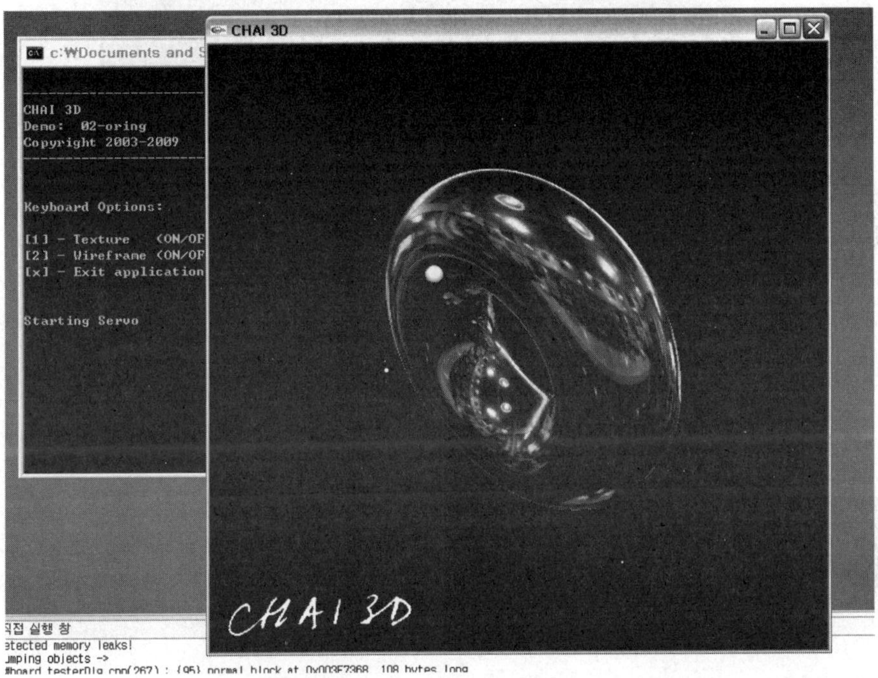

O 링을 햅틱 커서로 조작하는 예제이다. 추가 동작으로 키보드의 1 키를 누르게 되면 texture가 제거되고, 2 키를 누르게 되면 wireframe만 표현 된다.

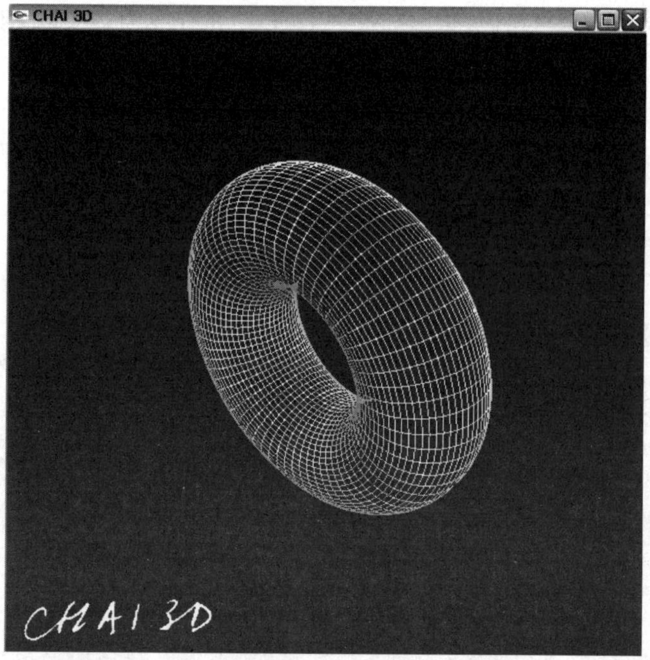

16.4 실험결과 및 정리

16.4.1 실험결과보고서

1) 실험에 사용된 장비들의 규격과 성능에 대하여 설명하시오.
2) 원격수동제어와 자동제어의 차이점과 장단점에 대해서 논해보시오
3) 제품 생산공정에서 작업자 대신에 산업용 로봇을 투입하여 사용하는 경우의 장단점에 관하여 서술하시오.

4) 바닥에 그려진 선을 따라서 이동 로봇이 스스로 움직이고자 한다. 어떤 기술들이 필요한지에 대해서 논하시오.

5) 여러 분야에서 사용되고 있는 최신의 로봇사용 예 중에서 한 가지만 들어서 설명해보시오.

6) 햅틱이 사용될 수 있는 새로운 분야를 생각나는 대로 열거하고 그 이유를 설명해보시오.

17
Chapter

기초전기전자 기본 계측기 사용법

17.1 실험목적

17.2 기본이론

17.3 실험내용

17.4 실험기자재 및 재료

17.5 실험방법 및 순서

17.6 실험과제

17.1 실험목적

기초공학 실험에 자주 사용되는 계측기의 종류, 사용법과 사용상 주의점들을 익히며 전류계, 전압계, 테스터(test), 프로토 보드(proto board 혹은 bread board), 오실로스코프(oscilloscope) 등의 사용법을 숙달한다. 특히 오실로스코프 동작을 위한 필수장비인 신호발생기의 동작법을 익혀 측정 가능한 물리량을 알아본다.

17.2 기본이론

17.2.1 전류계

전류계는 직류용과 교류용으로 구분하며 측정범위는 $\mu A, mA, A$등이 표시되어 있어 용도에 따라 선택해야 한다.(그림 17.1 참조)

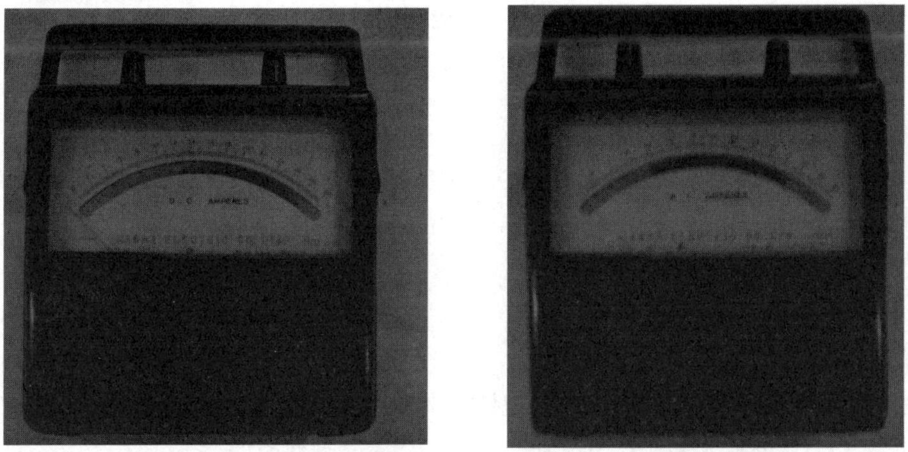

(a) 직류용 (b) 교류용

그림 17.1 전류계 (Ammeter)

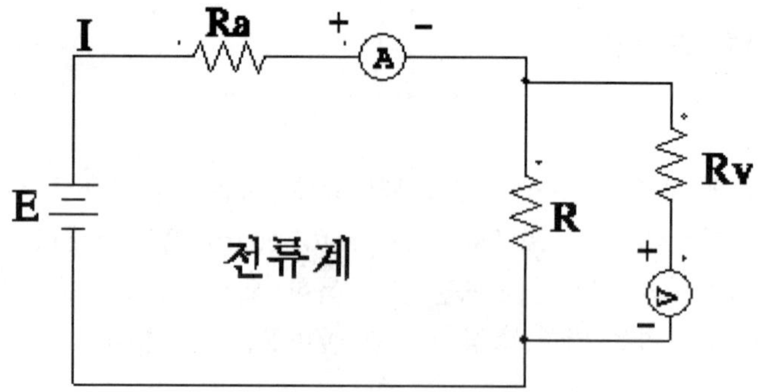

그림 17.2 전류계와 전압계의 접속법

전류를 측정할 때는 그림 17.2와 같이 회로와 직렬로 접속한다. 이때 전류계의 극성이 바뀌지 않도록 접속하는 것이 중요하며 측정회로는 전류계의 최대눈금(full scale)을 고려하여 선택해야 한다.

전류계의 각 단자에 표시되어 있는 숫자들은 최대 측정범위를 표시하고 있으므로 측정범위에 맞춰서 지시 눈금을 읽어야 한다.

전류계는 내부저항이 있기 때문에 전류계를 연결할 때에는 전류계가 지시하는 실제의 전류값은 전류계의 내부저항 R_a 를 고려한 식(2.1)과 같다.

$$I = \frac{E}{R_a + R'} \tag{17.1}$$

따라서 전류계의 내부저항은 작아야 하며 정밀한 측정을 위해서는 내부저항을 조사하여 측정상의 오차를 보정해야 한다.

17.2.2 전압계

전압계의 외형은 전류계와 같으며 전류계와 마찬가지로 직류용과 교류용의 구분표시와 측정범위만 mV, V등으로 표시되어 있다.(그림 17.3 참조)

회로나 소자의 전압을 측정할 경우에는 그림 17.2과 같이 전압계를 병렬로 접속한다. 전압계는 내부저항이 있으므로 전압계가 지시하는 값은 식(17.2)와 같다.

그림17.3 전압계 (Voltmeter)

$$V = \frac{R' \cdot E}{R_a + R'} \tag{17.2}$$

여기서 $R' = \dfrac{R \cdot R_v}{R + R'}$ 이고 E는 인가 전압이다.

따라서 전압계의 내부저항은 커야 하며 반도체 소자로 구성된 각 부분의 전압측정은 내부저항에 따른 오차가 크기 때문에 주의해야 한다.

17.2.3 테스터(Tester : 회로 시험기)

테스터는 회로시험기 혹은 멀티미터(multimeter)라고도 하며 아날로그형과 디지털형이 있다. 아날로그형은 보통 50 μA 정도의 가동코일형 직류 전류계를 바탕으로 하며 전류계에 여러 개의 분류기, 배율기, 가변저항 및 정류기 등을 내부에 접속한 것이다. 테스터는 사용 목적에 따라 그 접속을 전환시키는 선택스위치에 의하여 여러 가지 기능을 갖는다. 디지털형은 측정값을 액정을 통하여 수치로 나타내는 것 외에는 사용법에서 아날로그형과 큰 차이가 없다. 테스터의 기능은 직류 전압과 전류, 교류 전압과 전류 그리고 저항을 측정할 수 있으며 외관은 그림 17.4와 같다.

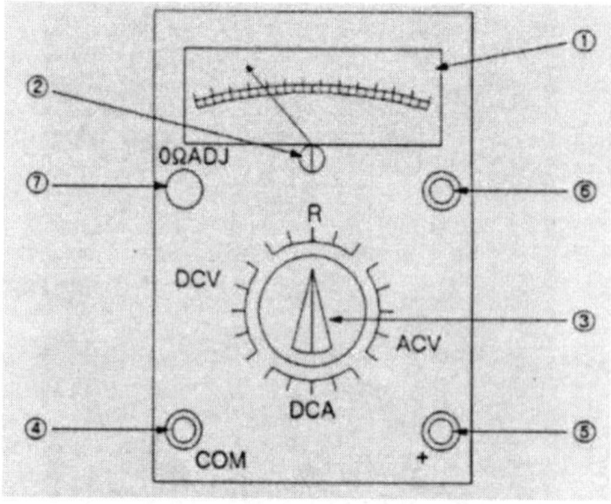

그림 17.4 테스터의 외관

그림에서 각 부분의 기능과 사용법은 다음과 같다.

① 눈금판 : 선택스위치의 위치에 따라 계기의 지침이 가리키는 지시값을 읽기 위하여 직류전압과 전류 및 교류전압과 전류, 저항 등의 값을 측정범위별로 다중 눈금으로 그려 넣은 것이다. 위의 기본 눈금 외에 일정한 약속에 따라 응용 측정하는 경우에 사용할 dB 눈금, 캐패시턴스, 코일의 인덕턴스, 트랜지스터의 성능 측정용 눈금 등이 표시되어 있는 것도 있다.

② 기계적 영점 조정나사 : 미터의 바늘을 영점에 일치시키기 위한 것으로 천천히 돌려 사용 전에 한번 조정하면 된다. 계기를 사용하기 전에는 반드시 바늘이 영점과 일치 하는지 확인해야 한다.

③ 범위(range) 선택 스위치 : 이 스위치에 의하여 모든 측정기능과 측정 범위를 바꿀 수 있다. 일반적으로 좌측이 직류전압, 우측이 교류전압, 위쪽이 저항, 아래쪽이 직류전류로 되어 있다.

④ (-)단자 : 직류전압과 전류 측정시의 단자이며 교류전압 측정시와 (6)번이 출력전압측정시에는 공통단자가 된다.

⑤ (+)단자 : 직류전압과 전류, 교류전압 측정시의 단자이고 저항 측정시에는 계기의 내부 전지로 전류가 흘러 들어가는 단자이다.

⑥ 출력단자 : 직류성분과 교류성분이 합성된 회로의 교류전압을 측정하는 단자이다.

⑦ 0[Ω] ADJ : 저항 측정시 측정용 리드선을 단락시키면 단자 사이의 저항이 0[Ω]이 된다. 이 때 바늘은 0[Ω]선과 일치해야 하므로 이것을 맞추기 위한 조정기이다. 0[Ω] 조정은 저항 측정범위를 바꿀 때마다 반드시 조정하여야 한다.

17.2.4 프로토 보드

프로토 보드(proto board)는 브리드 보드(bread board)라고도 하며 각종 실험에서 편리하게 이용할 수 있는 회로 제작용 보드로서 그림 17.5와 같은 형태를 가지고 있다.

프로토 보드는 내부적으로 그림 17.5에 표시한 부분들이 서로 연결되어 있기 때문에 납땜이나 기타 연결수단을 사용하지 않고 회로도를 구성할 수 있는 장점이 있다.

특히 그림 17.5의 내부연결 중 2개의 구멍이 있는 부분은 세로 전체가 연결되어 있어 세로 다섯 개의 구멍만 연결되어 있다고 생각해서는 안된다.

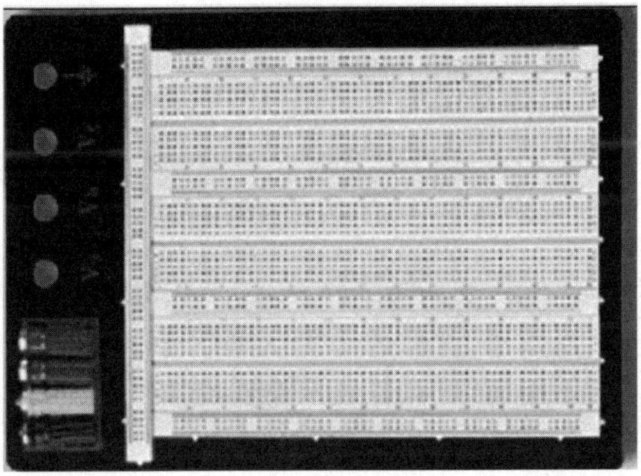

그림 17.5 프로토 보드

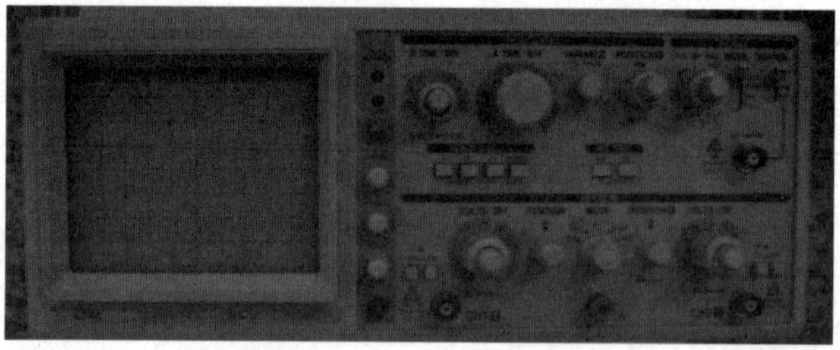

그림 17.6 오실로스코프

17.2.5 오실로스코프

1) 오실로스코프란?

오실로스코프는 기초공학분야에서 반드시 필요한 측정기기로써 일반계기로 측정할 수 없는 높은 주파수 또는 펄스와 같은 충격성 전압과 전류 등의 각종 파형을 관측할 수 있으며 증폭기 출력의 각종 일그러짐도 관찰할 수 있다.

또한 입력 임피던스가 매우 높기 때문에 고감도 전압계로도 사용할 수 있다. 오실로스코프의 특수동작의 하나는 리사주 도형(lissajous figure)을 만들 수 있다는 점이다. 리사주 도형을 이용하여 전력이나 변조특성의 측정, 주파수의 비교, 위상의 측정 등 여러 가지 측정을 할 수 있다.

2) 오실로스코프의 기능

(1) 화면조정과 전원부

① POWER(전원) 스위치 : 스위치를 누르면(오른쪽으로 돌리면) ON이 되고 다시 한 번 누르면(왼쪽으로 돌리면) OFF상태가 된다.

② FOCUS(초점) : 빔(beam)이 가장 가늘고 선명하게 되도록 조정한다.

③ INTENSITY(휘도) : CRT의 휘도를 조절한다. 시계 방향으로 돌리면 빔의 밝기가 증가한다.

④ BEAM FINDER : 파형이 전혀 나타나지 않을 경우 대략적인 빔의 위치를 찾고

싶을 때 사용한다.

⑤ SCALE ILLUM : 눈금의 밝기를 조절하며 어두운 곳에서 파형을 관측할 때나 표시 파형을 사진 촬영할 때 사용한다.

⑥ TRACE ROTATION : CRT의 수평선과 일치하도록 조절한다.

⑦ 전압 선택기 : 사용전원에 맞게 선택이 가능하다.

⑧ 전원 콘넥터 : AC전원코드 사용시 연결과 제거가 용이하다.

(2) 수직증폭부

① AC-GND-DC : 입력 신호와 수직증폭단의 연결방법을 선택할 때 사용한다.

- AC : 파형 중에서 DC성분을 차단하고 AC 성분만을 보고자 할 때 사용하며 기준 위치를 중심으로 교류성분만 표시된다.
- GND : 수직증복기 입력단을 접지시켜 해당 채널에서의 파형에 대한 기준위치를 나타낸다(0V의 상태).
- DC : AC와 DC를 모두 보고자 할 때 사용하며 일반적인 측정에서는 이 상태에서 측정한다.

② VERT. POSITION, HORIZ. POSITION : 표시 파형을 상하 좌우로 이동시켜 눈금을 읽기 쉽게 한다.

③ VOLTS/DIV : 수직축 한 눈금당 전압값을 조정할 때 사용한다.

Variable 손잡이를 사용하면 수직 프리햄프의 이득을 바꿀 수 있어 측정범위를 몇 배 확대할 수도 있지만 이 경우에는 전압 값이 고정되지 않은 상태이므로 전압 값을 정확하게 읽을 수 없다.

(3) Sweep과 Trigger부

① TRIG LEVEL : 동기신호의 시작점을 선택한다. 손잡이를 오른쪽으로 돌리면 동기 되는 시작점이 + 최고치쪽으로 움직이고 반대로 돌리면 시작점이 - 최고치쪽으로 움직인다. 일반적으로 AUTO 위치에서 사용하는 것이 편리하다.

② V MODE : CH1과 CH2에 각각의 신호를 넣은 경우 그 두 개의 신호를 수직축에 어떻게 나타낼 것인가를 정하는 스위치이다.

- ✵ CH1 : CH1에 입력된 신호만 CRT상에 나타난다.
- ✵ CH2 : CH2에 입력된 신호만 CRT상에 나타난다.
- ✵ CH1, X IN 콘넥터 : 입력신호를 CH1 수직증폭부로 연결하거나 X-Y 동작 시 X축의 신호가 된다.
- ✵ CH2, X IN 콘넥터 : 입력신호를 CH2 수직증폭부로 연결하거나 X-Y 동작 시 Y축의 신호가 된다.
- ✵ CH1 OUTPUT 콘넥터 : CH1에 입력된 신호의 일부를 증폭하여 주파수 카운터나 기타 장비로 공급한다.
- ✵ ALT : CH1과 CH2의 파형을 동시에 보이도록 하는 모드로서 각각의 휘선 끝부분에서 파형이 순차적으로 번갈아 나타나며 50[μs/div]보다 빠른 속도에서 관측할 때 유리하다.
- ✵ CHOP : ALT 모드와 같이 CH1과 CH2의 신호를 동시에 나타내며 50[μs/div] 보다 느린 저주파신호에 적합하다.
- ✵ ADD : CH1, CH2의 휘선이 대수합으로 나타난다.

③ TRIGGER MODE : 휘선의 동기형태를 선택한다.

- ✵ AUTO : 휘선이 자동적으로 발생하며 동기신호가 있을 때에는 정상적으로 동기 된 휘선이 얻어지고 파형은 정지한다. 신호가 없거나 동기가 되지 않은 경우에도 휘선은 자동적으로 발생하지만 일반적인 사용에서는 이 위치가 편리하다.
- ✵ NORM : 동기된 휘선을 얻을 수 있으나 동기신호가 없거나 동기가 되지 않으면 휘선은 발생하지 않으며 낮은 주파수(약 25[㎐] 이하)에서 효과적인 동기 시킬 때 유리하다.
- ✵ TV-V : 프레임 단위의 비디오 합성신호를 측정하는데 사용한다.
- ✵ TV-H : 주사선 단위의 비디오 합성신호를 측정하는데 사용한다.

④ TRIGGER SOURCE : TRIGGER SOURCE의 편리한 부분을 선택할 수 있다.

- ✵ INT : CH1(CH2)에 신호가 있을 때 TRIGGER SOURCE로 CH1(CH2)을 선택할 수 있다.
- ✵ LINE : AC전원의 주파수에 동기되는 신호를 관측하는데 사용하며 측정신호가 포함되는 전원에 의한 성분을 안정되게 관측할 수 있다.

※ EXT : EXT 입력단자로 인가된 신호가 TRIGGER신호로 사용된다. 내부 신호가 작거나 동기가 잘 되지 않을 때 외부에서 동기신호원을 입력하여 안정된 파형 관측을 위해 사용한다.

⑤ HORIZONTAL DISPLAY : 휘선의 형태를 선택한다.

※ A : A 휘선만 나타나며 일반적인 설정단이다.

※ B : 휘도의 변조된 부분이 확대되어 화면 전체에 나타난다.

※ A INT : A 휘선과 B 휘선이 교대로 화면에 나타나며 이때 B 휘선은 A 휘선의 강조된 부분이 나타난다. 강조부분의 위치는 DLY'D POSITION을 조정 하여 결정한다. A 휘선은 A TIME/DIV 스위치에 따라 표시되고 B 휘선은 B TIME/DIV 스위치에 따라 표시되며 A, B 버튼을 동시에 누른다.

※ X-Y : X-Y 동작을 선택할 수 있다.

※ B TRIG'D : 지연휘선이 첫 번째 동기펄스에 의해 동기된다.

⑥ A TIME/DIV : 교정된 주시간 간격, 지연휘선 동작을 위한 지연시간을 선택할 수 있다.

⑦ B TIME/DIV : 교정된 지연 B 시간축의 휘선시간을 선택한다.

⑧ DLY'D POSITION : A 휘선에 B 휘선을 선택했을 때 정확한 시작점을 맞추는데 사용한다.

⑨ A VARIABLE : 교정된 위치로부터 A 휘선시간을 연속적으로 변화시키는데 사용 한다.

※ PULL × 10MAG : 스위치를 당기면 휘선시간이 10배로 확대되며 이때 휘선시간은 TIME/DIV 지시치의 1/10이 된다. 수평축 위치를 조정하여 확대시킬 부분을 수직축의 중앙 눈금선과 맞추고 ×10MAG 스위치를 당기면 중앙을 중심으로 좌우 확대된 파형이 나타난다. 이때 휘선시간은 TIME/DIV 지시치의 1/10이 된다.

⑩ FINE : 수평위치의 미세 조정 시에 사용한다.

⑪ TRIGGER COUPLING

※ (-)AC : 트리거 신호를 대용량의 캐패시터를 거쳐 결합하는 모드로서 많이 사용된다. DC성분을 제거하고 AC성분만으로 동기시킬 경우에 사용한다.

※ (-) LF REJ : 4[㎑] 이하의 저주파 잡음을 제거하고 고주파 성분으로 트리거

할 때 이용된다.

☀ (-) HF REJ : 4[㎑] 이상의 고주파 잡음을 제거하여 트리거한다.

☀ (-) DC : 트리거 신호 중 원하는 아주 낮은 주파수 혹은 DC 레벨로 트리거 할 때 사용한다.

3) 각 물리량의 측정 방법

① 직류전압의 측정

DC 전압 = 광선이 이동한 칸 수 × (VOLT/DIV)지시한 값

② 교류전압의 측정

AC 전압[V_{p-p}] =

피크-피크간의 수직 거리 × 수직감쇠기 지시값(VOLT/DIV) × 프로브 감쇠비

최대전압[V_m] = $V_{p-p}/2$

실효전압[V_{rms}] = $V_m/\sqrt{2}$ = $V_{p-p}/2\sqrt{2}$

③ 주기 및 주파수의 측정

한 주기(T) 수평거리(DIV)×시간의 지시값(TIME/DIV)×수평확대비의 역수

[예] 한 주기의 수평거리가 8[DIV], 시간이 1[ms/DIV], 수평확대비가 1이면,

주기(T) = 8[DIV] × 1[ms/DIV] × 1 = 8[ms]

따라서, 주파수(f) = 125[㎐]

17.2.6 신호발생기

1) 신호발생기란 ?

신호발생기는 측정과 실험을 하기 위한 신호발생을 목적으로 하기 때문에 일반적으로 낮은 전압을 출력한다.

그림 17.7 신호발생기

신호발생기는 함수발생기(Function Generator) 또는 파형발생기라고도 하며 특별한 형태의 신호발생기는 광범위한 주파수의 정현파, 구형파 및 톱니파를 만들지만 상대적으로 전압은 낮다. 신호발생기는 선택된 주파수 범위내에서 교류전압을 발생하며 여러 가지 형태의 파형을 만들어 낼 수 있다. 신호발생기는 발생 주파수의 범위에 따라 구분되며 가청 주파수 신호발생기는 수 [㎐]에서 200[㎑]범위의 가청주파수(Audio Frequency) 내의 주파수를 발생시킨다. 신호 자체는 정현파이며 출력전압은 수 볼트에서 약 20V 정도가 된다. 그림 17.7은 신호발생기의 한 외관이다.

2) 신호발생기의 기능

① FREQUENCY RANGE : 대개 다음 범위의 주파수 범위를 발진시킨다.
   × 1　　10 Hz ~ 100 Hz
   × 10　　100 Hz ~ 1000 Hz
   × 100　　1 kHz ~ 100 kHz
   × 1000　　100 kHz ~ 1000 kHz
② 주파수 조절 다이얼 : 미세 주파수의 조절을 위하여 사용된다.
③ WAVE FORM : 정현파, 구형파 출력을 선택한다.
④ OUTPUT MULTIPLER(ATTENUATOR) : 출력레벨을 조정하는 증폭기(감쇠기)로 0[dB] 감쇠시 최대 출력이 얻어지고 10[dB] 감쇠 조정할 수 있다.
⑤ OUTPUT FINE : 출력 레벨의 미세용 조정기로 좌측으로 되돌리면 출력은 0이 된다.
⑥ OUTPUT : 출력 단자로 흑색 단자는 접지이다.

⑦ SYNC : 동기 신호의 입출력 단자로 흑색 단자는 접지 단자이다.
⑧ POWER : 전원 스위치이다.
⑨ GATE 시간 표시기(G.T) : 내부/외부 주파수 측정시의 게이트 시간을 표시한다.
⑩ 단위표시 램프 : 화면에 표시된 측정값의 주파수 단위를 표시한다.
⑪ 측정신호 선택 스위치 : 내부 발생 주파수 또는 외부 입력주파수 측정을 선택한다.
⑫ 감쇄기 : 출력되고 있는 신호의 크기를 20[dB] 감쇄시킨다.
⑬ 소인속도 조절 손잡이 : 내부 소인기능 동작시 소인속도를 조절한다.
⑭ 주파수 표시기 : 내부/외부 주파수를 읽어내어 값을 표시한다.
⑮ 외부 주파수 입력단자 : 외부주파수를 측정하고자 할 때의 신호를 여기에 연결한다.
⑯ VCF 입력단자 : 신호를 외부에서 입력하고자 할 때 여기에 신호원을 연결한다.
⑰ 출력단자 : 이 기기에서 발생되는 신호가 출력되는 곳이다.
⑱ TTL/CMOS 출력단자 : TTL/CMOS 신호를 사용할 때 이 단자에 연결한다.
⑲ DC OFFSET 조절 손잡이 : 출력신호의 DC OFFSET을 조절하기 위해서는 이 손잡이로 조절한다.
⑳ 소인폭 조절 손잡이 : 소인기능 사용시 소인폭을 조절한다.
㉑ SYMMETRY 조절 손잡이 : 출력파형의 대칭 또는 경사를 조절하고자 할 때 사용한다.
㉒ TTL/CMOS 조절 손잡이 : CMOS 레벨을 조절하고자 할 때 이 손잡이를 당겨서 원하는 레벨로 조절한다.

17.3 실험내용

17.3.1 전류의 측정

1) 전류계는 전류를 측정하고자하는 점의 회로를 끊고 그림 17.8과 같이 회로에 직렬로 접속해야 한다. 직류 전류계는 극성에 유의하여 전류계의 (-)단자는 전원의 (-)단자에, (+)단자는 전원의 (+)단자에 연결하여야 하며 바르게 접속되었을 때 전류계의 지침이 왼쪽에서 오른쪽으로 움직여야 한다.
2) 전류계의 내부저항이 회로와 직렬로 접속되므로 전압과 전류의 분포상태가 달라져 전류계 지시치는 본래의 전류치와 다르게 된다. 따라서 전류계의 내부저항은 가능한 작은 것을 사용하여야만 오차를 줄일 수 있으며 실제 전류계의 내부저항은 매우 작다.

$$E = IR_T = I(R_a + R') \tag{17.3}$$

3) 전류계의 측정 범위를 확대하기 위하여 그림 2.8과 같이 전류계와 병렬로 저항기를 접속하여 사용한다. 이 저항기를 분류기라 한다.
4) 그림 17.8에서 전원전압을 V, 부하저항을 R, 전류계의 내부저항을 R_m, 전류계와 병렬인 분류저항기를 R_s로 하면 전류계에서는 I_m이 흐르기 때문에 측정하려는 전류 I는 다음과 같이 된다.

$$I = \frac{R_s + R_m}{R_s} I_m \, [A] \tag{17.4}$$

5) 측정하려는 전류 I가 커질수록 R_s를 작게 하여 분류시키면 된다. 따라서 이 때의 배율m_a는 다음과 같이 된다.

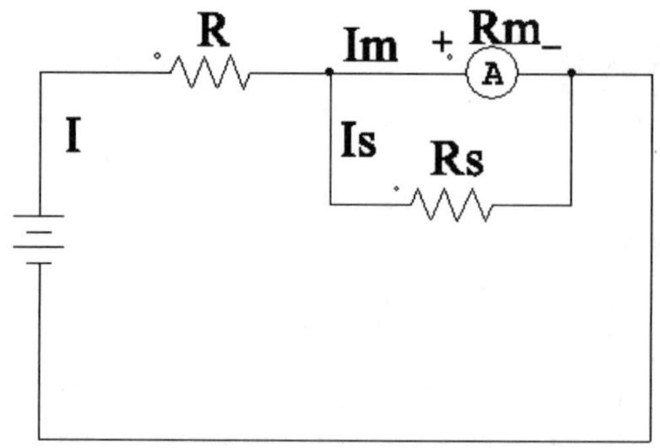

그림 17.8 분류기를 이용한 측정회로

$$m_a = \frac{I}{I_m} = \frac{R_s + R_m}{R_s} I_m = 1 + \frac{R_m}{R_s} \tag{17.5}$$

17.3.2 전압의 측정

1) 전압계는 전압을 측정하고자 하는 두 점 사이에 병렬로 접속한다.
2) 전압계는 회로에 병렬로 접속되기 때문에 전압의 내부저항이 작으면 회로에 흐르는 전류의 일부가 전압계로 분류되어 측정 시에 오차가 크게 생기므로 실제 전압계는 내부저항이 매우 크게 만들어져 있다.
3) 직류전압계는 극성에 유의하여 (+)단자는 전원의 (+)측에, (-)단자 전원의 (-)측에 연결하여야 하며 미지의 전압을 측정할 때에는 계기의 손상을 막기 위하여 측정범위가 큰 전압계로 측정하는 것이 중요하다.
4) 전압계의 측정범위를 크게 하기 위해 전압계와 직렬로 연결한 저항을 배율기(multipier)라 한다.

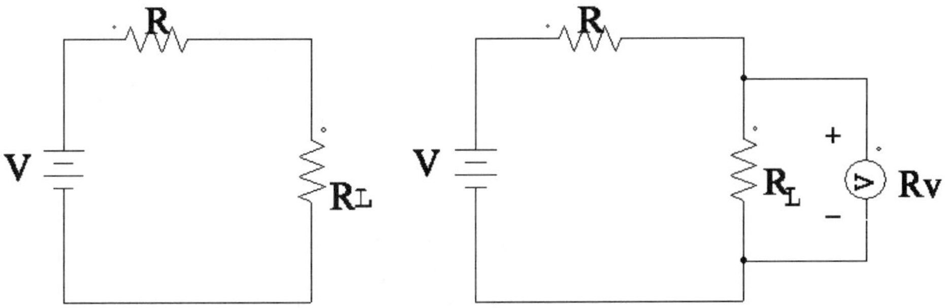

그림 17.9 전압측정회로도

17.3.3 테스터에 의한 전압, 전류 및 저항의 측정

1) 직류전압의 측정

(1) 흑색선을 공통단자에, 적색선을 V[Ω] 단자에 각각 연결한다.

(2) 기능/범위 선택스위치를 DVC로 이동시킨 다음 예상 전압 값보다 높게 설정한다.

(3) 전원스위치를 온(ON)한다.

(4) 그림 17.10에 나타낸 바와 같이 흑색선을 피측정 회로 및 시스템 단자의 (-) 단자에 적색선을 (+) 단자에 연결한다. 즉 피측정 회로 및 시스템 단자에 병렬로 연결한다.

(5) 눈금판에 (-)가 나타나면 공통단자가 (+)이며 V[Ω] 단자는 (-)가 된다.

(6) 측정이 완료되면 전원스위치를 오프(OFF)한다.

(7) 사용자와 멀티미터의 안전을 위하여 직류1000 [V] 이상을 측정해서는 안된다.

2) 직류전류의 측정

(1) 200[μA]에서 200[mA]까지는 흑색선을 공통단자에, 적색선을 mA단자에 연결하지만 200[mA] 초과시에는 적색선을 20[A] 단자에 연결한다.

(2) 기능/범위 선택 스위치를 DC mA로 이동시킨 다음 예상 전류값보다 높은 전류범위로 설정한다.

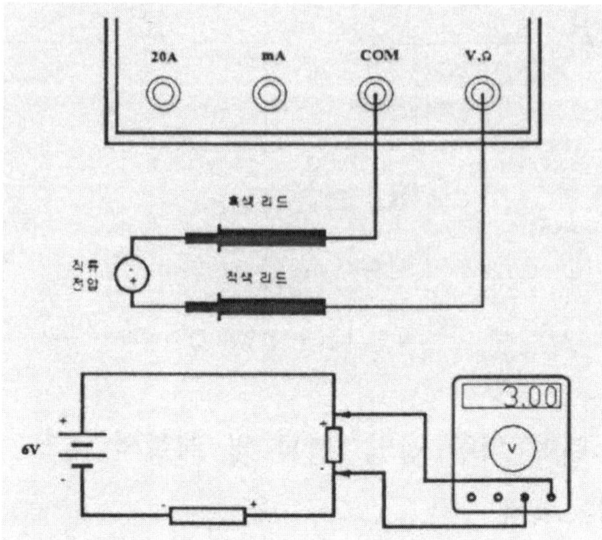

그림 17.10 직류전압 측정회로도

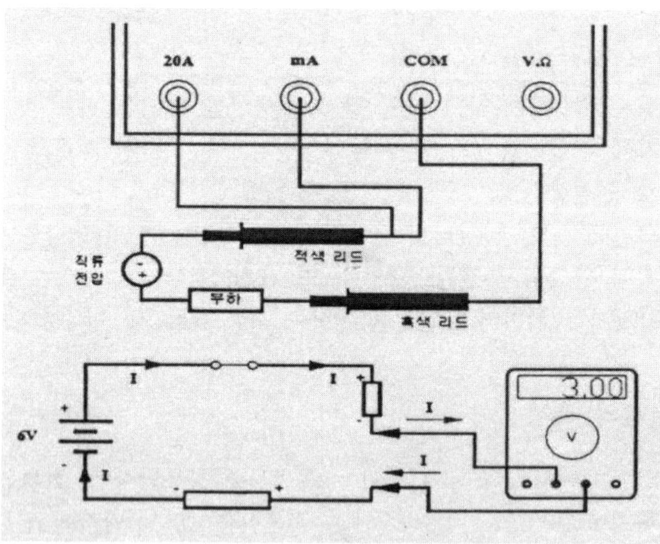

그림 17.11 교류전류 측정회로도

(3) 전원 스위치를 온(ON)한다.
(4) 그림 17.11에 나타낸 바와 같이 피측정 회로에서 적색선을 전류가 들어오는 쪽에, 흑색선을 전류가 나가는 쪽에 각각 삽입한다. 극성에 관계없이 피 측정 회로 및 교류전압단자 사이에 병렬로 삽입한다.
(5) 눈금판에 (-)가 나타나면 공통단자가(+)이고 mA 또는 20[A] 단자는 (-)가 된다.
(6) 측정이 완료되면 전원 스위치를 오프 (OFF)한다.

3) 교류전압의 측정

(1) 흑색선을 공통단자에, 적색선을 VΩ 단자에 연결한다.
(2) 기능/범위 선택스위치를 ACV로 이동시킨 다음 예상 전압보다 높은 전압 범위로 설정 한다.
(3) 전원스위치를 온(ON)한다.
(4) 그림 17.12에서와 같이 흑색과 적색선을 극성에 관계없이 피측정회로 및 교류전압의 두 단자를 병렬로 연결한다.
(5) 사용자와 멀티미터의 안전을 위해 교류 750 V 이상 측정하면 안된다.
(6) 눈금판에는 실효값(rms값)만 나타나도록 되어 있어 최대값을 구하려면 측정값에 $\sqrt{2}$를 곱하면 된다.
(7) 측정이 완료되면 전원 스위치를 오프(OFF)한다.

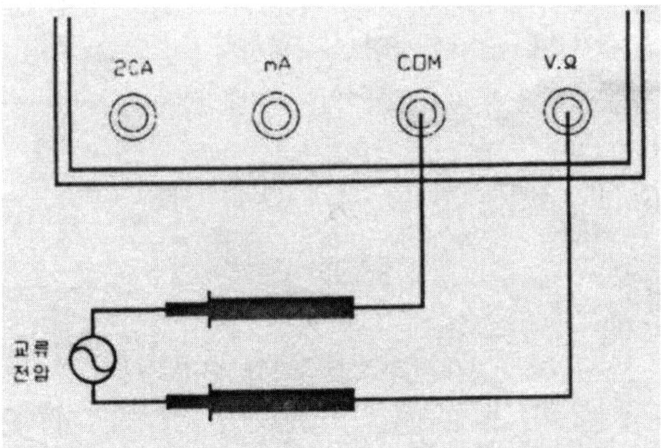

그림 17.12 교류전압 측정회로도

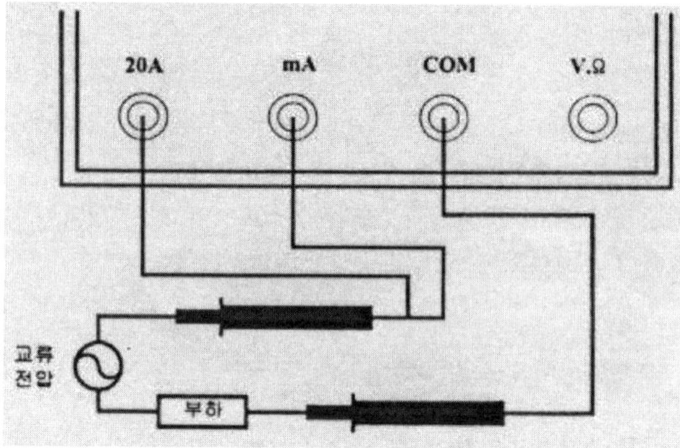

그림 17.13 교류전류 측정회로도

4) 교류전류의 측정

(1) 200 μA에서 200 mA까지는 흑색선을 공통단자에, 적색선을 mA단자에 연결하지만 200 mA 초과시에는 적색선을 20 A 단자에 연결한다.
(2) 기능/범위 선택 스위치를 AC mA로 이동시킨 다음 예상 전류값보다 높은 전류범위로 설정한다.
(3) 전원 스위치를 온(ON)한다.
(4) 그림 17.13에 나타낸 바와 같이 흑색과 적색선을 극성에 관계없이 피 측정 회로 및 교류전압단자 사이에 병렬로 삽입한다.
(5) 눈금판에는 실효값만 나타나도록 되어 최대값을 구하려면 측정값에 $\sqrt{2}$를 곱하면 된다.
(6) 측정이 완료되면 전원 스위치를 오프 (OFF)한다.

5) 저항의 측정

(1) 흑색선을 공통단자에, 적색선을 VΩ단자에 연결한다
(2) 기능/범위 선택스위치를 OHM로 이동시킨 다음 예상 저항값보다 높은 범위로 설정한다.

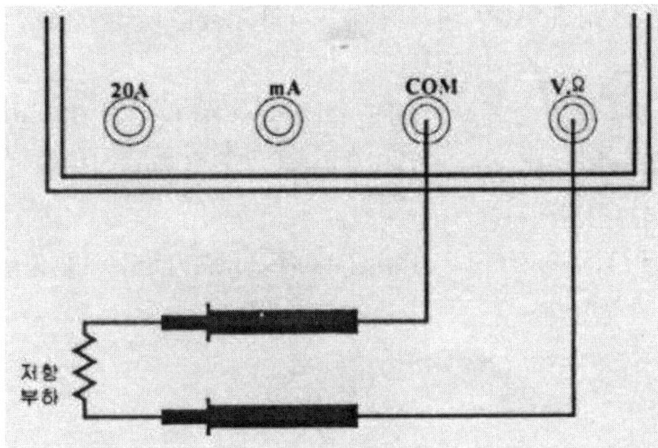

그림 17.14 저항 측정회로도

(3) 전원스위치를 온(ON)한다.
(4) 그림 17.14에서와 같이 저항기의 양단에 흑색선과 적색선을 극성에 관계없이 병렬로 연결한다.
(5) 측정이 완료되면 전원스위치를 오프(OFF)한다.

17.3.4 파형의 측정

1) 오실로스코프의 전원을 차단하고 TIME/DIV 를 EXT 혹은 X-Y의 위치로 고정하면 잠시 후 화면에 광점이 나타난다. 광점이 나타나지 않으면 INTENSITY를 조정한다.
2) 만약 화면 중심에 선명한 광점이 나타나지 않으면 POSITION, FOCUS 혹은 INTENSITY를 이용하여 또렷한 광점이 나타나도록 한다.
3) TIME/DIV 스위치를 자동동작으로 고정한다. 이 스위치를 1[ms/DIV]로 고정하고 트리거 레벨은 POSITIVE로 고정한다. 이후 화면에는 선이 나타나며 밝기를 조절한다.
4) 수평위치조절기로 선의 위치를 왼쪽 끝으로 한다. TIME/DIV를 CAL위치로 한 후 수직입력을 연결하여 화면에 약 3 V의 교정전압이 나타나게 한다. 화면에 나

타난 전압을 TIME/DIV를 이용하여 3개의 peak-peak 값을 갖는 파형을 나타낸다.

5) CAL위치로 한 후 3개의 사이클인 파형이 나타나도록 TIME/DIV를 조정한다.
6) TIME/DIV를 증가시킨다. TIME/DIV이 1[mV/Div]이면 0.1[mV/Div]로 고정하고 이 변화를 관찰한다.
7) TIME/DIV를 감소시킨다. TIME/DIV이 1[mV/Div]이면 2[mV/Div]로 고정하고 이 변화를 관찰한다.

17.4 실험기자재 및 재료

17.4.1 실험기자재

1) 전압계와 전류계 : 각 1대
2) 테스터(회로시험계) : 1대
3) 오실로스코프 : 1대
4) 함수발생기 : 1대
5) 프로토 보드 : 1대
6) 전원공급장치 :1 대

17.4.2 실험재료

1) 고정저항(각종)
2) 가변저항(각종)

17.5 실험방법 및 순서

17.5.1 전류, 전압 및 저항의 측정

1) 그림 17.15의 (a)에서 V=12[V], R_1 = 150[Ω], R_2 = 330[Ω], R_3 = 1.5[kΩ]으로 프로토 보드를 사용하여 구성한다.
2) 전류계를 이용하여 R_1, R_2, R_3에 흐르는 전류를 측정하여 기록한다.
   단, 전류를 측정할 때는 회로에 전류계를 직렬로 연결해야 하므로 측정 하고자 하는 부분을 개방시키고 개방된 회로의 양단을 전류계의 양단을 이용하여 연결하면 된다. 물론 이 때 전류계의 극성을 맞추어야 한다.
3) 저항값과 인가 전압을 변화시키면서 ②의 과정을 되풀이 실험한다.
   단, 전압의 측정은 전압계를 회로에 병렬로 연결하면 되므로 연결된 회로 상태에서 극성만 고려하여 측정하면 되며 저항값을 측정할 때는 전원을 끄고 측정해야 한다.
4) 테스터를 이용하여 R_1, R_2, R_3에 흐르는 전류를 측정하여 기록한다.
5) 그림 17.15의 (b)에서 R_1 = 68[[Ω], R_2 = 120[Ω], R_3 = 1.5[kΩ], V=9[V]로 프 로토 보드를 이용하여 구성한다.
6) 전압계를 사용하여 각 저항단의 전압을 측정하여 기록한다.

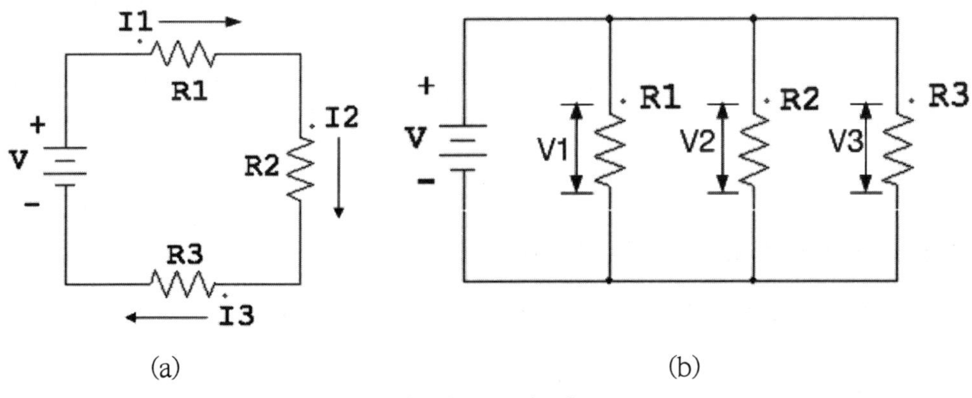

그림 17.15 실험 회로도

7) 저항값과 인가전압을 변화시키면서 되풀이하여 실험한다.
8) 테스터를 사용하여 각 저항단의 전압을 측정하여 기록한다.

17.5.2 신호발생기의 동작실험

1) 신호발생기의 출력단을 오실로스코프의 수직 입력단에 연결한다. 함수 발생기를 정현파 출력으로 설정하고 1000[㎐]에 둔다. 주파수 범위의 중간 위치에 출력레벨을 설정한다. 함수발생기의 전원을 켠다.
2) 오실로스코프의 전원을 켜고 스크린 상에 2주기의 신호를 나타낼 수 있도록 시간조절기를 조정한다. 전압감쇠 조절기를 조정하여 약 6분할 크기의 전압이 되도록 출력크기를 조정한다. 표 17.6에 스크린 상에 나타난 파형을 그린다.
3) 주파수를 2000[㎐]로 바꾼다. 시간조절기를 움직이지 않는다. 그 출력을 수평과 수직 조절하여 중심에 위치시킨다. 필요하다면 높이가 6분할 크기의 전압이 되도 록 재조정한다. 표 17.6에 스크린 상에 나타난 파형을 그린다.
4) 다시 1000[㎐]로 바꾼다. (시간 조절기를 움직이지 않는다.) 톱니파가 나타나도록 함수 스위치를 설정한다. 표 17.6에 스크린 상에 나타난 톱니파를 그린다.
5) 톱니파의 주파수를 2000[㎐]로 바꾸고 출력을 중심에 6분할 크기가 되도록 조정한다. 스크린상의 파형을 표 17.6에 그린다.
6) 다시 1000[㎐]로 바꾸고 함수 스위치를 구형파 출력이 나오도록 설정한다. 역시 시간 조절기를 움직이지 않는다. 파형을 스크린의 중심부에 둔다. 표 17.6에 스크린상에 나타난 파형을 그린다.
7) 구형파의 주파수를 2000[㎐]로 바꾼 후 6분할 크기의 스크린상의 출력파형을 표 17.6에 그린다. 이 단계가 완료되면 스코프의 신호발생기의 전원을 끈다.

17.5.3 오실로스코프의 동작실험

1) 직류와 교류전압의 측정

(1) 우선 오실로스코프를 이 실험에 적합하도록 조정한다.

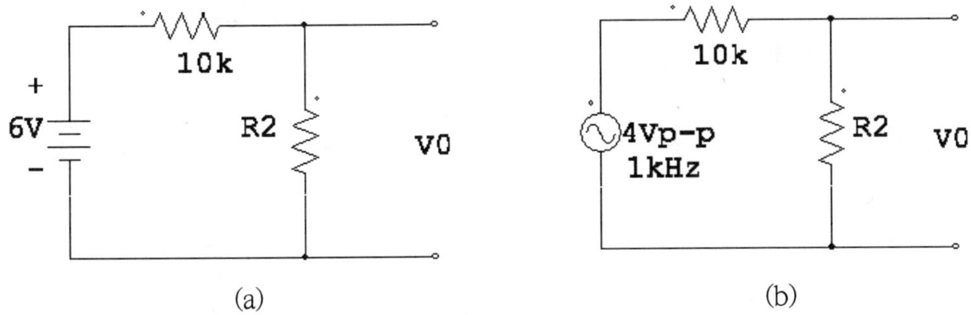

그림 17.16 오실로스코프 동작실험 회로도

(2) 그림 17.16의 (a)를 구성하고, 표 17.7에 열거한 R_2에 대하여 V_O를 오실로스코프로 측정하여 표 17.7에 기록한다.

(3) 회로 시험기로 V_o를 측정하여 표 17.7에 기록한다.

(4) 그림 17.16의 (b)와 같은 회로를 구성하고 신호발생기의 출력을 $4V_{P-P}$ 1[㎑]로조절한다.

(5) 표 17.8에 열거한 R_2저항 양단의 교류전압 V_o를 오실로스코프로 측정하여 표 17.8에 기록한다.

(6) 테스터로 V_o를 측정하여 표 17.8에 기록한다.

2) 두 신호간의 시간차와 위상차 측정

표 17.9에 지시된 주파수에 대하여 그림 17.1의 (a)와 (b)의 입력파형과 출력파형을 측정하고 시간차 및 위상차를 계산하여 표 17.9에 기록하여라. (단, 위상차는 다음 식으로부터 구할 수 있다.

시간차t(sec) = 두 신호의 수평거리×동작시간 선택기의 지시치

$$\text{위상차}(\Theta) = \frac{\text{시간차}\, t\,(\text{sec})}{\text{한주기}\ T(\text{sec})} = 360^\circ$$

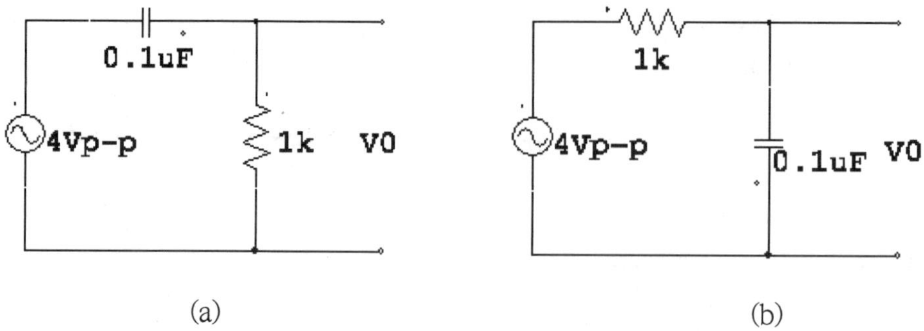

그림 17.17 시간차와 위상차 측정회로

3) X-Y 동작을 이용한 리사주 도형에 의한 위상차 측정

(1) 그림 17.17의 (a)와 (b)의 입력전압 및 출력전압을 오실로스코프의 수직 입력 CH1과 CH2에 각각 넣고 TIME/DIV 스위치를 X-Y 동작위치로 하여 CRT 화면상에 리사주 도형이 나타나게 한다. 입력신호와 출력신호 전압의 진폭이 같지 않으므로 입력감쇠기(VOLTS/DIV) 및 미세조정기(VARIABLE)를 조절하여 정사각형 내에 도형이 나타나도록 한다.

(2) 신호발생기의 주파수를 1 kHz, 5 kHz, 10 kHz 정현파에 대하여 RC회로의 입출력 전압간의 리사주 도형을 관측하여 그래프 종이에 그리고 위상차를 계산한다.

17.6 실험과제

전술한 실험방법 및 순서에 따라 실험하고 다음에 제시하는 양식에 맞추어서 그 결과를 기록하라.

17.6.1 전류 측정

1) 전류계 사용시

표 17.1 (단위 : mA)

전 압	저 항	I_1	I_2	I_3
9V	$R_1=68\Omega$, $R_2=120\Omega$, $R_3=1.5k\Omega$			
	$R_1=100\Omega$, $R_2=330\Omega$, $R_3=2k\Omega$			
12V	$R_1=150\Omega$, $R_2=330\Omega$, $R_3=1.5k\Omega$			
	$R_1=100\Omega$, $R_2=220\Omega$, $R_3=3.3k\Omega$			

2) 테스터 사용시

표 17.2 (단위 : mA)

전 압	저 항	I_1	I_2	I_3
9V	$R_1=100\Omega$, $R_2=220\Omega$, $R_3=1.5k\Omega$			
	$R_1=470\Omega$, $R_2=330\Omega$, $R_3=2k\Omega$			
12V	$R_1=100\Omega$, $R_2=470\Omega$, $R_3=1.5k\Omega$			
	$R_1=330\Omega$, $R_2=4.70\Omega$, $R_3=2k\Omega$			

17.6.2 전압 측정

1) 전압 사용시

표 17.3 (단위 : V)

전 압	저 항	V_1	V_2	V_3
9V	$R_1=68\Omega$, $R_2=120\Omega$, $R_3=1.5k\Omega$			
	$R_1=100\Omega$, $R_2=330\Omega$, $R_3=2k\Omega$			
12V	$R_1=150\Omega$, $R_2=330\Omega$, $R_3=1.5k\Omega$			
	$R_1=100\Omega$, $R_2=220\Omega$, $R_3=3.3k\Omega$			

2) 테스터 사용시

표 17.4 (단위 : V)

전 압	저 항	V_1	V_2	V_3
9V	$R_1=100\Omega$, $R_2=220\Omega$, $R_3=1.5k\Omega$			
	$R_1=470\Omega$, $R_2=330\Omega$, $R_3=2k\Omega$			
12V	$R_1=100\Omega$, $R_2=470\Omega$, $R_3=1.5k\Omega$			
	$R_1=330\Omega$, $R_2=4.70\Omega$, $R_3=2k\Omega$			

3) 저항 측정

표 17.5

저 항	측정치	저 항	측정치
68 $[\Omega]$		10 $[k\Omega]$	
470 $[\Omega]$		33 $[k\Omega]$	
1.5 $[k\Omega]$		150 $[k\Omega]$	
3 $[k\Omega]$		300 $[k\Omega]$	

17.6.3 신호발생기

표 17.6 신호 발생기의 실험

	사인파	톱니파	구형파
500Hz			
1500Hz			

17.6.4 오실로스코프

표 17.7

R_2		$2.2\,k\Omega$	$4.7\,k\Omega$	$15\,k\Omega$	$30\,k\Omega$	$47\,k\Omega$
이론치 $V_O[V]$						
오실로스코프로 측정한 $V_O[V]$	실험치					
	오차					
회로 실험기로 측정한 $V_O[V]$	실험치					
	오차					

표 17.8

R_2		$2.2\,k\Omega$	$4.7\,k\Omega$	$15\,k\Omega$	$30\,k\Omega$	$47\,k\Omega$
이론치 $V_O[V_{P-P}]$	계산치					
	$V_{rms}=\dfrac{V_{P-P}}{2\sqrt{2}}$					
오실로스코프로 측정한 $V_O[V_{P-P}]$	실험치					
	$V_{rms}=\dfrac{V_{P-P}}{2\sqrt{2}}$					
회로 실험기로 측정한 $V_O[V_{rms}]$	실험치					
	오차					

표 17.9

입력신호 (정현파)	CR회로				RC회로			
	위상차 이론치	시간차 이론치	위상차 특정치	오차 $\triangle\theta$	위상차 이론치	이론치 이론치	위상차 특정치	오차 $\triangle\theta$
$f=1kHz$								
$f=3kHz$								
$f=15kHz$								

표 17.10

입력신호 (정현파)	CR회로			RC회로		
	이론치	측정치	오차 $\triangle\theta$	이론치	측정치	오차 $\triangle\theta$
$f=1kHz$						
$f=3kHz$						
$f=15kHz$						

18

Chapter

주파수 응답 및 필터의 이해 (Frequency response and filter)

신호는 정보가 시간에 따라 그 크기가 변화하는 것으로 해석할 수 있다. 시간 축에서의 해석은 우리가 생활하는 같은 시간 축에서 이루어져 신호의 변화를 보다 쉽게 보고 느낄 수 있어 이를 이해하는 데 크게 도움이 된다. 하지만 복잡하게 변하는 신호를 시간 축에서 이해하기는 한계가 있다. 이에 시간 축에서가 아닌 다른 신호해석법이 필요하며, 이에 적당한 해석이 주파수 응답 해석이라 할 수 있다. 이번 실험은 주파수 해석을 통해 신호의 성질을 이해하고 이를 통해 신호를 다루는 방법을 배운다.

본 실험의 구성은 다음과 같다.

18.1절에서는 주파수 응답 및 필터에 대한 실험의 목적을 기술한다.

18.2절에서는 주파수 응답 및 필터에 대한 이론적 배경에 대해 설명한다.

18.3절에서는 해석을 위해 사용되는 소프트웨어인 PSIM의 사용법에 대해 기술한다.

18.4절에서는 실험내용에 대하여 설명한다.

끝으로 18.5절에서는 주어진 실험과제에 대한 결과보고서 작성 요령에 대하여 기술한다.

18.1 실험목적

시간영역에서 복잡하게 변하는 신호를 주파수영역에서의 해석을 통하여 보다 쉽게 신호의 성질을 이해할 수 있다. 신호에는 갖가지 종류가 있으나 이 실험에서는 전기신호(전압신호나 전류신호)를 대상으로 한다. 전기신호를 다루는 기본 소자들 중 저항, 커패시터, 인덕터의 주파수에 대한 성질을 이해하고, 이들에게 다양한 주파수 성분을 가진 신호가 인가되었을 때의 응답을 이해한다. 이들 소자들로 구성된 회로망에서의 입력신호와 출력신호 사이의 관계를 이해하고, 회로 시뮬레이션 프로그램을 통한 이론적 해석결과 확인 및 실험결과와의 비교를 통해 주파수 응답 및 필터에 대해 이해한다.

18.2 이론적 배경

18.2.1 기본소자의 성질

회로에서 가장 많이 사용되고 기본이 되는 소자는 저항, 커패시터, 그리고 인덕터이다. 이들을 이용하여 구성한 복잡한 회로가 회로망이며, 이 회로망의 주파수 특성 파악을 통하여 주파수 응답 및 필터에 대해 이해한다. 이를 위해 먼저 기본 소자인 저항, 커패시터, 그리고 인덕터에 대해 먼저 기술한다.

1) 저항

저항의 회로기호는 그림 18.1과 같다. 그림에서 표시된 저항에서의 전압과 전류의 관계는 다음을 만족한다.

$$v(t) = Ri(t)$$

여기서 R이 저항이며, 단위는 옴(Ohm)이다.

2) 인덕터

인덕터의 회로기호는 그림 18.2와 같다. 그림에서 표시된 인덕터에서의 전압과 전류의 관계는 다음을 만족한다.

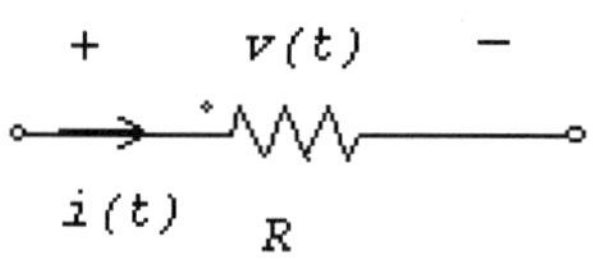

그림 18.1 저항의 회로기호

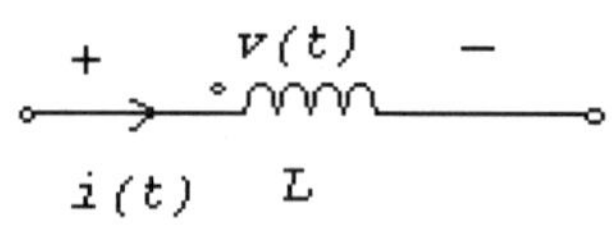

그림 18.2 인덕터의 회로기호

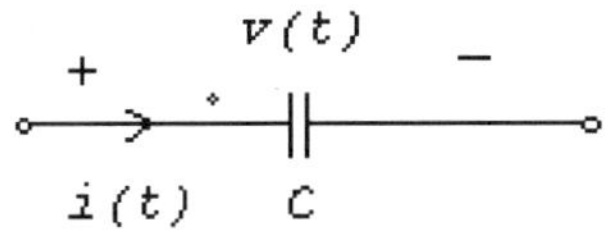

그림 18.3 커패시터의 회로기호

$$v(t) = L\frac{di(t)}{dt}$$

여기서 L이 인덕턴스이며, 단위는 헨리(henry)이다.

3) 커패시터

커패시터의 회로기호는 그림 18.3과 같다. 그림에서 표시된 커패시터에서의 전압과 전류의 관계는 다음을 만족한다.

$$i(t) = C\frac{dv(t)}{dt}$$

여기서 C가 인덕턴스이며, 단위는 패럿(farad)이다.

4) 교류에서의 성질

주파수 해석을 위해 하나의 주파수 성분을 가진 정현파를 회로에 인가했을 때의 각 소자의 전류와 전압의 관계를 이해함으로써 회로의 주파수 응답을 이해할 수 있다. 앞에서 구한 각 소자의 전류 및 전압관계식에 정현파 신호를 인가하고 그 결과를 표 1에 정리하였다. 여기서 전압과 전류의 비를 임피던스라 한다. 이 중 인덕터의 경우를 예로 하여 설명한다.인덕터에 흐르는 전류가 다음과 같다면

$$i_L(t) = I_m \sin(\omega t - \theta)$$

표 18.1 정현파 입력에 따른 각 소자별 전류와 전압관계

	임피던스(Z)
저항	R
인덕터	$j\omega L$
커패시터	$\frac{1}{j\omega C}$

인덕터의 전류 전압관계식에 의해 인덕터 양단에 나타나는 전압식은 다음과 같다.

$$v_L(t) = L\omega I_m \cos(\omega t - \theta)$$

위에서 구한 전류와 전압을 페이저로 표시하고 그 비를 구하면 다음과 같다.

$$Z = \frac{V}{I} = \frac{L\omega I_m \angle \theta}{I_m \angle (\theta - 90^\circ)} = L\omega \angle 90^\circ = j\omega L$$

18.2.2 주파수 응답

앞에서 설명했듯이 신호를 시간영역에서 해석하는 것보다 주파수영역에서 해석하는 것이 유용할 때가 있다. 특히 공진이나 필터에 대해서는 더욱 그러하다. 전기회로망 해석에 있어서 임피던스나 어드미턴스로 해석하는 것보다 전달함수를 이용하여 해석하는 것이 편리하다. 전달함수는 회로망의 입력과 출력간의 관계를 나타내는 함수이다. 그림 4는 4단자 회로망을 나타낸 것이며, 전달함수를 이 그림으로부터 예로 다음과 같은 입출력비를 정의할 수 있다.

1) 출력전압과 입력전압의 비: V2/V1
2) 출력전류와 입력전유의 비: I2/I1

이와 같이 전달함수는 관심 있는 두 양의 비를 구함으로써 쉽게 구할 수 있다.주파수 응답은 전달함수를 주파수의 함수로 표현한 것이다. 회로에 포함된 각소자의 특성을 주파수함수로 표현하면 쉽게 주파수 응답을 구할 수 있다. 아래에서는 간단한 RC회로에 대해 주파수응답을 구한다. 그림 18.5에는 RC회로가 있으며, 커패시터 양단전압을

그림 18.4 4단자 회로망

출력전압으로 했을 때의 전달함수를 구한다. 저항 및 커패시턴스를 임피던스를 바꾸어 표현하면 각각, R과 $1/j\omega C$이며, 전압분배법칙을 적용하며 출력전압을 구한다.

$$V_2 = \frac{Z_c}{Z_R + Z_C} V_1$$

$$= \frac{\frac{1}{j\omega C}}{R + \frac{1}{j\omega C}} V_1 = \frac{1}{1 + j\omega RC} V_1$$

따라서 위 식으로부터 출력에 대한 입력의 비인 전달함수 $G(\omega)$는 다음과 같다.

$$\frac{V_2}{V_1} = G(\omega) = \frac{1}{1 + j\omega RC} V_1$$

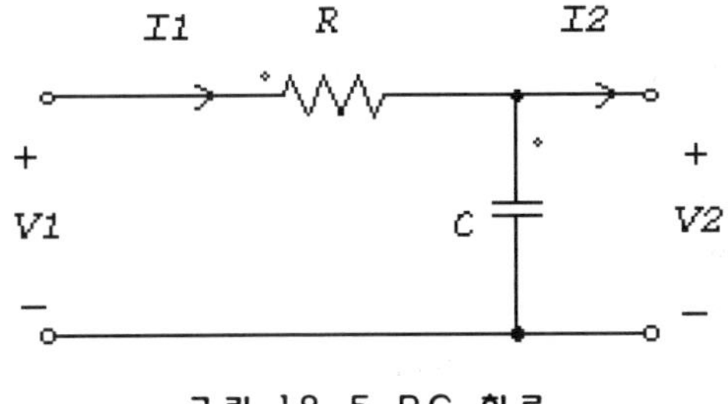

그림 18.5 RC 회로

전달함수를 주파수영역에서 해석하기 위해 크기와 위상으로 구분하여 크기응답과 위상응답을 구할 수 있다.

$$\frac{|V_2|}{|V_1|} = M(\omega) = \frac{1}{\sqrt{1+(\omega RC)^2}}$$

$$\frac{\angle V_2}{\angle V_1} = \phi(\omega) = -\tan^{-1}\omega RC$$

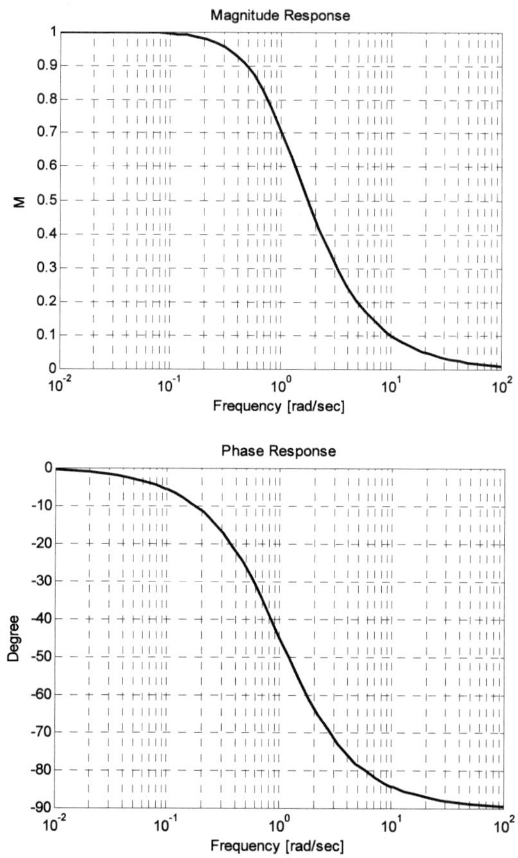

그림 18.6 크기응답 및 위상응답

그림 18.6은 RC=1인 경우의 주파수 응답을 나타낸 것이다. 이 그림으로부터 직렬 RC회로의 주파수 응답을 쉽게 이해할 수 있다. 낮은 주파수 영역에서는 크기 및 위상 응답이 거의 변화가 없어 입력이 거의 그대로 출력으로 전달되나, 주파수가 증가할수록 크기응답이 작아지고, 위상지연이 증가하여 출력에 나타나는 파형은 입력과 많이 달라짐을 알 수 있다.

18.2.3 필터

앞 절의 예제로 사용된 RC회로의 경우 낮은 주파수 영역에서는 신호가 거의 그대로 통과하여 출력으로 전달되나, 높은 주파수 영역에서는 그 크기가 줄어들어 출력으로는 잘 전달되지 않음을 확인하였다. 이와 같이 저역(낮은 주파수 영역)에서 신호가 잘 통과하고 고역(높은 주파수 영역)에서는 잘 통과하지 못하는 성질의 필터를 저역통과 필터(low-pass filter)라 한다. 반대로 고역은 잘 통과하지만 저역은 잘 통과하지 못하는 필터도 있는데 이를 고역통과 필터(high-pass filter)라 한다.

이외에도 필터에는 저역 및 고역은 차단하고 특정 주파수 영역 부분만을 잘 통과시키는 대역통과 필터(band- pass filter)와 이 역할을 반대로 행하는 대역차단 필터(band-stop filter)가 있다. 그림 18.7에는 고역통과 필터(RC회로)의 예가 있으며, 저항 양단전압을 출력전압으로 했을 때의 전달함수로부터 주파수 응답을 구한다. 저항 및 커패시턴스를 임피던스를 바꾸어 표현하면 각각, R과 $1/j\omega C$이며, 전압분배법칙을 적용하며 출력전압을 구한다.

$$V_2 = \frac{Z_R}{Z_R + Z_C} V_1$$

$$= \frac{R}{R + \frac{1}{j\omega C}} V_1 = \frac{j\omega RC}{1 + j\omega RC} V_1$$

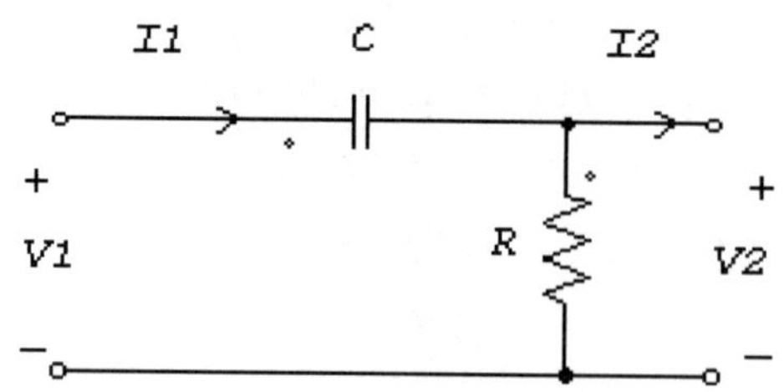

그림 18.7 고역통과 필터(RC 회로)

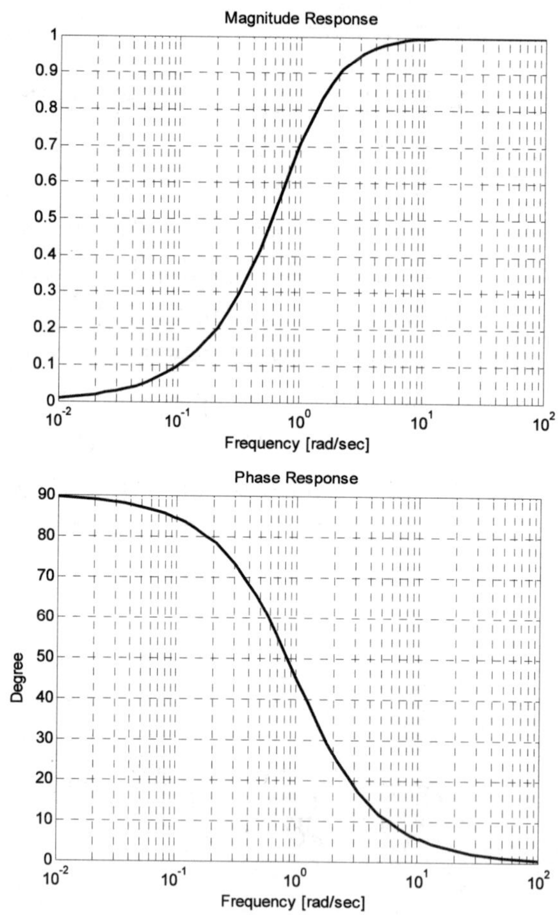

그림 18.8 고역통과 필터의 주파수 응답

$$V_2 = \frac{Z_R}{Z_R + Z_C} V_1$$

$$= \frac{R}{R + \frac{1}{j\omega C}} V_1 = \frac{j\omega RC}{1 + j\omega RC} V_1$$

위 식으로부터 출력에 대한 입력의 비인 전달함수 $G(\omega)$는 다음과 같다.

$$\frac{V_2}{V_1} = G(\omega) = \frac{j\omega RC}{1 + j\omega RC} V_1$$

주파수영역에서 해석하기 위해 크기와 위상으로 구분하여 크기응답과 위상응답을 구하면 다음과 같다.

$$\frac{|V_2|}{|V_1|} = M(\omega) = \frac{\omega RC}{\sqrt{1 + (\omega RC)^2}}$$

$$\frac{\angle V_2}{\angle V_1} = \phi(\omega) = 90^\circ - \tan^{-1}\omega RC$$

」

18.3 시뮬레이션 프로그램 사용법

18.3.1 PSIM 프로그램

회로 시뮬레이션을 위해 PSIM이 제공하는 사용자환경에 대해 살펴본다.

1) 먼저, 설치한 PSIM 프로그램을 실행한 후 파일 메뉴에서 “New”를 선택한다. (설치한 폴더에 있는 Psim.exe 파일을 실행)

2) 해석을 위한 소자는 PSIM 프로그램 아래에 위치한 소자툴바에서 선택하거나 메뉴의 "Elements"에서 원하는 소자를 선택한다.

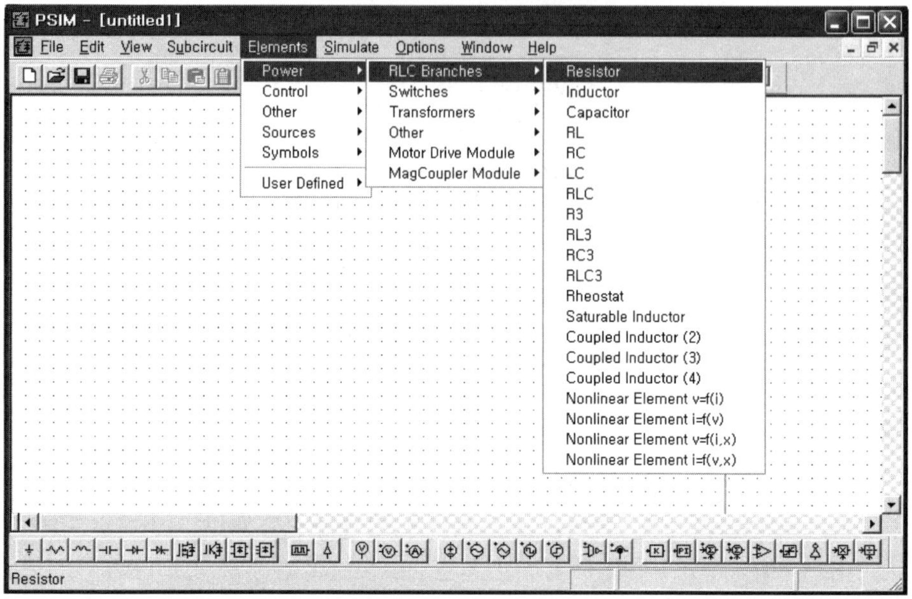

3) 소자의 방향은 소자를 선택한 상태에서 마우스의 오른 버튼을 누르면 소자의 방향이 바뀐다. 그리고 메뉴의 "Edit/Rotate" 또는 "Edit/Flip"을 이용해서도 소자의 방향을 바꿀 수 있다.

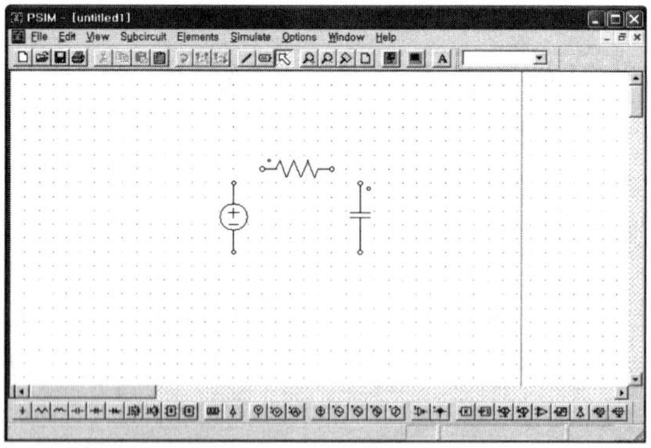

4) 각 소자를 배치한 후 소자간의 연결은 “Edit/Wire”를 이용하여 소자를 서로 연결하고 회로의 GND를 설정한다.

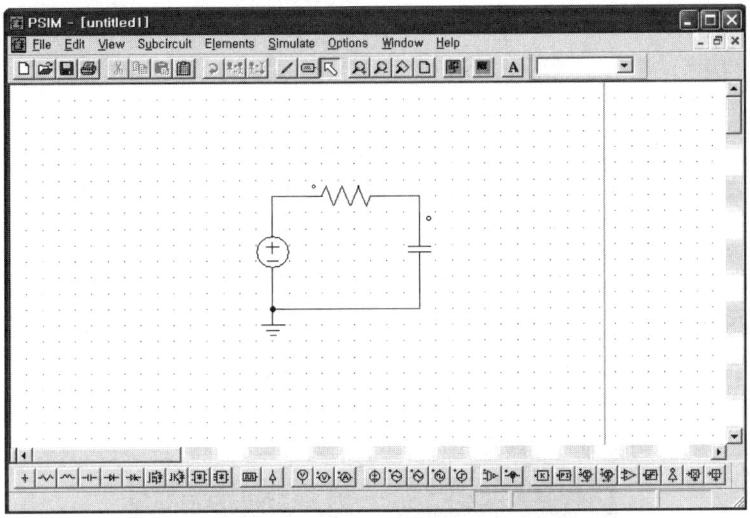

5) 시뮬레이션을 위해 메뉴의 “Simulate/Simulation control”을 이용하여 시뮬레이션 설정을 행한다.

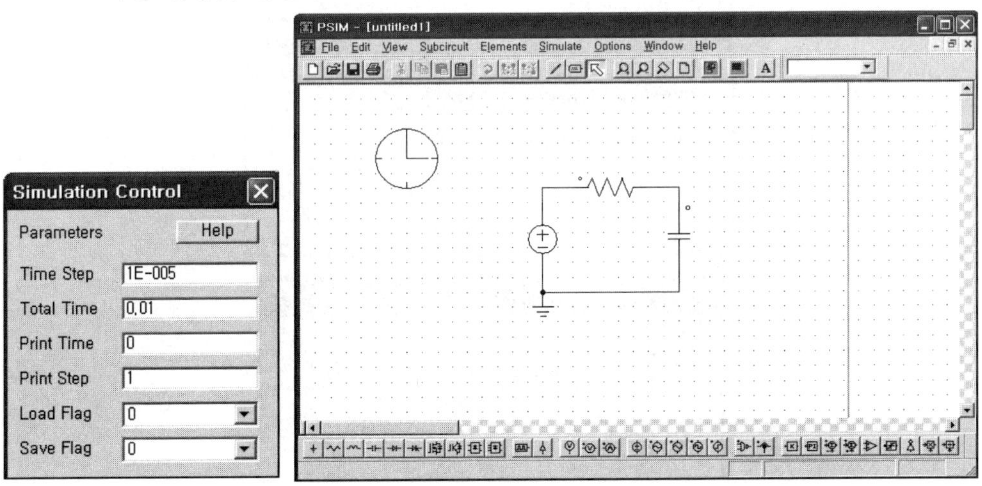

Simulation Control에 사용되는 파라미터의 의미는 다음과 같다.

(1) Time Step - 시뮬레이션 단계 시간, 단위 : 초

(2) Total Time - 시뮬레이션 시간, 단위 : 초

(3) Print Time - 데이터 저장을 시작할 시간, 이전의 데이터는 저장되지 않음. (기본값: 0초)

(4) Print Step - 데이터를 저장할 단계. 만약 값이 1이면 모든 데이터를 저장하고 값이 10이면 10개의 데이터 단계 마다 1번 저장. (기본값: 1)

(5) Load Flag - 시뮬레이션 환경 로드를 위한 환경 설정. 값이 1일 때 시뮬레이션 초기에 이전의 시뮬레이션 환경을 로드함.

(6) Save Flag - 시뮬레이션 환경 저장을 위한 환경 설정. 값이 1일 때 시뮬레이션 종료시점에 시뮬레이션 환경을 저장함.

6) 시뮬레이션을 통해 관찰하고자 하는 부분의 전압이나 전류를 전압 또는 전류 프로브를 이용해 연결한다.

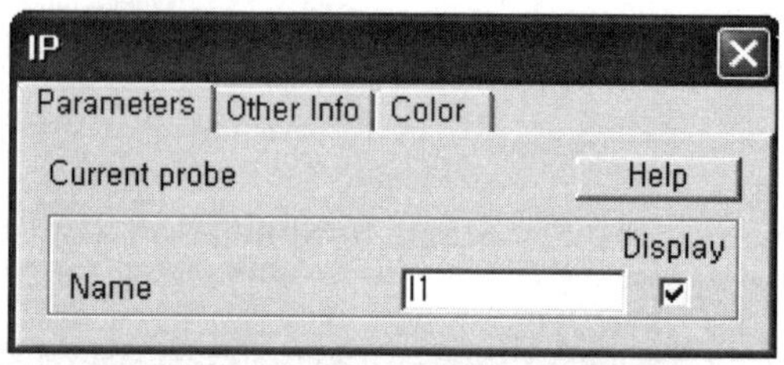

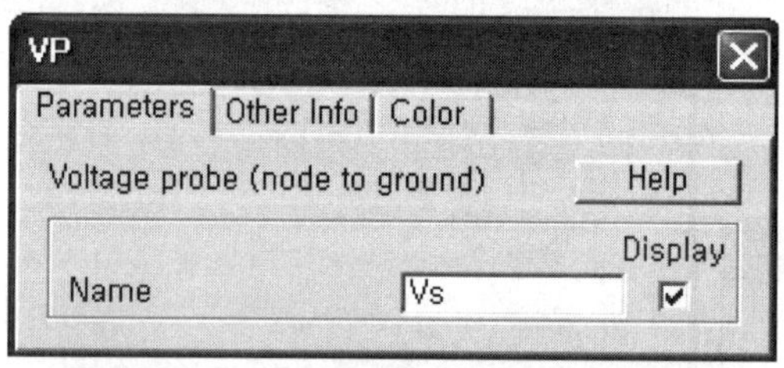

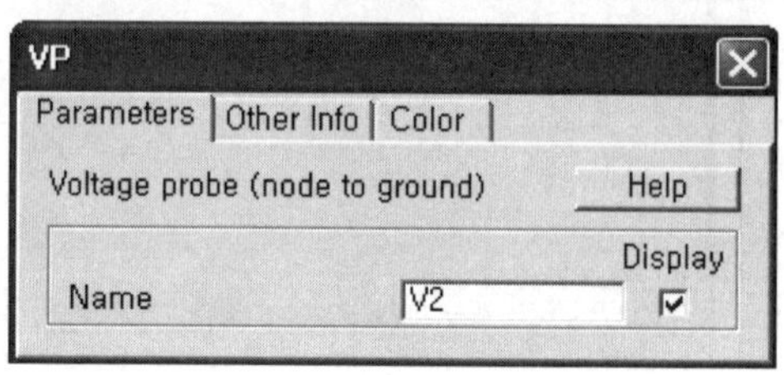

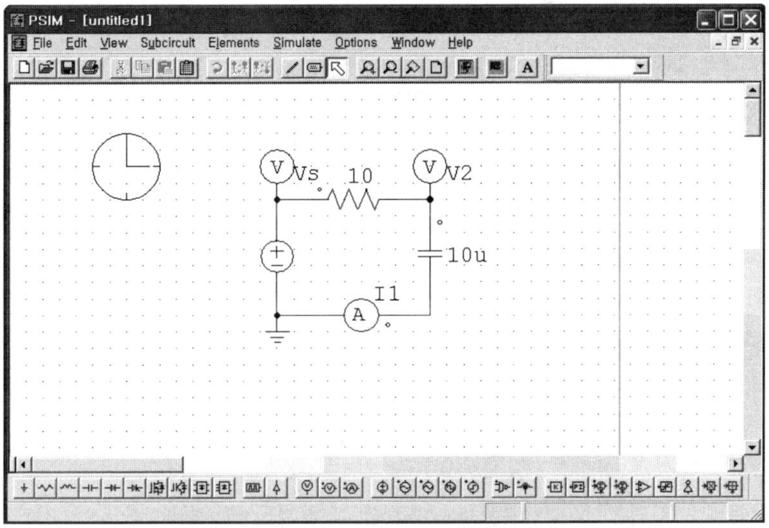

여기서 저항의 값과 커패시터의 값은 저항과 커패시터를 더블 클릭하여 값을 입력한다.

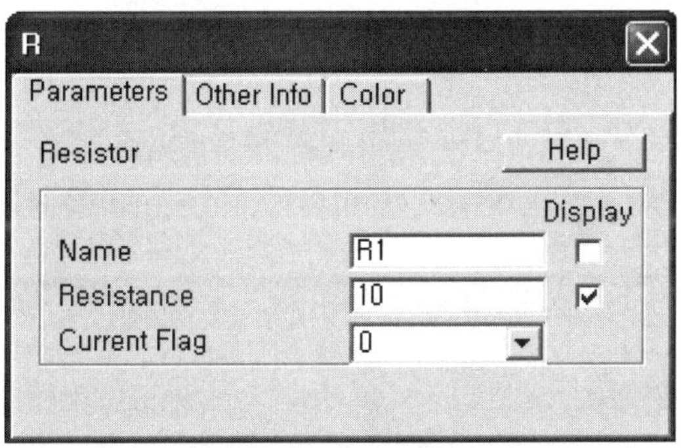

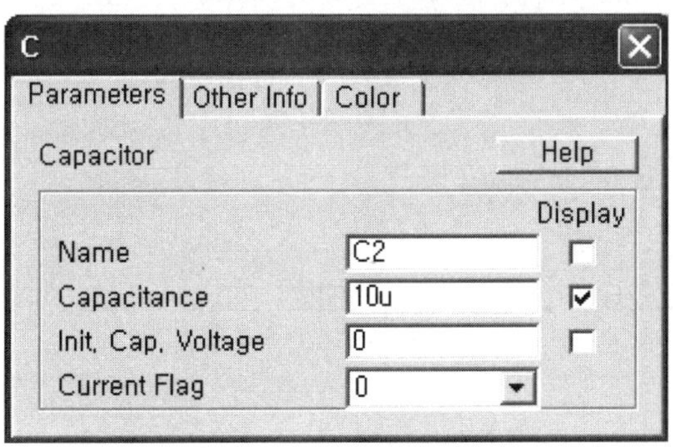

(1) Current Flag - 소자를 통해 흐르는 전류를 관측하고자 할 때 사용. 값이 1 일 때 전류 데이터 저장.
(2) Resistance, Capacitance - 저항과 커패시터의 소자값
(3) Init. Cap. Voltage - 커패시터의 초기 전압 값 설정

7) 메뉴의 Simulate/Run simulation 또는 F8을 이용해 시뮬레이션을 시작한다. 시뮬레이션이 종료되면 시뮬레이션 결과를 자동 실행되는 SIMVIEW를 이용해 확인할 수 있다.

18.3.2 SIMVIEW 프로그램

작성한 회로의 결과를 SIMVIEW를 이용해 관측하고자 하는 소자의 전류나 전압 파형을 확인 할 수 있다. 앞 RC회로에 대해서는 Vs, V2, I1을 관측할 수 있다. 먼저 PSIM 시뮬레이션이 종료되면 관측하기를 원하는 데이터를 선택할 수 있는 창이 나타난다.

1) SIMVIEW에서 관측하고자는 데이터를 버튼 “Add->”를 이용하여 선택한다. 선택된 데이터를 제거하고 싶으면 버튼 “<-Remove”를 이용한다.

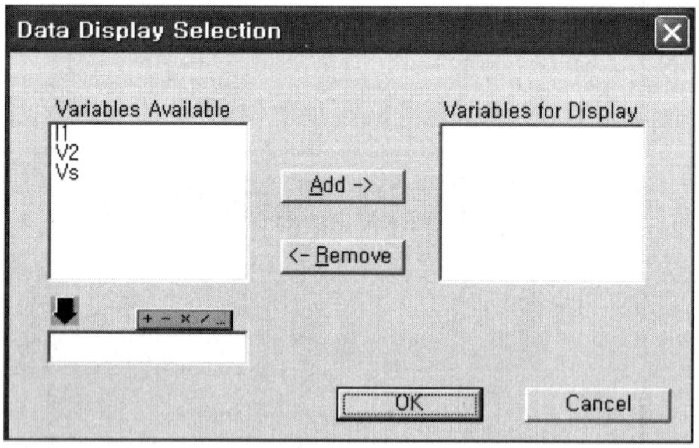

2) SIMVIEW에서 그래프의 배경은 메뉴의 "Option/Set Background"에서 Black 또는 White를 선택할 수 있다.

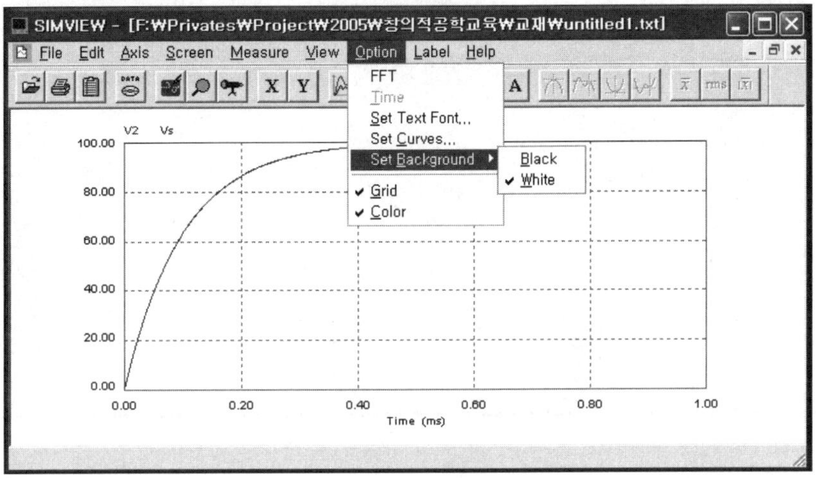

3) 그래프의 축에 사용되는 폰트의 크기는 메뉴의 "Axis/Axis Label Setting..."을 이용하여 수정한다.

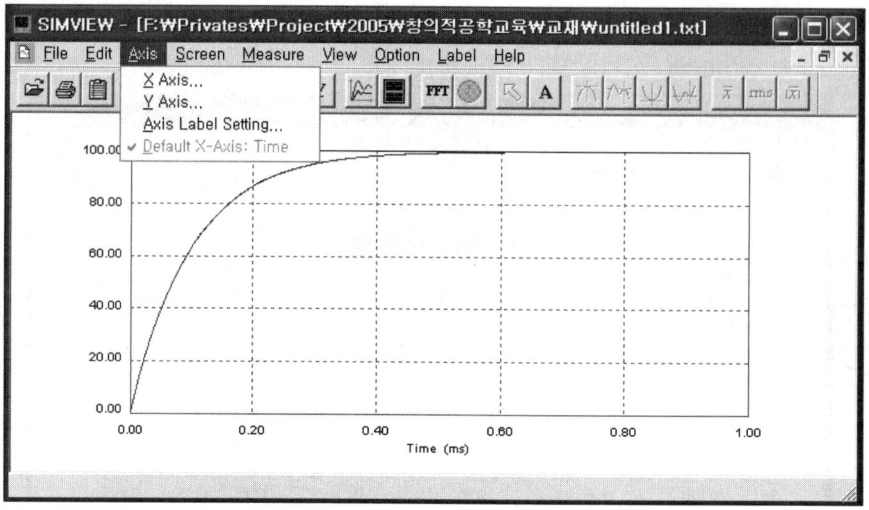

4) 그래프에서 보고자하는 변수의 크기가 심하게 차이나면 한 좌표로 보기 어렵다. 이때 그래프를 분리하면 편리하다. 메뉴의 “Screen/Add Screen"을 이용한다. 변수의 선택은 ①에서와 동일하다. 그리고 메뉴의 “Axis/Y Axis..."를 이용하여 스케일을 조절할 수 있다.

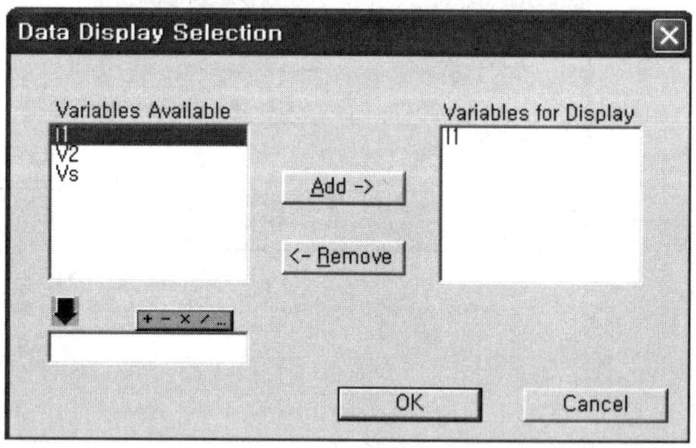

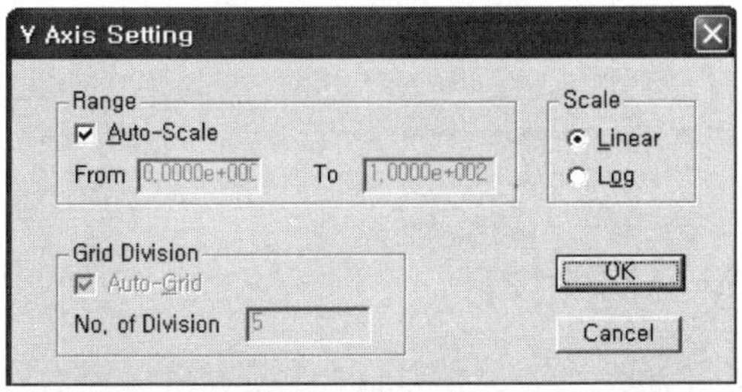
Y Axis Setting
Range
Auto-Scale
From 0.0000e+00C To 1.0000e+002
Scale
Linear
Log
Grid Division
Auto-Grid
No. of Division 5
OK
Cancel

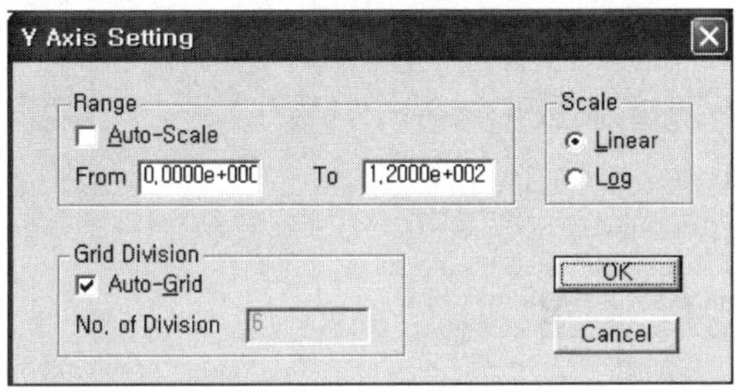
Y Axis Setting
Range
Auto-Scale
From 0.0000e+00C To 1.2000e+002
Scale
Linear
Log
Grid Division
Auto-Grid
No. of Division 6
OK
Cancel

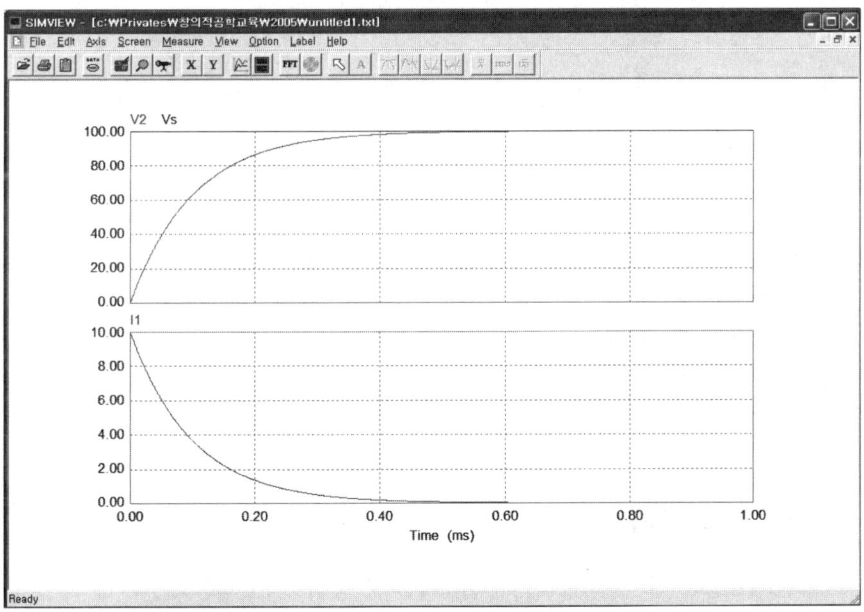
SIMVIEW - [c:₩Privates₩창의적공학교육₩2005₩untitled1.txt]
File Edit Axis Screen Measure View Option Label Help
V2 Vs
100.00
80.00
60.00
40.00
20.00
0.00
I1
10.00
8.00
6.00
4.00
2.00
0.00
0.00 0.20 0.40 0.60 0.80 1.00
Time (ms)
Ready

18.4 실험

18.4.1 필요부품 및 사용기기

1) 1/4W 5%저항: $10k\Omega$
2) 커패시터: $0.01\mu F$
3) 브레드 보드, 디지털 멀티미터, 함수발생기, 오실로스코프

18.4.2 저역통과필터 실험

1) 그림 18.5와 같이 저항과 커패시터를 이용하여 저역통과필터를 구성하고, 주파수 응답을 측정한다. 필터는 입력 신호의 주파수에 따라 그 응답이 달라지므로 여러 주파수를 회로에 인가하여 크기 및 위상 응답을 측정한다. 실험한 결과로부터 표 18.2를 완성하고 크기 및 위상 응답의 그래프를 그리고 이론값, 시뮬레이션 결과값 및 실험값을 비교한다.

2) 실험에 사용되는 입력전압의 크기는 필터의 성질을 이해하는데 크게 중용한 요소가 아니지만 실험에서는 일관성을 유지할 필요가 있다. 이에 입력전압의 크기는 1V를 사용한다. 오실로스코프의 기준전압은 사용자가 조러하여 사용가능하므로 크기 및 위상 측정을 쉽게 하기 위해 각 오실로스코프 채널의 기준전압(GND)를 동일하게 조정하여 측정한다.

18.4.3 고역통과필터 실험

1) 그림 18.7와 같이 저항과 커패시터를 이용하여 고역통과필터를 구성하고, 주파수 응답을 측정한다. 저역통과필터 실험과 같이 여러 주파수를 회로에 인

표 18.2 저역통과필터의 주파수 응답 실험

주파수 (kHz)	이론		시뮬레이션		실험	
	크기비	위상차	크기비	위상차	크기비	위상차
0.1						
0.2						
0.3						
0.4						
0.5						
0.6						
0.7						
0.8						
0.9						
1.0						
1.3						
1.6						
2.1						
2.5						
3.1						
4.2						
5.0						
6.0						
7.0						
8.0						
9.0						
10.0						
13.0						
20.0						

가하여 크기 및 위상 응답을 측정한다. 실험한 결과로부터 표 18.3를 완성하고 크기 및 위상 응답의 그래프를 그리고 이론값, 시뮬레이션 결과값 및 실험값을 비교한다.

표 18.3 고역통과필터의 주파수 응답 실험

주파수 (kHz)	이론		시뮬레이션		실험	
	크기비	위상차	크기비	위상차	크기비	위상차
0.1						
0.2						
0.3						
0.4						
0.5						
0.6						
0.7						
0.8						
0.9						
1.0						
1.3						
1.6						
2.1						
2.5						
3.1						
4.2						
5.0						
6.0						
7.0						
8.0						
9.0						
10.0						
13.0						
20.0						

2) 입력전압의 크기는 1V를 사용하고, 각 오실로스코프 채널의 기준전압(GND)를 동일하게 조장하여 측정한다.

18.4.4 PSIM을 이용한 주파수 응답 해석방법

다음은 PSIM을 이용한 필터의 주파수 응답특성 해석 방법을 기술한다. 사용된 예제는 LC 이차 필터회로에 대한 것이나, 회로를 수정하여 저역 및 고역통과 필터의 주파수 응답해석에 응용 가능하다. 필터의 주파수 응답특성은 PSIM의 AC sweep기능을 이용하여 확인 가능하다. 필터의 특성을 부하저항 Ro의 값의 변화에 따라 확인하기 위해서는 PSIM의 Parameter sweep을 이용하면 된다.

- 부하 : Ro = 20 Ohm, 40 Ohm, 60 Ohm, 80 Ohm
- 전원 : 10 V(DC), 1.2 V(AC), 주파수 100 Hz ~ 50 KHz
- L = 0.5 mH, C = 10uF

1) 먼저 아래와 같이 해석하고자하는 회로를 PSIM schematic을 이용하여 그린다.

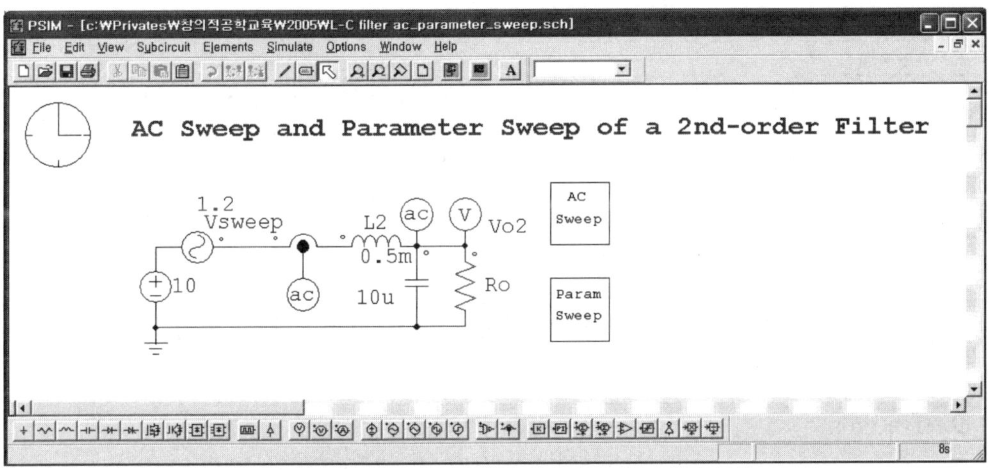

2) 관측하고자 하는 변수의 전류 또는 전압을 관측하기 위한 AC sweep 프로브를 연결한다.
3) 회로에 대한 시뮬레이션을 행하고, SIMVIEW를 이용하여 확인한다.

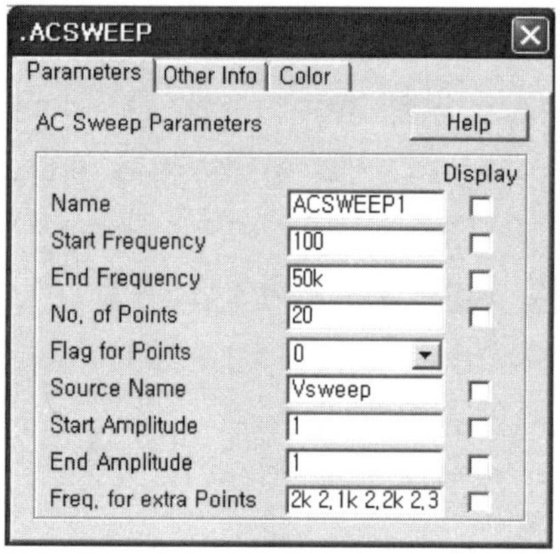

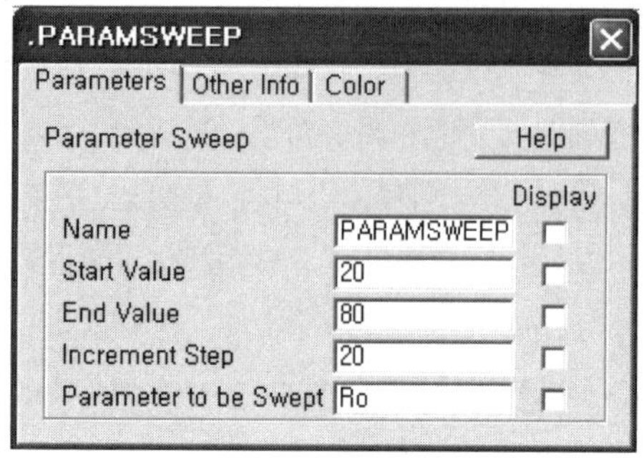

AC sweep과 parameter sweep을 위한 PSIM 시뮬레이션에서의 설정은 다음과 같다.

Description:	
.ACSWEEP	Setup for the ac analysis
Parameters:	
Start Frequency	AC sweep을 위한 시작주파수, 단위 Hz
End Frequency	AC sweep을 위한 마지막주파수, 단위 Hz
No. of Points	해석 주파수 사이의 데이터 수
Flag for Points	데이터사이의 간격 설정. 값이 "0"이면 log10 간격, 값이 "1"이면 선형 간격으로 데이터 생성
Source Name	ac sweep 확인을 위한 전원
Start Amplitude	시작주파수에서의 교류전원의 크기
End Amplitude	마지막주파수에서의 교류전원의 크기
Freq. for extra Points	추가적인 주파수 데이터

Description:	
.PARAMSWEEP	Setup for parameter sweep
Parameters:	
Start Value	파라미터의 시작값
End Value	파라미터의 마지막값
Increment Step	증가 단계
Parameter to be Swept	변화를 줄 파라미터

각 저항 변화에 따른 전압에서의 주파수 응답특성은 다음과 같다.

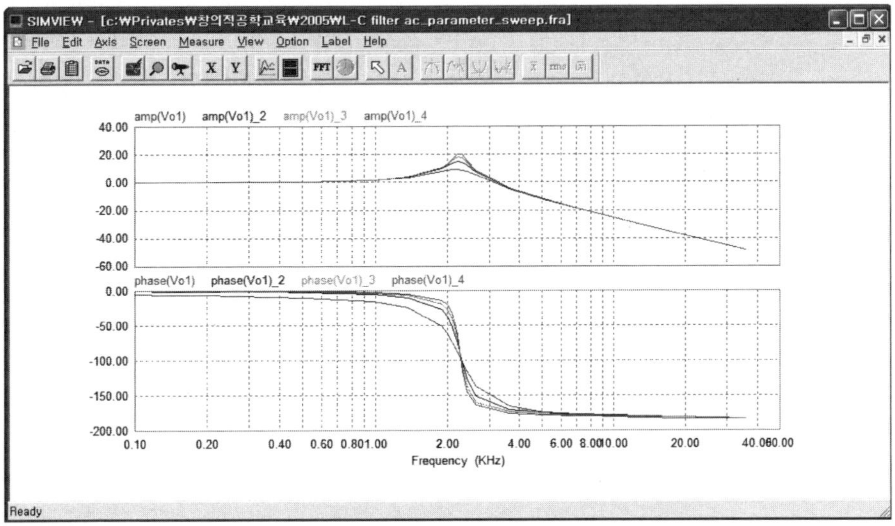

18.5 실험결과 및 정리

18.5.1 실험결과 보고서 포함 사항

실험결과 보고서에는 적어도 다음과 같은 정보가 필히 포함되어야 한다.

1) 주파수응답 및 필터에 대한 이론
2) 실험장치 및 제작된 회로보드 사진, 오실로스코프 파형 등 실험과정에 대한 자료
3) 실험결과 정리
4) 고찰

18.5.2 실험결과 보고서 제출

같은 실험조의 학생들이라도 실험 자료는 서로 공유를 가능하나 보고서 작성 및 내용은 각자 독자적으로 작성하고 제출되어야 하며, 실험결과에 대한 고찰 내용이 학생들의 실험 점수에 가장 중요하게 적용됨.

참고문헌

1. (주)한백전자, HBE-RoboCAR-Vision을 이용한 비전 이동로봇 제어,2009
2. A. Bendell, J. Disney and W. A. Pridmore, "Taguchi Methods : Applications in World Industry", IFS Publications, 1989
3. Annual Book of ASTM Standards, Vol. 03.01, ASTM E8-01
4. ASTM E10 Standard Test Method for Brinell Hardness of Metallic Materials
5. ASTM E18 Standard Test Methods for Rockwell Hardness and Rockwell
6. D.C.Montgomery, "Design and Analysis of Experiments", Willy, New York, 2nd., 1984
7. D.J. Ewins, Modal Testing: theory, practice, and application, 2nd ed., Research Studies Press, pp. 34~253, 2000
8. Daniel J. Inman 저, 이건복 외 공역, 최신 기계진동학, 피어슨에듀케이션코리아, pp. 533~561, 2002
9. Daniel J. Inman, Engineering Vibration, 2nd Edition, 피어슨 에듀케이션 코리아, 2002년.
10. Donald F. Young, Bruce R. Munson, Theodore H. Okiishi, A Brief Introduction to Fluid Mechanics, 3th ed.(2006), p.420-433
11. F. P. Beer and E. R. Johnston, Mechanics of Materials, 1981, McGraw-Hill
12. Ferdinand P. Beer, Mechanics of Materials, 5th ed.(2009), McGraw-Hill
13. Glen Stuart Peace, "Taguchi method: a hands-on approach", Addison-Wesley Publishing Company, Inc., 1993
14. http://physicspro.co.kr, 서울과학기기

15. J. S. Jeong, D. H. Chin and M. C. Yoon, "End-milling force estimation by fractal interpolation", J. of KSMPE, Vol. 3, pp. 7~12, 2006
16. J. S. Jeong, D. H. Chin and M. C. Yoon, "End-milling force filtering using wavelet filter bank", KSMTE, be submitted, 2009
17. James M. Gere, Mechanics of Materials, 5th ed.(2001), Brooks/Cole
18. Jensen and Chenoweth, Statics and Strength of Materials, 3rd ed.(1975), McGraw-Hill
19. John Dixon, "The Shock Absorber Handbook", SAE Publications Group,1999
20. John K.Vennad., 유체역학, 동명사, 1991, p.764~769
21. KS B 0805 금속 재료의 브리넬 경도 시험 방법
22. KS B 0806 금속 재료의 로크웰 경도 시험 방법
23. KS B 5261 금속 재료의 브리넬 경도 시험
24. KS B 5524 브리넬 경도 시험기
25. KS B 5526 금속 재료의 로크웰 경도 시험기
26. KS B 5530 금속 재료의 로크웰 경도 시험
27. M. C. Yoon, Y. G. Kim, 2004, "Cutting dynamic force modelling in end-milling operation", J. of Materials Processing Technology, Vol. 155, pp. 1383- 1389.
28. Normane E. Dowling, Mechanical Behavior of Materials, 3th ed.(2006), PHI
29. NOVINT, Haptic Device Abstraction Layer- Programmer's Guide ,2008
30. Phillip J.Ross, "Taguchi Techniques for Quality Engineering", McGraw-Hill, 1988
31. PSIM 사용자를 위한 길라잡이, 동일 캐드 시스템
32. Ranjit K.Roy, "Design of Experiments Using the Taguchi Approach", John Wiley & Sons, Inc., 2001

33. Ranjit Roy, "A primer on the Taguchi method", Van Nostrand Reinhold,New York, 1990
34. S. H. Crandall, N. C. Dahl and T. J. Lardner, An Introduction to the Mechanics of Solids, 2nd Ed.(1978), McGraw-Hill
35. S. Kalpakjian, Manufacturing Engineering Technology, Prentice Hall, 2001.
36. S. Timoshenko and D. H. Young, Elements of Srength of Materials, 5th ed.(1977),
37. SI 동역학, 김동조 외 6인, 인터비젼, 2005.03.
38. Superficial Hardness of Metallic Materials
39. William D. Callister, Jr, Fundamentals of materials Science and Engineering, An International e-Text(2001), John Wiley & Sons, Inc.
40. Y. Altintas, Manufacturing Automation, Cambridge Univ. Press, 2000.
41. Yoon, M. C. and Chin D. H., 2005, "Cutting force monitoring in the end-milling operation for chatter detection", Journal of Eng. Manuf., Vol. 12 pp. 455-466.
42. Yuns A. çengel, Introduction to Thermodynamics & Heat Transfer, 2008, p.3-11
43. 기초 전기 회로 이론 및 실습, 정규홍, 인터비젼
44. 김종식 외 2인, 제어 시스템 설계, 청문각, 1998
45. 김종주, 기계역학실험, 2006, 보성각
46. 두산백과사전
47. 부경대 기계공학부 BK21사업단, 기계공학실험(2001), 인터비젼
48. 양보석 외 공역, 진동공학, 인터비젼, 2007
49. 영일교육시스템(TQ Education and Training Ltd), 구조역학 실습, 2005
50. 영일교육시스템(TQ Education and Training Ltd), STR1 and STR1A user guide, 2005

51. 영일교육시스템(TQ Education and Training Ltd), STR4 Lecture guide, 2005
52. 영일교육시스템(TQ Education and Training Ltd), STR4 Student guide, 2005
53. 이관수, 유체역학 연습, 1991, Illustration, p.247-251
54. 이상복, "MINITAB을 활용한 예제 중심의 실험계획법", 이레테크, 2002
55. 이석규 외, 로봇공학의 이해 , SciTech, 2008
56. 이종원, "다구치 방법에 의한 실험계획법," 한국자동차공학회지, 제11권제6호, p3-16, 1989
57. 인터넷 참조 : DC/AC 모터|작성자 imjdpark
58. 인터넷 참조 : http://cafe.naver.com/cplc.cafe
59. 일반물리학실험, 김영식 외 11인, 북스힐, 2000.01.
60. 전기전자공학개론, 한송엽 외, 대영사
61. 창의적 과제 제작을 위한 팀프로젝트 Tutorial II, 안두성 외, 세종출판사
62. 학위논 문참조: 裵奎漢 고정출력형 Hy b r id Fu z z y - PID제어기 설계
63. 한국공업규격, KS B 001, KS B 0801
64. 한철호 외 4인, 계측공학, 도서출판 YOUNG, 2007

저자 : 부경대학교 기계자동차 공학과
양보석 이일영 안두성 김영식 권순재 김상봉 김광희 윤문철
김병탁 이연원 김선진 백운경 정영석 손정현 강인필

"본 교재는 교육 과학기술부의 재원으로 한국연구재단의 지원을 받아 수행된 대학 교육역량 강화사업의 결과물이며 이 교재의 출판을 위해 재정적 지원을 해주신 교육과학기술부에 감사를 표합니다."

기초기계공학실험

2010년 8월 25일 초판 인쇄
2010년 8월 31일 인쇄 발행

저 자 부경대학교 기계자동차 공학과
발 행 인 송기수
발 행 처 도서출판 **GS인터비전**
편 집 처 도서출판 **GS인터비전**
인 쇄 처 삼성문화사
등록번호 제 2008 - 27호
I S B N 978-89-93668-63-6 (92560)

주 소 서울 중랑구 묵동 신도브래뉴 1차 102동 1301호
전 화 **02-976-7898, 0707-720-7898**
팩 스 02-6468-7898
이-메일 gsinter7@chol.com
홈페이지 www.gsintervision.co.kr

정 가 26,000원